排污单位自行监测技术指南教程
——橡胶和塑料制品

生态环境部生态环境监测司
中国环境监测总站　编著
北京市科学技术研究院资源环境研究所

中国环境出版集团·北京

图书在版编目（CIP）数据

排污单位自行监测技术指南教程. 橡胶和塑料制品 / 生态环境部生态环境监测司，中国环境监测总站，北京市科学技术研究院资源环境研究所编著. -- 北京 : 中国环境出版集团，2024.4
ISBN 978-7-5111-5832-1

Ⅰ. ①排… Ⅱ. ①生… ②中… ③北… Ⅲ. ①橡胶工业－排污－环境监测－教材②塑料工业－排污－环境监测－教材 Ⅳ. ①X506②X783.3③X783.2

中国国家版本馆CIP数据核字(2024)第069352号

出 版 人　武德凯
责任编辑　韩　睿
封面设计　宋　瑞

出版发行　中国环境出版集团
（100062　北京市东城区广渠门内大街 16 号）
网　　址：http：//www.cesp.com.cn
电子邮箱：bjgl@cesp.com.cn
联系电话：010-67112765（编辑管理部）
发行热线：010-67125803，010-67113405（传真）
印　　刷　北京中科印刷有限公司
经　　销　各地新华书店
版　　次　2024 年 4 月第 1 版
印　　次　2024 年 4 月第 1 次印刷
开　　本　787×960　1/16
印　　张　23.25
字　　数　400 千字
定　　价　93.00 元

《排污单位自行监测技术指南教程》
编审委员会

主　任　蒋火华　张大伟

副主任　刘舒生　毛玉如

委　员　董明丽　敬　红　王军霞　何　劲

《排污单位自行监测技术指南教程——橡胶和塑料制品》
编写委员会

主　　编　夏　青　孙　慧　孔　川　吕竹明　杨伟伟
　　　　　高　山　王军霞　敬　红

编写人员（以姓氏笔画排序）

马鸿斌　王伟民　王　成　王　勇　韦　超
冯亚玲　刘茂辉　刘通浩　刘常永　吕泽瑜
孙国翠　孙晓峰　何　劲　李文君　李宗超
李莉娜　杨依然　邱立莉　陈乾坤　陈敏敏
陈　晨　赵　畅　倪辰辰　倪鹏程　秦承华
董明丽　蒋　彬

序

生态环境是关系党的使命宗旨的重大政治问题,也是关系民生的重大社会问题。党中央、国务院高度重视生态环境保护工作,党的十八大将生态文明建设纳入中国特色社会主义事业“五位一体”总体布局。党的十九大报告全面阐述了加快生态文明体制改革、推进绿色发展、建设美丽中国的战略部署。党的二十大报告明确指出全面实行排污许可制,健全现代环境治理体系。习近平生态文明思想开启了新时代生态环境保护工作的新阶段,习近平总书记在全国生态环境保护大会上指出生态文明建设是关系中华民族永续发展的根本大计。党的十八大以来,党中央以前所未有的力度抓生态文明建设,全党全国推动绿色发展的自觉性和主动性显著增强,美丽中国建设迈出重大步伐,我国生态环境保护发生历史性、转折性、全局性变化。

生态环境部组建以来,统一行使生态和城乡各类污染排放监管与行政执法职责,提高污染排放标准,强化排污者责任,健全环保信用评价、信息强制性披露、严惩重罚等制度,形成了政府为主导、企业为主体、社会组织和公众共同参与的环境治理体系。生态环境监测是生态环境保护的基础,是生态文明建设的重要支撑。我国相关法律法规中明确要求排污单位对自身排污状况开展监测,排污单位开展自行监测是法定的责任和义务。

为规范和指导排污单位开展自行监测工作，生态环境部发布了一系列排污单位自行监测技术指南。同时，为让各级生态环境主管部门和排污单位更好地应用技术指南，生态环境部生态环境监测司组织中国环境监测总站等单位编写了排污单位自行监测技术指南教程系列图书，将排污单位自行监测技术指南分类解析，既突出对理论的解读，又兼顾实践的应用，具有很强的指导意义。本系列图书既可以作为各级生态环境主管部门、研究机构、企事业单位环境监测人员的工作用书和培训教材，也可以作为大众学习的科普图书。

自行监测数据承载了大量污染排放和治理信息，是生态环保大数据重要的信息源，是排污许可证申请与核发等新时期环境管理的有力支撑。随着生态环境质量的不断改善，环境管理的不断深化，排污单位自行监测制度也将不断完善和改进。希望本系列图书的出版能为提高排污单位自行监测管理水平、落实企业自行监测主体责任发挥重要作用，为深入打好污染防治攻坚战做出应有的贡献。

编　者

2023 年 7 月

前　言

自 1972 年以来，我国生态环境保护工作从最初的意识启蒙阶段，经历了环境污染蔓延和加剧期的规模化、综合化治理，主要污染物总量控制等阶段，逐渐发展到以环境质量改善为核心的环境保护思路上来。为顺应生态环境保护工作的发展趋势，进一步规范企事业单位和其他生产经营者排污行为，控制污染物排放，自 2016 年以来，我国实施以排污许可制度为核心的固定污染源管理制度，在政府部门监督/执法监测基础上，强化了排污单位自行监测要求，排污单位自行监测是污染源监测的重要组成部分。

排污单位自行监测是排污单位依据相关法律、法规和技术规范对自身的排污状况开展监测的一系列活动。《中华人民共和国环境保护法》第四十二条、《中华人民共和国大气污染防治法》第二十四条、《中华人民共和国水污染防治法》第二十三条、《中华人民共和国环境保护税法》第十条和《排污许可管理条例》第十九条均对排污单位的自行监测提出了明确要求，排污单位开展自行监测是法律赋予的责任和义务，也是排污单位自证守法、自我保护的重要手段和途径。

为规范和指导橡胶和塑料制品排污单位开展自行监测，2021 年 11 月，生态环境部颁布了《排污单位自行监测技术指南 橡胶和塑料制品》。为进一步规范排污单位自行监测行为，提高自行监测质量，在生态环境部生态环境监测司的指导下，中国环境监测总站和北京市科学技术研究院资源环境研究所共同编写了《排污单位自行监测技术指南教程——橡胶和塑料制品》。本书共分为 13 章。第 1 章从我国污染源监测的发展历程及管理的框架出发，引出了排污单位自行监测在当前污染源监测管理中的定位及一些管理规定，并理顺了《排污单位自行监测技术指南 总则》与行业自行监测技术指南的关系。第 2 章主要介绍了排污单位开展自行监测的一般要求，从监测方案、监测设施、开展自行监测的要求、质量保证与质量控制、记录和保存 5 个方面进行了概述。第 3 章在分析目前行业概况和发展趋势的基础上对橡胶和塑料制品的生产工艺及产排污节点进行分析，并简要介绍了橡胶和塑料制品行业采用的一些常用污染治理技术。第 4 章对橡胶和塑料制品企业自行监测技术指南自行监测方案中各监测点位、监测指标、监测频次、监测要求等如何设定进行了解释说明，并选取了 4 个典型案例进行分析，为排污单位制定规范的自行监测方案提供了指导，在附录中给出了参考模板。第 5 章简要介绍了开展监测时，排污口、监测平台、自动监测设施等的设置和维护要求。第 6 章和第 8 章针对橡胶和塑料制品企业自行监测技术指南中废水、废气所涉及的监测指标如何采样、监测分析及注意事项进行了一一介绍。第 7 章和第 9 章对废水、废气自动监测系统从设备安装、调试、验收、运行管理及质量保证 5 个方面进行了介绍。第 10 章简要介绍了根据橡胶和塑料制品企业自行监测技术指南开展厂界环境噪声、地表水、近岸海域海水、地下水和土壤等周边环境质量监测时的基本要求和注意事项。第 11 章从实验室体系管理角度出发，从人—机—料—法—环等环节对监测的质量保证和质量控制进行了简要概述，为提高自行监测数据质量奠定了基础。第 12 章是关于自行监测信息记录、报告和信息公开方面的相关要求，并就橡胶和塑料制品企业生产、运行等过程中的记录信息进行了梳理。第 13 章简要介绍了全国污染源监测数据管理与共享系统的总体架构和主要功能，为排污单位自行监测数据报送提供了方便。

本书在附录中列出了与自行监测相关的标准规范，以方便排污单位在使用时查询和索引。另外，还给出了一些记录样表和自行监测方案模板，为排污单位提供参考。

编 者

2023 年 7 月

目　录

第 1 章　排污单位自行监测定位与管理要求

污染源监测作为环境监测的重要组成部分，与我国环境保护工作同步发展，40 多年来不断发展壮大，现已基本形成了排污单位自行监测、管理部门执法/监督监测、社会公众监督的基本框架。排污单位自行监测是国家治理体系和治理能力现代化发展的需要，是排污单位应尽的社会责任，是法律明确要求的义务，也是排污许可制度的重要组成部分。我国关于排污单位自行监测的管理规定有很多，从不同层级和角度对排污单位进行了详细规定。为了支撑排污单位自行监测制度的实施，指导和规范排污单位自行监测行为，我国制定了排污单位自行监测技术指南体系。《排污单位自行监测技术指南　橡胶和塑料制品》（HJ 1207—2021）（以下简称《橡胶和塑料制品指南》）是其中的一个行业技术指南，是按照《排污单位自行监测技术指南　总则》（HJ 819—2017）（以下简称《总则》）的要求和有关管理规定要求制定的，用于指导橡胶和塑料制品工业排污单位开展自行监测活动。

本章围绕排污单位自行监测定位和管理要求，对排污单位自行监测在我国污染源监测管理制度中的定位、排污单位自行监测管理要求、排污单位自行监测技术指南定位及总体思路进行介绍。

1.1 我国污染源监测管理框架

自 1972 年以来，我国环境保护工作经历了环境保护意识启蒙阶段（1972—1978 年）、环境污染蔓延和环境保护制度建设阶段（1979—1992 年）、环境污染加剧和规模化治理阶段（1993—2001 年）、环保综合治理阶段（2002—2012 年）。集中的污染治理，尤其是严格的主要污染物总量控制，有效遏制了环境质量恶化的趋势，但仍未实现环境质量的全面改善，“十三五”时期以来，我国环境保护思路转向以环境质量改善为核心。

与环境保护工作相适应，我国环境监测大致经历了 3 个阶段：第一阶段是污染调查监测与研究性监测阶段；第二阶段是污染源监测与环境质量监测并重阶段；第三阶段是环境质量监测与污染源监督监测阶段。

根据污染源监测在环境管理中的地位和实施情况，将污染源监测划分为 3 个阶段：严格的总量控制制度之前（“十一五”时期之前），污染源监测主要服务于工业污染源调查和环境管理“八项制度”；严格的总量控制制度时期（“十一五”时期和“十二五”时期），污染源监测围绕总量控制制度开展总量减排监测；以环境质量改善为核心的阶段（“十三五”时期以来），污染源监测主要服务于环境保护执法和排污许可制实施。

我国现在已经基本形成排污单位自行监测、政府部门依法监管、社会公众监督的污染源监测管理框架（图 1-1），2021 年 3 月 1 日正式实施的《排污许可管理条例》，从法律层面确立了以排污许可制为核心的固定污染源监管制度体系，进一步完善了以排污单位自行监测为主线、政府监督监测为抓手，鼓励社会公众广泛参与的污染源监测管理模式。排污单位开展自行监测，按要求向生态环境主管部门报告，向社会公众进行公开，同时接受生态环境主管部门的监管和社会公众的监督。生态环境主管部门向社会公众公布相关信息的同时受理社会公众针对有关情况的举报。

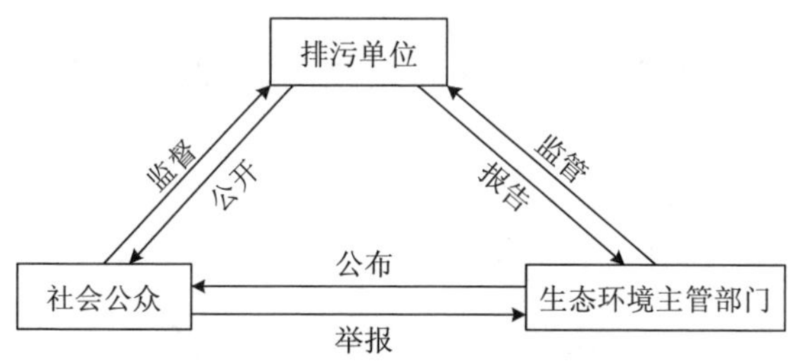

图 1-1　污染源监测管理框架体系

1.1.1　排污单位开展自行监测，并按照要求进行信息公开

近年来，我国大力推进排污单位自行监测和信息公开，《中华人民共和国环境保护法》《中华人民共和国大气污染防治法》《中华人民共和国水污染防治法》《中华人民共和国环境保护税法》《中华人民共和国土壤污染防治法》《中华人民共和国固体废物污染环境防治法》《中华人民共和国噪声污染防治法》等相关法律中均明确了排污单位自行监测和信息公开的责任。

在具体生态环境管理制度上，多项制度将排污单位自行监测和信息公开的责任进行落实和明确。2013 年，环境保护部发布了《国家重点监控企业自行监测及信息公开办法（试行）》（环发〔2013〕81 号），将国家重点监控企业自行监测和信息公开率先作为主要污染物总量减排考核的一项指标。2016 年 11 月，国务院办公厅印发了《控制污染物排放许可制实施方案》（国办发〔2016〕81 号），提出控制污染物排放许可制的一项基本原则："权责清晰，强化监管。排污许可证是企事业单位在生产运营期接受环境监管和环境保护部门实施监管的主要法律文书。企事业单位依法申领排污许可证，按证排污，自证守法。环境保护部门基于企事业单位守法承诺，依法发放排污许可证，依证强化事中事后监管，对违法排污行为实施严厉打击。"

1.1.2 生态环境主管部门组织开展执法/监督监测，实现测管协同

随着各项法律明确了排污单位自行监测的主体地位，管理部门的监测活动更加聚焦于执法和监督。《生态环境监测网络建设方案》（国办发〔2015〕56号）要求："实现生态环境监测与执法同步。各级环境保护部门依法履行对排污单位的环境监管职责，依托污染源监测开展监管执法，建立监测与监管执法联动快速响应机制，根据污染物排放和自动报警信息，实施现场同步监测与执法。"

《生态环境监测规划纲要（2020—2035年）》（环监测〔2019〕86号）提出："构建'国家监督、省级统筹、市县承担、分级管理'格局。落实自行监测制度，强化自行监测数据质量监督检查，督促排污单位规范监测、依证排放，实现自行监测数据真实可靠。建立完善监督制约机制，各级生态环境部门依法开展监督监测和抽查抽测。"为落实该纲要要求，各级生态环境主管部门按照"双随机、一公开"的原则，组织开展执法监测。通过排污单位证后监测监管，加强对排污单位自行监测数据质量和排放状况的监督，指导排污单位自行监测工作的改进，从而更好地提高排污单位自行监测水平。

《关于进一步加强固定污染源监测监督管理的通知》（环办监测〔2023〕5号）进一步提出，坚持精准治污、科学治污、依法治污，以固定污染源排污许可制为核心，构建排污单位依证监测、政府依法监管、社会共同监督的固定污染源监测监督管理的新格局，为深入打好污染防治攻坚战提供有力支撑。

1.1.3 社会公众参与监督，合力提升污染源监测质量

我国污染源量大面广，仅靠生态环境主管部门的监督远远不够，因此只有发动群众、实现全民监督，才能使违法排污行为无处遁形。2014年修订的《中华人民共和国环境保护法》更加明确地赋予了公众环保知情权和监督权："公民、法人和其他组织依法享有获取环境信息、参与和监督环境保护的权利。各级人民政府环境保护主管部门和其他负有环境保护监督管理职责的部门，应当依法公开环境信

息、完善公众参与程序，为公民、法人和其他组织参与和监督环境保护提供便利。”

重点排污单位通过各种方式公开自行监测结果，包括依托排污许可制度及平台、依托地方污染源监测信息公开渠道、通过本单位官方网站等。生态环境主管部门执法/监督监测结果也依托排污许可制度及平台、依托地方污染源监测信息公开渠道等方式进行公开。社会公众可通过关注各类监测数据对排污单位及管理部门进行监督，督促排污单位和管理部门提升污染监测质量。

1.2　排污单位自行监测的定位

1.2.1　开展自行监测是构建政府、企业、社会共治的环境治理体系的需要

（1）构建现代环境治理体系的重大意义和总体要求

生态环境治理体系和治理能力是生态环境保护工作推进的基础支撑。2018 年 5 月，习近平总书记在全国生态环境保护大会上强调，要加快建立健全以治理体系和治理能力现代化为保障的生态文明制度体系，确保到 2035 年，生态环境质量实现根本好转，美丽中国目标基本实现；到 21 世纪中叶，生态环境领域国家治理体系和治理能力现代化全面实现，建成美丽中国。

党的十九大报告中提出构建以政府为主导、企业为主体、社会组织和公众共同参与的环境治理体系。党的十九届四中全会将生态文明制度体系建设作为坚持和完善中国特色社会主义制度、推进国家治理体系和治理能力现代化的重要组成部分做出安排部署，强调实行最严格的生态环境保护制度，严明生态环境保护责任制度，要求健全源头预防、过程控制、损害赔偿、责任追究的生态环境保护体系，构建以排污许可制为核心的固定污染源监管制度体系，完善污染防治区域联动机制和陆海统筹的生态环境治理体系。2020 年 3 月，中共中央办公厅、国务院办公厅联合印发了《关于构建现代环境治理体系的指导意见》，提出了建立健全环境治理的领导责任体系、企业责任体系、全民行动体系、监管体系、市场体系、

信用体系、法律法规政策体系。党的二十大报告提出深入推进环境污染防治，坚持精准治污、科学治污、依法治污，全面实行排污许可制，健全现代环境治理体系。

构建现代环境治理体系，是深入贯彻习近平生态文明思想和全国生态环境保护大会精神的重要举措，是持续加强生态环境保护、满足人民日益增长的优美生态环境需要、建设美丽中国的内在要求，是完善生态文明制度体系、推动国家治理体系和治理能力现代化的重要内容，还将充分展现生态环境治理的中国智慧、中国方案和中国贡献，对全球生态环境治理进程产生重要影响。

坚决落实构建现代环境治理体系，要把握构建现代环境治理体系的总体要求。以习近平新时代中国特色社会主义思想为指导，深入贯彻习近平生态文明思想，坚定不移贯彻新发展理念，以坚持党的集中统一领导为统领，以强化政府主导作用为关键，以深化企业主体作用为根本，以更好动员社会组织和公众共同参与为支撑，实现政府治理和社会调节、企业自治良性互动，完善体制机制，强化源头治理，形成工作合力。

（2）对排污单位自行监测的要求

污染源监测是污染防治的重要支撑，需要各方共同参与。为适应环境治理体系变革的需要，自行监测应发挥相应的作用，补齐短板，提供便利，为社会共治提供条件。

应改变传统生态环境治理模式中污染治理主体监测缺位现象。长期以来，污染源监测以政府部门监督性监测为主，尤其在“十一五”“十二五”总量减排时期，监督性监测得到快速发展，每年对国家重点监控企业按季度开展主要污染物监测，但排污单位在污染源监测中严重缺位。2013 年，为了解决单纯依靠环保部门有限的人力和资源难以全面掌握企业污染源状况的问题，环境保护部组织编制了《国家重点监控企业自行监测及信息公开办法（试行）》，大力推进企业开展自行监测。自 2014 年以来，多部生态环境保护相关法律均明确了排污单位自行监测的责任和要求。但是，自行监测数据的法定地位以及如何在环境管理中应用并没有明确，自行监测数据在环境管理中的应用更是不足，并没有从根本上解决排污单位在环境治理体系中监测缺位的现象。在新的环境治理体系中，应改变这一现状，使自行监测数据得到充分应用，才能保持多方参与的生命力和活力。

为公众提供便于获取、易于理解的自行监测信息。公众是社会共治环境治理体系的重要主体，公众参与的基础是及时获取信息，自行监测数据是反映排放状况的重要信息。社会的变革为公众参与提供了外在便利条件，为了提高自行监测在环境治理体系中的作用，就要充分利用当前发达的自媒体、社交媒体等各种先进、便利的条件，为公众提供便于获取、易于理解的自行监测数据和基于数据加工而成的相关信息，为公众高效参与提供重要依据。2022 年 3 月 5 日，生态环境部办公厅发布了《关于环保设施向公众开放小程序正式上线的通知》（环办便函〔2022〕82 号），向公众公开了“环保设施向公众开放”小程序，提高设施开放单位和公众参与积极性，指导督促设施开放单位及时更新信息，为公众了解企业环保设施情况提供了新途径。

1.2.2　开展自行监测是社会责任和法定义务

企业是最主要的生产者，是社会财富的创造者，企业在追求自身利润的同时，向社会提供了产品，满足了人民的日常所需，推进了社会的进步。当然，在当代社会，由于企业是社会中普遍存在的社会组织，其数量众多、类型各异、存在范围广、对社会影响大。在这种情况下，社会的发展不仅要求企业承担生产经营和创造财富的义务，还要求其承担环境保护、社区建设和消费者权益维护等多方面的责任，这也是企业的社会责任。企业社会责任具有道义责任的属性和法律义务的属性。法律作为一种调整人们行为的规则，其对人之行为的调整是通过权利义务设置而实现的。因而，法律义务并非一种道义上的宣示，其有具体的、明确的规则指引人的行为。基于此，企业社会责任一旦进入环境法视域，即被分解为具体的法律义务。

企业开展排污状况自行监测是法定的责任和义务。《中华人民共和国环境保护法》第四十二条明确提出，“重点排污单位应当按照国家有关规定和监测规范安装使用监测设备，保证监测设备正常运行，保存原始监测记录”；第五十五条要求，“重点排污单位应当如实向社会公开其主要污染物的名称、排放方式、排放浓度和总量、超标排放情况，以及防治污染设施的建设和运行情况，接受社会监督”。《中华人民共和国大气污染防治法》《中华人民共和国水污染防治法》《中华人民共和国环境保护税法》《中华人民共和国土壤污染防治法》《中华人民共和国固体废物污染环境防治法》等相关法律中也均有关于排污单位自行监测的相关要求。

1.2.3 开展自行监测是自证守法和自我保护的重要手段和途径

排污许可制度作为固定污染源核心管理制度，其明确了排污单位自证守法的权利和责任，排污单位可以通过以下途径进行“自证”。一是依法开展自行监测，保障数据合法有效，妥善保存原始记录；二是建立准确完整的环境管理台账，记录能够证明其排污状况的相关信息，形成一套完整的证据链；三是定期、如实向生态环境部门报告排污许可证执行情况。可以看出，自行监测贯穿自证守法的全过程，是自证守法的重要手段和途径。

首先，排污单位被允许在标准限值下排放污染物，排放状况应该透明公开且合规。随着管理模式的改变，管理部门不对企业全面开展监测，仅对企业进行抽查抽测。排污单位需要对排放状况进行说明，这就需要开展自行监测。

其次，一旦出现排污单位对管理部门出具的监测数据或其他证明材料存在质疑，或者对公众举报等相关信息提出异议时，就需要有足以说明自身排污状况的相关材料进行证明，这种情况下自行监测数据是非常重要的证明材料。

最后，开展自行监测是对自身排污状况的定期监控，同时加上必要的周边环境质量影响监测，可以及时掌握自身实际排污状况和对周边环境质量的影响，以及周边环境质量的变化趋势和承受能力，并及时识别潜在环境风险，以便提前应对，避免引起更大的、无法挽救的环境事故或对人民群众、生态环境和排污单位自身造成巨大损害和损失。

1.2.4　开展自行监测是排污许可制度的重要组成部分

《控制污染物排放许可制实施方案》（国办发〔2016〕81 号）明确了排污单位应实行自行监测和定期报告。《排污许可管理条例》第十九条规定：“排污单位应当按照排污许可证规定和有关标准规范，依法开展自行监测，并保存原始监测记录。原始监测记录保存期限不得少于 5 年。排污单位应当对自行监测数据的真实性、准确性负责，不得篡改、伪造。”

因此，自行监测既是有明确法律法规要求的一项管理制度，也是固定污染源基础与核心管理制度——排污许可制度的重要组成部分。

1.2.5　开展自行监测是精细化管理与大数据时代信息输入及信息产品输出的需要

随着环境管理向精细化的发展，强化数据应用、根据数据分析识别潜在的环境问题，做出更加科学精准的环境管理决策是环境管理面临的重大命题。大数据时代信息化水平的提高，为监测数据的加工分析提供了条件，也对数据输入提出了更高需求。

自行监测数据承载了大量污染排放和治理信息，然而长期以来并没有得到充分的收集和利用，这是生态环境大数据中缺失的一项重要信息源。通过收集各类污染源长时间序列的监测数据，对同类污染源监测数据进行统计分析，可以更全面地判定污染源的实际排放水平，从而为制定排放标准、产排污系数提供科学依据。另外，通过监测数据与其他数据的关联分析，还能获得更多、更有价值的其他信息，为环境管理提供更有力的支撑。

1.3　排污单位自行监测的管理规定

我国现行法律法规、管理规定中有很多涉及排污单位自行监测的相关管理规定，具体见表 1-1。

表 1-1 我国现行与排污单位自行监测相关的法律法规和管理规定

名称	颁布机关	实施时间	主要相关内容
《中华人民共和国海洋环境保护法》	全国人民代表大会常务委员会	2000 年 4 月 1 日（2017 年 11 月 4 日修正）	规定了排污单位应当依法公开排污信息
《中华人民共和国水污染防治法》	全国人民代表大会常务委员会	2008 年 6 月 1 日（2017 年 6 月 27 日修正）	规定了实行排污许可管理的企业事业单位和其他生产经营者应当对所排放的水污染物自行监测，并保存原始监测记录，排放有毒有害水污染物的还应开展周边环境监测，上述条款均设有对应罚则
《中华人民共和国环境保护法》	全国人民代表大会常务委员会	2015 年 1 月 1 日	规定了重点排污单位应当安装使用监测设备，保证监测设备正常运行，保存原始监测记录，并进行信息公开
《中华人民共和国大气污染防治法》	全国人民代表大会常务委员会	2016 年 1 月 1 日（2018 年 10 月 26 日修正）	规定了企业事业单位和其他生产经营者应当对大气污染物进行监测，并保存原始监测记录
《中华人民共和国环境保护税法》	全国人民代表大会常务委员会	2018 年 1 月 1 日（2018 年 10 月 26 日修正）	规定了纳税人按季申报缴纳时，向税务机关报送所排放应税污染物浓度值
《中华人民共和国土壤污染防治法》	全国人民代表大会常务委员会	2019 年 1 月 1 日	规定了土壤污染重点监管单位应制定、实施自行监测方案，并将监测数据报生态环境主管部门
《中华人民共和国固体废物污染环境防治法》	全国人民代表大会常务委员会	2020 年 9 月 1 日	规定了产生、收集、贮存、运输、利用、处置固体废物的单位，应当依法及时公开固体废物污染环境防治信息，主动接受社会监督。 生活垃圾处理单位应当按照国家有关规定，安装使用监测设备，实时监测污染物的排放情况，将污染排放数据实时公开。监测设备应当与所在地生态环境主管部门的监控设备联网
《中华人民共和国刑法修正案（十一）》	全国人民代表大会常务委员会	2021 年 3 月 1 日	规定了环境监测造假的法律责任
《中华人民共和国噪声污染防治法》	全国人民代表大会常务委员会	2022 年 6 月 5 日	规定了实行排污许可管理的单位应当按照规定，对工业噪声开展自行监测，保存原始监测记录，向社会公开监测结果，对监测数据的真实性和准确性负责。噪声重点排污单位应当按照国家规定，安装、使用、维护噪声自动监测设备，与生态环境主管部门的监控设备联网

名称	颁布机关	实施时间	主要相关内容
《城镇排水与污水处理条例》	国务院	2014 年 1 月 1 日	规定了排水户应按照国家有关规定建设水质、水量检测设施
《畜禽规模养殖污染防治条例》	国务院	2014 年 1 月 1 日	规定了畜禽养殖场、养殖小区应当定期将畜禽养殖废弃物排放情况报县级人民政府环境保护主管部门备案
《中华人民共和国环境保护税法实施条例》	国务院	2018 年 1 月 1 日	规定了未安装自动监测设备的纳税人，自行对污染物进行监测且所获取的监测数据符合国家有关规定和监测规范的，视同监测机构出具的监测数据，可作为计税依据
《排污许可管理条例》	国务院	2021 年 3 月 1 日	规定了持证单位自行监测责任，管理部门依证监管责任
《最高人民法院、最高人民检察院关于办理环境污染刑事案件适用法律若干问题的解释》	最高人民法院、最高人民检察院	2017 年 1 月 1 日	规定了重点排污单位篡改、伪造自动监测数据或者干扰自动监测设施的视为严重污染环境，并依据《刑法》有关规定予以处罚
《环境监测管理办法》	国家环境保护总局	2007 年 9 月 1 日	规定了排污者必须按照国家及技术规范的要求，开展排污状况自我监测；不具备环境监测能力的排污者，应当委托环境保护部门所属环境监测机构或者经省级环境保护部门认定的环境监测机构进行监测
《污染源自动监控设施现场监督检查办法》	环境保护部	2012 年 4 月 1 日	规定了：①排污单位或运营单位应当保证自动监测设备正常运行；②污染源自动监控设施发生故障停运期间，排污单位或者运营单位应当采用手工监测等方式，对污染物排放状况进行监测，并报送监测数据
《关于加强污染源环境监管信息公开工作的通知》	环境保护部	2013 年 7 月 12 日	规定了各级环保部门应积极鼓励引导企业进一步增强社会责任感，主动自愿公开环境信息。同时严格督促超标或者超总量的污染严重企业，以及排放有毒有害物质的企业主动公开相关信息，对不依法主动公布或不按规定公布的要依法严肃查处

名称	颁布机关	实施时间	主要相关内容
《关于印发〈国家重点监控企业自行监测及信息公开办法（试行）〉和〈国家重点监控企业污染源监督性监测及信息公开办法（试行）〉的通知》	环境保护部	2014年1月1日	规定了企业开展自行监测及信息公开的各项要求，包括自行监测内容、自行监测方案，对手工监测和自动监测两种方式开展的自行监测分别提出了监测频次要求，自行监测记录内容，自行监测年度报告内容，自行监测信息公开的途径、内容及时间要求等
《环境保护主管部门实施限制生产、停产整治办法》	环境保护部	2015年1月1日	规定了被限制生产的排污者在整改期间按照环境监测技术规范进行监测或者委托有条件的环境监测机构开展监测，保存监测记录，并上报监测报告
《生态环境监测网络建设方案》	国务院办公厅	2015年7月26日	规定了重点排污单位必须落实污染物排放自行监测及信息公开的法定责任，严格执行排放标准和相关法律法规的监测要求
《关于支持环境监测体制改革的实施意见》	财政部、环境保护部	2015年11月2日	规定了落实企业主体责任，企业应依法自行监测或委托社会化检测机构开展监测，及时向环保部门报告排污数据，重点企业还应定期向社会公开监测信息
《关于加强化工企业等重点排污单位特征污染物监测工作的通知》	环境保护部	2016年9月20日	规定了：①化工企业等排污单位应制定自行监测方案，对污染物排放及周边环境开展自行监测，并公开监测信息；②监测内容应包含排放标准的规定项目和涉及的列入污染物名录库的全部项目；③监测频次，自动监测的应全天连续监测，手工监测的，废水特征污染物每月开展一次，废气特征污染物每季度开展一次，周边环境监测按照环评及其批复执行，可根据实际情况适当增加监测频次
《控制污染物排放许可制实施方案》	国务院办公厅	2016年11月10日	规定了企事业单位应依法开展自行监测，安装或使用的监测设备应符合国家有关环境监测、计量认证规定和技术规范，建立准确完整的环境管理台账，安装在线监测设备的应与环境保护部门联网

名称	颁布机关	实施时间	主要相关内容
《关于实施工业污染源全面达标排放计划的通知》	环境保护部	2016 年 11 月 29 日	规定了：①各级环保部门应督促、指导企业开展自行监测，并向社会公开排放信息；②对超标排放的企业要督促其开展自行监测，加大对超标因子的监测频次，并及时向环保部门报告；③企业应安装和运行污染源在线监控设备，并与环保部门联网
《关于深化环境监测改革　提高环境监测数据质量的意见》	中共中央办公厅、国务院办公厅	2017 年 9 月 21 日	规定了环境保护部要加快完善排污单位自行监测标准规范；排污单位要开展自行监测，并按规定公开相关监测信息，对弄虚作假行为要依法处罚；重点排污单位应当建设污染源自动监测设备，并公开自动监测结果
《企业环境信息依法披露管理办法》	生态环境部	2022 年 2 月 8 日	规定了企业（包括重点排污单位）应当依法披露环境信息，包括企业自行监测信息等
《关于加强排污许可执法监管的指导意见》	生态环境部	2022 年 3 月 28 日	规定了排污单位应当提升自行监测质量。确保申报材料、环境管理台账记录、排污许可证执行报告、自行监测数据的真实、准确和完整，依法如实在全国排污许可证管理信息平台上公开信息，不得弄虚作假，自觉接受监督
《污染物排放自动监测设备标记规则》	生态环境部	2022 年 7 月 19 日	排污单位应当按照相关自动监测数据标记规则对产生自动监测数据的相应时段进行标记。排污单位是审核确认自动监测数据有效性的责任主体，应当按照《设备标记规则》确认自动监测数据的有效性。排污单位的自动监测数据向社会公开时，数据标记内容应当同时公开
《环境监管重点单位名录管理办法》	生态环境部	2023 年 1 月 1 日	环境监管重点单位应当依法履行自行监测、信息公开等生态环境法律义务，采取措施防治环境污染，防范环境风险
《关于进一步加强固定污染源监测监督管理的通知》	生态环境部	2023 年 3 月 8 日	规定了生态环境部门要加强排污单位自行监测监管，督促持证排污单位按照排污许可证要求，规范开展自行监测，并公开监测结果；督促重点排污单位、实行排污许可重点管理的排污单位，依法依规安装运维自动监测设备，并与生态环境部门联网；强化排污许可管理、环境监测、环境执法联动，形成管理闭环

注：截至 2023 年 3 月 8 日。

1.4 《排污单位自行监测技术指南》的定位

1.4.1 排污许可制度配套的技术支撑文件

排污许可制度是各国普遍采用的控制污染的法律制度。从美国等发达国家和地区实施排污许可制度的经验来看，监督检查是排污许可制度实施效果的重要保障，污染源监测是监督检查的重要组成部分和基础；自行监测是污染源监测的主体形式，其管理备受重视，并作为重要的内容在排污许可证中载明。

我国当前推行的排污许可制度明确了排污单位应“自证守法”，其中自行监测是排污单位自证守法的重要手段和方法。只有在特定监测方案和要求下的监测数据才能够支撑排污许可“自证”的要求。因此，在排污许可制度中，自行监测要求是必不可少的一部分。

重点排污单位自行监测法律地位得到明确，自行监测制度初步建立，而自行监测的有效实施还需要有配套的技术文件作为支撑，排污单位自行监测技术指南是基础而重要的技术指导性文件。因此，制定排污单位自行监测技术指南是落实相关法律法规的需要。

1.4.2 对现有标准和管理文件中关于排污单位自行监测规定的补充

对每个排污单位来说，生产工艺产生的污染物、不同监测点位执行排放标准和控制指标、环评报告要求的内容都有不同情况及独特内容。虽然各种监测技术标准与规范已从不同角度对排污单位的监测内容做出了规定，但不够全面。

为提高监测效率，应针对不同排放源污染物排放特性确定监测要求。监测是污染排放监管必不可少的技术支撑，具有重要的意义，但是监测是需要成本的，应在监测效果和成本间寻找合理的平衡点。“一刀切”的监测要求必然会造成部分排放源监测要求过高，从而造成浪费；或者对部分排放源要求过低，从而达不到监管需求。因此，需要专门的技术文件，从排污单位监测要求进行系统分析和设计，提高监测要求的精细化要求，提高监测效率。

1.4.3　对排污单位自行监测行为指导和规范的技术要求

我国自 2014 年起开始推行《国家重点监控企业自行监测及信息公开办法（试行）》，从实施情况来看存在诸多问题，需要加强对排污单位自行监测行为的指导和规范。

污染源监测与环境质量监测相比，涉及的行业较多，监测内容更复杂。我国目前仅国家污染物排放标准就有近 200 项，且数量还在持续增加；省级人民政府依法制定并报生态环境部备案的地方污染物排放标准总数也有 100 多项，数量也同样不断增加。排放标准中的控制项目种类繁杂，水、气污染物均在 100 项以上。

由于国家发布的有关规定必须有普适性和原则性的特点，因此排污单位在开展自行监测过程中如何结合企业具体情况，合理确定监测点位、监测项目和监测频次等实际问题上面临着诸多疑问。

生态环境部在对全国各地区自行监测及信息公开平台的日常监督检查及现场检查等工作中发现，部分排污单位存在自行监测方案内容不完善、监测活动不规范、监测数据质量不高等问题。为解决排污单位开展自行监测过程中遇到的问题，需要进一步加强对排污单位自行监测的工作指导和规范行为，建立和完善排污单位自行监测相关规范内容，因此有必要制定自行监测技术指南，将自行监测要求进一步明确和细化。

1.5　行业技术指南在自行监测技术指南体系中的定位和制定思路

1.5.1　自行监测技术指南体系

排污单位自行监测指南体系以《总则》为统领，包括一系列重点行业排污单位自行监测技术指南、若干通用工序自行监测技术指南以及 1 个环境要素自行监测技术指南，共同组成排污单位自行监测技术体系，见图 1-2。

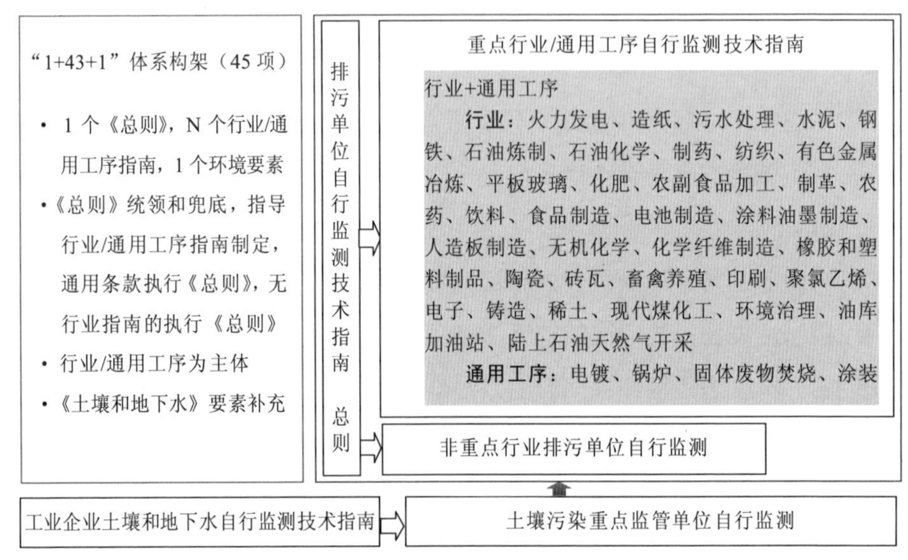

图 1-2　排污单位自行监测技术指南体系

《总则》在排污单位自行监测指南体系中属于纲领性的文件，起到统一思路和要求的作用。第一，对行业技术指南总体性原则进行规定，是行业技术指南的参考性文件；第二，对于行业技术指南中必不可少，但要求比较一致的内容，可以在《总则》中体现，在行业技术指南中加以引用，既保证一致性，也减少重复；第三，对于部分污染差异大、数量少的行业，单独制定行业技术指南意义不大，这类行业排污单位可以参照《总则》开展自行监测。行业技术指南未发布的，也应参照《总则》开展自行监测。

1.5.2　行业排污单位自行监测技术指南是对《总则》的细化

行业技术指南是在《总则》的统一原则要求下，考虑该行业企业所有废水、废气、噪声污染源的监测活动，在指南中进行统一规定。行业排污单位自行监测技术指南的核心内容包括以下两个方面：

①监测方案。在指南中明确行业的监测方案。首先明确行业的主要污染源、各污染源的主要污染因子。针对各污染源的各污染因子提出监测方案设置的基本要求，包括点位、监测指标、监测频次、监测技术等。

②数据记录、报告和公开要求。根据行业特点，各参数或指标与校核污染物排放的相关性，提出监测相关数据记录要求。

除了行业技术指南中规定的内容，还应执行《总则》的要求。

1.5.3　橡胶和塑料制品工业自行监测技术指南制定原则与思路

1.5.3.1　以《总则》为指导，根据行业特点进行细化

《橡胶和塑料制品指南》中的主体内容是以《总则》为指导，根据《总则》中确定的基本原则和方法，在对橡胶和塑料制品工业产排污环节进行分析的基础上，结合橡胶和塑料制品工业企业实际的排污特点，对橡胶和塑料制品工业监测方案、信息记录的内容具体化和明确化。

1.5.3.2　以污染物排放标准为基础，全指标覆盖

污染物排放标准规定的内容是行业自行监测技术指南制定的重要基础。在污染物指标确定时，《橡胶和塑料制品指南》主要以当前实施的、适用于橡胶和塑料制品工业的污染物排放标准为依据。同时，根据实地调研以及相关数据分析结果，对实际排放的或地方实际进行监管的污染物指标进行适当考虑，在标准中列明，但标明为选测，或由排污单位根据实际监测结果判定是否排放，若实际生产中排放，则应进行监测。

1.5.3.3　以满足排污许可制度实施为主要目标

《橡胶和塑料制品指南》的制定以能够满足橡胶和塑料制品工业排污许可制度

实施为主要目标。

由于橡胶和塑料制品工业不同企业实际存在的废气排放源差异较大，有些类型的废气源仅在少数橡胶和塑料制品企业中存在，《排污许可证申请与核发技术规范 橡胶和塑料制品工业》（HJ 1122—2020）中将常见的废气排放源纳入管控。《橡胶和塑料制品指南》中对常见废气排放源监测点位、监测指标、监测频次进行了规定。

排污许可制度中，对主要污染物提出排放量许可限值，其他污染物仅有浓度限值要求。为了支撑排污许可制度实施对排放量核算的需求，有排放量许可限值的污染物，监测频次一般高于其他污染物。

第 2 章　自行监测的一般要求

按照开展自行监测活动的一般流程，排污单位应查清本单位的污染源、污染物指标及潜在的环境影响，制定监测方案，设置和维护监测设施，按照监测方案开展自行监测，做好质量保证和质量控制，记录和保存监测数据，依法向社会公开监测结果。

本章围绕排污单位自行监测流程中的关键节点，对其中的关键问题进行介绍。制定监测方案时，应重点保证监测内容、监测指标、监测频次的全面性、科学性，确保监测数据的代表性，这样才能全面反映排污单位的实际排放状况；设置和维护监测设施时，应能够满足监测要求，同时为监测的开展提供便利条件；自行监测开展过程中，应该根据本单位实际情况自行监测或者委托有资质的单位开展监测，所有监测活动要严格按照监测技术规范执行；开展监测的过程中，应做好质量保证和质量控制，确保监测数据质量；监测信息记录与公开时，应保证监测过程可溯，同时按要求报送和公开监测结果，接受管理部门和公众的监督。

2.1　制定监测方案

2.1.1　自行监测内容

排污单位自行监测不仅限于污染物排放监测，还应该围绕本单位污染物排放状况、污染治理情况、对周边环境质量影响状况来确定监测内容。但考虑到排污单位自行监测的实际情况，排污单位可根据管理要求，逐步开展。

2.1.1.1 污染物排放监测

污染物排放监测是排污单位自行监测的基本要求，包括废气污染物、废水污染物和噪声污染监测。废气污染物监测，包括对有组织排放废气污染物和无组织排放废气污染物的监测。废水污染物监测可按废水对水环境的影响程度来确定，而废水对水环境的影响程度主要取决于排放去向，即直接排入环境（直接排放）和排入公共污水处理系统（间接排放）两种方式。噪声污染监测一般指厂界环境噪声监测。

2.1.1.2 周边环境质量影响监测

排污单位应根据自身排放对周边环境质量的影响开展周边环境质量影响状况监测，从而掌握自身排放状况对周边环境质量影响的实际情况和变化趋势。

《中华人民共和国大气污染防治法》第七十八条规定，排放前款名录中所列有毒有害大气污染物的企事业单位，应当按照国家有关规定建设环境风险预警体系，对排放口和周边环境定期进行监测，评估环境风险，排查环境安全隐患，并采取有效措施防范环境风险。《中华人民共和国水污染防治法》第三十二条规定，排放前款名录中所列有毒有害水污染物的企事业单位和其他生产经营者，应当对排污口和周边环境进行监测，评估环境风险，排查环境安全隐患，并公开有毒有害水污染物信息，采取有效措施防范环境风险。《工矿用地土壤环境管理办法（试行）》（生态环境部令　第 3 号）第十二条规定，“重点排污单位应当按照相关技术规范要求，自行或者委托第三方定期开展土壤和地下水监测”。

目前我国已发布第一批有毒有害大气污染物名录和有毒有害水污染物名录。第一批有毒有害大气污染物包括二氯甲烷、甲醛、三氯甲烷、三氯乙烯、四氯乙烯、乙醛、镉及其化合物、铬及其化合物、汞及其化合物、铅及其化合物、砷及其化合物。第一批有毒有害水污染物包括二氯甲烷、三氯甲烷、三氯乙烯、四氯乙烯、甲醛、镉及镉化合物、汞及汞化合物、六价铬化合物、铅及铅化合物、砷及砷化合物。因此，排污单位可根据本单位实际情况，自行确定监测指标和内容。

对于污染物排放标准、环境影响评价文件及其批复或其他环境管理制度有明确要求的，排污单位应按照要求对其周边相应的空气、地表水、地下水、土壤等环境质量开展监测。对于相关管理制度没有明确要求的，排污单位应依据《中华人民共和国大气污染防治法》《中华人民共和国水污染防治法》的要求，根据实际情况确定是否开展周边环境质量影响监测。

2.1.1.3　关键工艺参数监测

污染物排放监测需要专门的仪器设备、人力和物力，经济成本较高。污染物排放状况与生产工艺、设备参数等相关指标有一定的关联性，而这些工艺或设备相关参数的监测，有些是生产控制中必须监测的，有些虽然不是生产过程中必须监测的指标，但开展监测相对容易，成本较低。因此，在部分排放源或污染物指标监测成本相对较高、难以实现高频次监测的情况下，可以通过对与污染物产生和排放密切相关的关键工艺参数进行测试以补充污染物排放监测数据。

2.1.1.4　污染治理设施处理效果监测

有些排放标准等文件对污染治理设施处理效果有限值要求，这就需要通过监测结果进行处理效果的评价。另外，有些情况下，排污单位需要掌握污染处理设施的处理效果，从而可以更好地调试生产和污染治理设施。因此，若污染物排放标准等环境管理文件对污染治理设施有特别要求的，或排污单位认为有必要的，应对污染治理设施处理效果进行监测。

2.1.2　自行监测方案内容

排污单位应当对本单位污染源排放状况进行全面梳理，分析潜在的环境风险，根据自行监测方案制定能够反映本单位实际排放状况的监测方案，以此作为开展自行监测的依据。

监测方案内容包括单位基本情况、监测点位及示意图、监测指标、执行标准及其限值、监测频次、采样和样品保存方法、监测分析方法和仪器、质量保证与质量控制等。

所有按照规定开展自行监测的排污单位，在投入生产或使用并产生实际排污行为之前，应完成自行监测方案的编制及相关准备工作。一旦发生排污行为，就应按照监测方案开展监测活动。

当有以下情况发生时，应变更监测方案：执行的排放标准发生变化；排放口位置、监测点位、监测指标、监测频次、监测技术任意一项内容发生变化；污染源、生产工艺或处理设施发生变化。

2.2 设置和维护监测设施

开展监测必须有相应的监测设施，为了保证监测活动的正常开展，排污单位应按照规定设置满足监测所需要的设施。

2.2.1 监测设施应符合监测规范要求

开展废水、废气污染物排放监测，应保证现场设施条件符合相关监测方法或技术规范的要求，确保监测数据的代表性。因此，废水排放口、废气监测断面及监测孔的设置都有相应的要求，要保证水流、气流不受干扰且混合均匀，采样点位的监测数据能够反映监测时污染物排放的实际情况。

我国废水、废气监测相关标准规范中规定了监测设施必须满足的条件，排污单位可根据具体的监测项目，对照监测方法标准和技术规范确定监测设施的具体设置要求。原国家环境保护局发布的《排污口规范化整治技术要求（试行）》（1996 年 5 月 20 日，国家环保局　环监〔1996〕470 号）对排污口规范化整治技术提出了总体要求，部分省市也对其辖区排污口的规范化管理发布了技术规定、标准，对排污单位监测设施设置要求予以明确。如北京市出台的《固定污染源监测点位设置技术规范》（DB 11/1195—2015），山东省出台的《固定污染源废气监测点位设置技术规范》（DB 37/T 3535—2019）等。中国环境保护产业协会发布的《固定污染源废气排放口监测点位设置技术规范》（T/CAEPI 46—2022），对固定污染源监测点位监测设施设置规范进行了全面规定，这也可以作为排污单位设置监测设施的重要参考。但总体来说，相关标准规范对监测设施的规定缺少系统性。

2.2.2　监测平台应便于开展监测活动

开展监测活动时需要一定的空间，有时还需要可供仪器设备使用的直流供电，因此排污单位应设置方便开展监测活动的平台。包括以下要求：一是到达监测平台要方便，可以随时开展监测活动；二是监测平台的空间要足够大，能够保证各类监测设备摆放和人员活动；三是监测平台要备有需要的电源等辅助设施，确保监测活动开展所必需的各类仪器设备和辅助设备能够正常工作。

2.2.3　监测平台应能保证监测人员的安全

开展监测活动的同时，必须保证监测人员的人身安全，因此监测平台要设有必要的防护设施。一是高空监测平台，周边要有能够保障人员安全的围栏，监测平台底部的空隙不应过大；二是监测平台附近有造成人体机械伤害、灼烫、腐蚀、触电等危险源的，应在平台相应位置设置防护装置；三是监测平台上方有坠落物体隐患时，应在监测平台上方设置防护装置；四是排放剧毒、致癌物及对人体有严重危害物质的监测点位，应储备相应安全防护装备。所有围栏、底板、防护装置使用的材料要符合相关质量要求，能够承受预估的最大冲击力，从而保障人员的安全。

2.2.4 废水排放量大于 100 t/d 的，应安装自动测流设施并开展流量自动监测

废水流量监测是废水污染物监测的重要内容，从某种程度来说，流量监测比污染物浓度监测更重要。流量监测易受环境影响，监测结果存在一定的不确定性是国际上普遍存在的技术问题。但总体来看，流量监测技术日趋成熟，能满足各种流量监测需要，也能满足自动测流的需要。废水流量的监测方法有多种，根据废水排放形式，分为电磁流量计和明渠流量计两种。其中，电磁流量计适用于管道排放，对流量范围的适用性较广。明渠流量计中，三角堰适用于流量较小的情况，监测范围低至 1.08 m^3/h，即能够满足 30 m^3/d 排放水平企业的需要。根据环境统计数据，废水排放量大于 30 m^3/d 的企业为 7.5 万家，约占企业总数的 79%；废水排放量大于 50 m^3/d 的企业为 6.7 万家，约占企业总数的 71%；废水排放量大于 100 m^3/d 的企业为 5.7 万家，约占企业总数的 60%。从监测技术稳定性和当前基础来看，建议废水排放量大于 100 m^3/d 的企业采取自动测流的方式。

2.3 开展自行监测

2.3.1 自行监测开展方式

在监测组织方式上，开展监测活动时可以选择依托自有人员、设备、场地自行开展监测，也可以委托有资质的社会化检测机构开展监测。在监测技术手段上，无论是自行监测还是委托监测，都可以采用手工监测和自动监测的方式。排污单位自行监测活动开展方式选择流程见图 2-1。

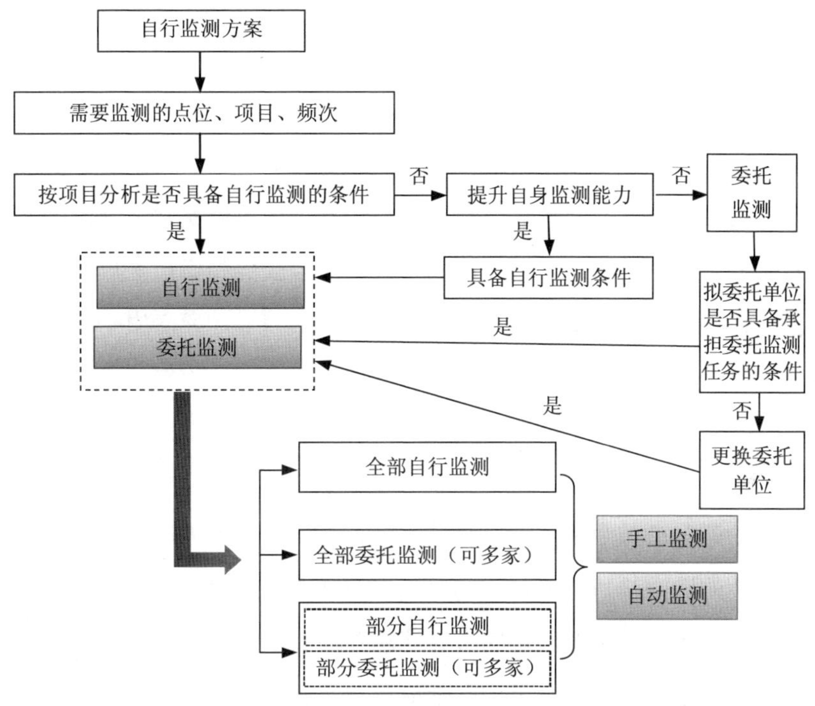

图 2-1　排污单位自行监测活动开展方式选择流程

排污单位首先根据自行监测方案明确需要开展监测的点位、监测项目、监测频次，在此基础上根据不同监测项目的监测要求分析本单位是否具备开展自行监测的条件。具备监测条件的项目，可选择自行监测；不具备监测条件的项目，排污单位可根据自身实际情况，决定是否提升自身监测能力，以满足自行监测的条件。如果通过筹建实验室、购买仪器、聘用人员等方式可达到开展自行监测条件的，可以选择自行监测。若排污单位委托社会化检测机构开展监测，需要按照不同监测项目检查拟委托的社会化检测机构是否具备承担委托监测任务的条件。若拟委托的社会化检测机构符合条件，则可委托社会化检测机构开展委托监测；若不符合条件，则应更换具备条件的社会化检测机构承担相应的监测任务。因此，排污单位有 3 种自行监测开展方式：全部自行监测、全部委托监测、部分自行监测部分委托监测。同一排污单位针对不同监测项目，可委托多家社会化检测机构开展监测。

无论是自行开展监测还是委托监测，都应当按照自行监测方案要求，确定各监测点位、监测项目的监测技术手段。对于明确要求开展自动监测的点位及项目，应采用自动监测的方式，其他点位和项目可根据排污单位实际情况，确定是否采用自动监测的方式。若采用自动监测的方式，应该按照相应技术规范的要求，定期采用手工监测方式进行校验。不采用自动监测的项目，应采用手工监测方式开展监测。

2.3.2 监测活动开展一般要求

监测活动开展的技术依据是监测技术规范。除了监测方法中的规定，我国还有一些系统性的监测技术规范对监测全过程或者专门针对监测的某个方面进行了规定。为了保证监测数据准确可靠，能够客观反映实际情况，无论是自行开展监测，还是委托其他社会化检测机构，都应该按照国家发布的环境监测标准、技术规范来开展。

开展监测活动的机构和人员由排污单位根据实际情况决定。排污单位可根据自身条件和能力，利用自有人员、场所和设备自行监测，排污单位自行开展监测时不需要通过国家的实验室资质认定，目前国家层面不要求检测报告必须加盖中国质量认证（CMA）印章。个别或者全部项目不具备自行监测能力时，也可委托其他有资质的社会化检测机构代其开展。

无论是排污单位自行监测，还是委托社会化检测机构开展监测，排污单位都应对自行监测数据的真实性负责。如果社会化检测机构未按照相应环境监测标准、技术规范开展监测，或者存在造假等行为，排污单位可以依据相关法律法规和委托合同条款追究所委托的社会化检测机构的责任。

2.3.3 监测活动开展应具备的条件

2.3.3.1 自行监测应具备的条件

自行承担监测活动的排污单位，应具备开展相应监测项目的能力，主要从以下几个方面考虑。

（1）人员

监测人员是指与生态环境监测工作相关的技术管理人员、质量管理人员、现场测试人员、采样人员、样品管理人员、实验室分析人员（包括样品前处理等辅助岗位人员）、数据处理人员、报告审核人员和授权签字人等各类专业技术人员的总称。

排污单位应设置承担环境监测职责的机构，落实环境监测经费，赋予相应的工作定位和职能，配备相应能力水平的生态环境监测技术人员。排污单位中开展自行监测工作人员的数量、专业技术背景、工作经历、监测能力与所开展的监测活动相匹配，建议中级及以上专业技术职称或同等能力的人员数量应不少于总数的 15%。

排污单位应与其监测人员建立固定的劳动关系，明确岗位职责、任职要求和工作关系，使其满足岗位要求并具有所需的权力和资源，履行建立、实施、保持和持续改进管理体系的职责。

排污单位监测机构最高管理者应组织和负责管理体系的建立和有效运行。排污单位应对操作设备、监测、签发监测报告等人员进行能力确认，由熟悉监测目的、程序、方法和结果评价的人员对监测人员进行质量监督。排污单位应制订人员培训计划，明确培训需求和实施人员培训，并评价培训活动的有效性。排污单位应保留技术人员的相关资质、能力确认、授权、教育、培训和监督的记录。

开展自行监测的相关人员应结合岗位设定，熟悉和掌握环境保护基础知识、法律法规、相关质量标准和排放标准、监测技术规范及有关化学安全和防护等知识。

（2）场所环境

排污单位应按照监测标准或技术规范，对现场监测或采样时的环境条件和安全保障条件予以关注，如监测或采样位置、电力供应、安全性等是否能保证监测人员安全和监测过程的规范性。

实验室宜集中布置，做到功能分区明确、布局合理、互不干扰，对于有温湿度控制要求的实验室，建筑设计应采取相应技术措施；实验室应有相应的安全消防保障措施。

实验室设计必须执行国家现行有关安全、卫生及环境保护法规和规定，对限制人员进入的实验区域应在其显眼区域设置警告装置或标志。

凡是空间内含有对人体有害的气体、蒸气、气味、烟雾、挥发物质的实验室，应设置通风柜，实验室需维持负压，向室外排风时必须经特殊过滤；凡是经常使用强酸、强碱、有化学品烧伤风险的实验室，应在出口就近设置应急喷淋器和应急洗眼器等装置。

实验室用房一般照明的照度均匀，其最低照度与平均照度之比不宜小于 0.7，微生物实验室宜设置紫外灭菌灯，其控制开关应设在门外并与一般照明灯具的控制开关分开安装。

对影响监测结果的环境条件，应制定相应的标准文件。如果规范、方法和程序有要求，或对结果的质量有影响时，实验室应监测、控制和记录环境条件。当环境条件影响监测结果时，应停止监测。应将不相容活动的相邻区域进行有效隔离。对进入和使用影响监测质量的区域，应加以控制。应采取措施确保实验室的良好内务，必要时应制定专门的程序。

（3）设备设施

排污单位配备的设备种类和数量应满足监测标准规范的要求，包括现场监测设备、采样设备、制样设备、保存设备、前处理设备、实验室分析设备和其他辅助设备。现场监测设备主要包括便携式现场监测分析仪、气象参数监测设备等，采样设备主要有水质采样器、大气采样器、固定污染源采样器等，样品保存设备主要指样品采集后和运输过程中需要低温、冷冻或避光所需的设备，前处理设备主要指加热、烘干、研磨、消解、蒸馏、振荡、过滤、浸提等所需的设备，实验室分析设备主要有气相色谱仪、液相色谱仪、离子色谱仪、原子吸收光谱仪、原子荧光光谱仪、红外测油仪、分光光度计、天平等。设备在投入工作前应进行校准或核查，以保证其满足使用要求。

大型仪器设备应配有仪器设备操作规程和仪器设备运行与保养记录；每台仪器设备及其软件应有唯一性标识；应保存对监测具有重要影响的每台仪器设备及软件的相关记录，并存档。

（4）管理体系

排污单位应根据自行监测活动的范围，建立与之相匹配的管理体系，管理体系应覆盖自行监测活动的全部场所，将点位布设、样品采集、样品管理、现场监测、样品运输和保存、样品制备、实验分析、数据传输、记录、报告编制和档案管理等监测活动纳入管理体系。应编制并执行质量手册、程序文件、作业指导书、质量和技术记录表格等，采取质量保证和质量控制措施，确保自行监测数据可靠。

2.3.3.2　委托单位相关要求

排污单位委托社会化检测机构开展自行监测的，也应对自行监测数据的真实性负责，因此排污单位应重视对被委托单位的监督管理。其中，具备监测资质是被委托单位承接监测活动的前提和基本要求。

接受自行监测任务的单位应具备监测相应项目的资质，即所出具的监测报告必须能够加盖 CMA 印章。排污单位除应对资质进行检查外，还应该加强对被委托单位的事前、事中、事后监督管理。

选择拟委托的社会化检测机构前，应对其既往业绩、实验室条件、人员条件等进行检查，重点考虑社会化检测机构是否具备承担委托项目的能力及经验，是否存在弄虚作假的不良记录等。

被委托单位开展监测活动过程中，排污单位应定期或不定期抽检被委托单位的监测记录、监测报告和原始记录等。若有存疑的地方，可现场检查。

每年报送全年监测报告前，排污单位应对被委托单位的监测数据进行全面检查，包括监测的全面性、记录的规范性、监测数据的可靠性等，确保被委托单位能够按照要求开展监测。

2.4 监测质量保证与质量控制

无论是自行开展监测还是委托社会化检测机构开展监测，都应该根据相关监测技术规范、监测方法标准等要求做好质量保证与质量控制。

自行开展监测的排污单位应根据本单位自行监测的工作需求，设置监测机构，梳理制定监测方案、样品采集、样品分析、出具监测结果、样品留存、相关记录的保存等各个环节，制定工作流程、管理措施与监督措施，建立自行监测质量体系，确保监测工作质量。质量体系应包括对以下内容的具体描述：监测机构、人员、出具监测数据所需仪器设备、监测辅助设施和实验室环境、监测方法技术能力验证、监测活动质量控制与质量保证等。

委托其他有资质的社会化检测机构代其开展自行监测的，排污单位不用建立监测质量体系，但应对社会化检测机构的资质进行确认。

2.5 记录和保存监测数据

记录监测数据与监测期间的工况信息，整理成台账资料，以备管理部门检查。手工监测时应保留全部原始记录信息，全过程留痕。自动监测时除了通过仪器全面记录监测数据外，还应记录运行维护记录。另外，为了更好地梳理污染物排放状况、了解监测数据的代表性、对监测数据进行交叉印证、形成完整证据链，还应详细记录监测期间的生产和污染治理状况。

排污单位应将自行监测数据接入全国污染源监测信息管理与共享平台，公开监测信息。此外，可以采取以下一种或者几种方式让公众更便捷地获取监测信息：公告或者公开发行的信息专刊；广播、电视等新闻媒体；信息公开服务、监督热线电话；本单位的资料索取点、信息公开栏、信息亭、电子屏幕、电子触摸屏等场所或者设施；其他便于公众及时、准确获得信息的方式。

第 3 章　橡胶和塑料制品工业发展及污染排放状况

橡胶和塑料制品工业是我国轻工行业重要的基础性产业之一，也是环境管理重点关注的行业之一。本章主要对橡胶制品行业和塑料制品行业的生产工艺过程和产排污情况等进行分析，为后文排污单位自行监测方案的制定提供基础依据。

3.1　橡胶制品行业

橡胶制品业是国民经济的传统重要基础性行业之一，下分为多个子行业，产品种类繁多，广泛应用于交通运输、航空航天、机械电子等工业领域。另外，许多橡胶制品可作为最终产品直接用于日常生活、文体活动和医疗卫生等方面。我国是世界天然橡胶的消费大国，也是主要进口国之一。随着国家改革开放，我国橡胶制品行业得到了较快的发展，市场需求相对旺盛，产业结构不断调整，多种产品产量已居世界首位。

依据《国民经济行业分类》（GB/T 4754—2017），橡胶制品业（291）指以天然及合成橡胶为原料生产各种橡胶制品的活动，还包括利用废橡胶再生产橡胶制品的活动，但不包括橡胶鞋制造。橡胶制品业共包括 7 个小类，分别是轮胎制造（2911），橡胶板、管、带制造（2912），橡胶零件制造（2913），再生橡胶制造（2914），日用及医用橡胶制品制造（2915），运动场地用塑胶制造（2916），其他橡胶制品制造（2919）。

《橡胶和塑料制品指南》中的橡胶制品工业是指以天然橡胶、合成橡胶及再生橡胶为原料生产各种橡胶制品的工业，但不包括橡胶鞋制造和以废轮胎、废橡胶为主要原料生产硫化橡胶粉、再生橡胶、热裂解油等产品的工业。橡胶制品工业排污单位包括轮胎制造，橡胶板、管、带制造，橡胶零件制造，日用及医用橡胶制品制造，运动场地用塑胶制造和其他橡胶制品制造等排污单位。

3.1.1　行业概况

3.1.1.1　行业概况

依据《中国橡胶工业年鉴（2021 年版）》，2020 年我国橡胶制品规模以上企业 3 022 家，全年主营业务收入 5 873.2 亿元。2020 年企业分布和主营业务收入见表 3-1。

表 3-1　2020 年企业分布和主营业务收入

国民经济分类	企业数量/家	主营业务收入/万元
2911 轮胎制造	358	29 776 912
2912 橡胶板、管、带制造	712	8 093 829
2913 橡胶零件制造	725	6 738 989
2914 再生橡胶制造	122	1 036 901
2915 日用及医用橡胶制品制造	244	4 711 712
2916 运动场地用塑胶制造	52	352 382
2919 其他橡胶制品制造	809	8 021 237
合　计	3 022	58 731 962

主要橡胶制品有轮胎、输送带、普通 V 带、橡胶胶管等。2020 年主要产品产量见表 3-2。

表 3-2 2020 年主要产品产量

产品名称		单位	产量
轮胎	子午胎	亿条	5.96
	斜交胎	亿条	0.38
输送带		亿平方米	5.6
普通 V 带		亿 A 米	16.6
橡胶胶管		亿标米	18.5

3.1.1.2 区域分布情况

2020 年我国橡胶制品规模以上企业数量共计 3 022 家，主要集中在山东、江苏、浙江、辽宁、广东、福建、上海、河南、安徽和河北（企业数量均在 100 家以上），区域性分布特征非常明显，主要集中在东部和中部地区。橡胶制品企业地区分布见图 3-1。

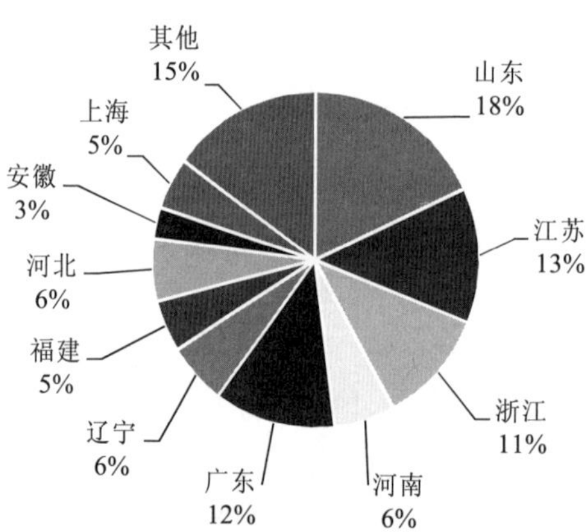

图 3-1 橡胶制品企业地区分布

3.1.2　生产工艺流程和污染物排放状况

3.1.2.1　生产工艺流程及产排污节点

（1）轮胎制造

轮胎制造包括橡胶轮胎外胎、橡胶内胎、橡胶实心或半实心轮胎、力车胎及废轮胎翻新。轮胎制造是所有子类制品中生产工序最全的一类，包括炼胶、挤出、压延、成型、硫化、修边打磨等工序。涉及颗粒物排放的工序主要有物料称量、混料和硫化后轮胎的修边打磨，涉及有机废气排放的工序主要有塑炼、密炼、硫化、胶片冷却等。轮胎制造工艺流程及产排污节点见图 3-2。

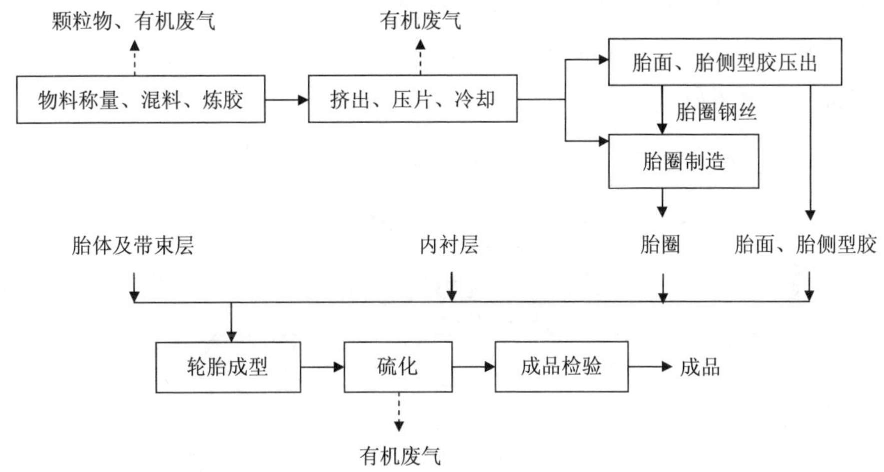

图 3-2　轮胎制造工艺流程及产排污节点

废轮胎翻新工艺主要分为热翻斜交胎及冷翻子午胎，现在以预硫化法冷翻子午胎为主。打磨工序产生粉尘，涂胶、贴胎面、硫化工序产生有机废气。废轮胎翻新工艺流程及产排污节点见图 3-3。

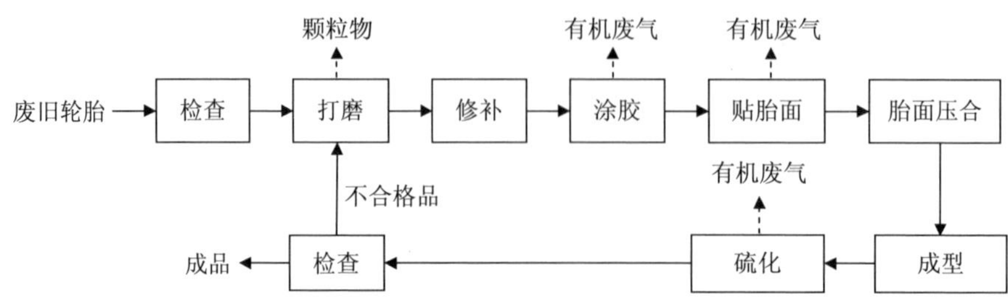

图 3-3 废轮胎翻新工艺流程及产排污节点

（2）橡胶板、管、带制造

橡胶板、管、带制造是指用未硫化的、硫化的或硬质橡胶生产橡胶板状、片状、管状、带状、棒状和异型橡胶制品的活动，以及以橡胶为主要成分，用橡胶灌注、涂层、覆盖或层叠的纺织物、纱绳、钢丝（钢缆）等制作的传动带或输送带的生产活动。生产工序主要包括密炼、挤出、压延、硫化等。密炼和挤出工序产生颗粒物、有机废气，并伴有异味。压延工序会产生少量有机废气。硫化工序产生有机废气，并伴有异味。橡胶板、管、带制造工艺流程及产排污节点见图 3-4。

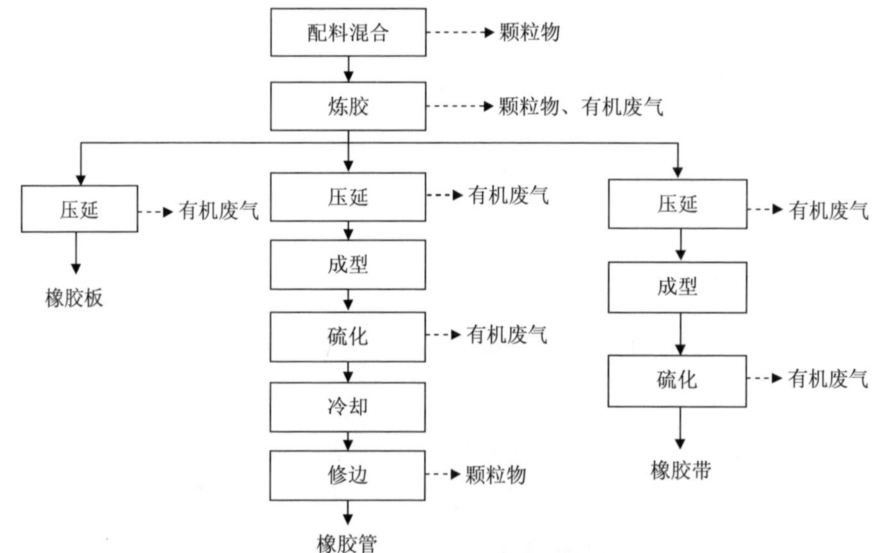

图 3-4 橡胶板、管、带制造工艺流程及产排污节点

（3）橡胶零件制造

橡胶零件制造是指各种用途的橡胶异形制品、橡胶零配件制品的生产活动。零件制品种类较多，但生产工艺流程类似。其中，炼胶、修边产生颗粒物，炼胶、切片/挤出、硫化产生有机废气。橡胶零件制造工艺流程及产排污节点见图 3-5。

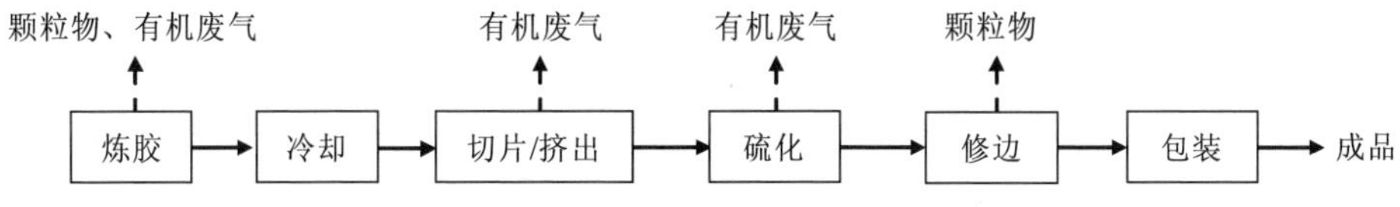

图 3-5　橡胶零件制造工艺流程及产排污节点

（4）再生橡胶制造

再生橡胶制造是指用废橡胶生产再生橡胶的活动。它包括对下列再生橡胶的制造活动：①初级形状再生橡胶：再生橡胶制板、再生橡胶制片、再生橡胶制带、其他初级形状再生橡胶；②再生胶粉。

1）废轮胎制初级形状再生橡胶制品

废轮胎经过机械粉碎、加热、机械与化学处理等物理化学过程，使其从弹性状况变成具有一定塑性和黏性的、能够加工再硫化的橡胶。其中，解交联和炼胶环节可采用传统的动态脱硫+捏炼+精炼工艺，也可采用新型的螺杆挤出工艺。废轮胎制初级形状再生橡胶制品工艺流程及产排污节点见图 3-6。

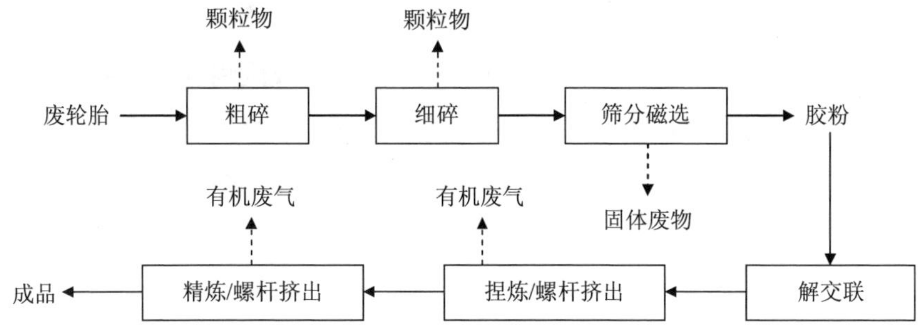

图 3-6　废轮胎制初级形状再生橡胶制品工艺流程及产排污节点

2）废轮胎制再生胶粉

废轮胎通过机械粗碎、细碎，经振动筛分和磁选分离去除钢丝等杂质，得到粉末状胶粉。废轮胎制再生胶粉工艺流程及产排污节点见图 3-7。

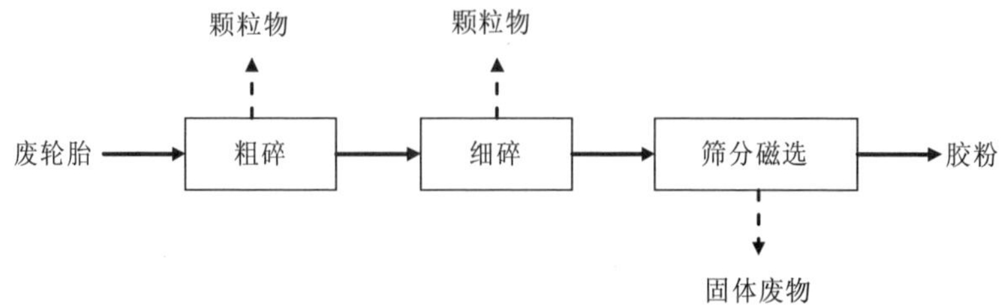

图 3-7 废轮胎制再生胶粉工艺流程及产排污节点

（5）日用及医用橡胶制品制造

日用及医用橡胶制品包括橡胶手套、橡胶制衣着用品及附件（医疗用橡胶制衣着用品、橡胶制潜水衣、橡胶制雨衣等）、日用橡胶制品（橡胶门垫、橡胶地板贴面及类似铺地用品、乳胶平板海绵、乳胶海绵制品等）、医疗和卫生用橡胶制品（避孕套、输血胶管、奶嘴、氧气袋等）及其他日用及医用橡胶制品。日用及医用橡胶制品种类繁多，现以医用手套为例进行生产工艺和产排污节点的说明。医用手套生产工艺包括洗模、浸凝固剂、凝固剂烘干、浸乳胶、烘干、脱模、硫化烘干等。浸乳胶过程产生氨、有机废气；为进一步清除凝固剂和水溶性物质，对脱模后手套采用热水水洗，此工序产生清洗废水；水洗后的手套进行硫化、烘干；经过硫化后的手套通过检查、包装后成为成品。日用及医用橡胶制品制造工艺流程及产排污节点见图 3-8。

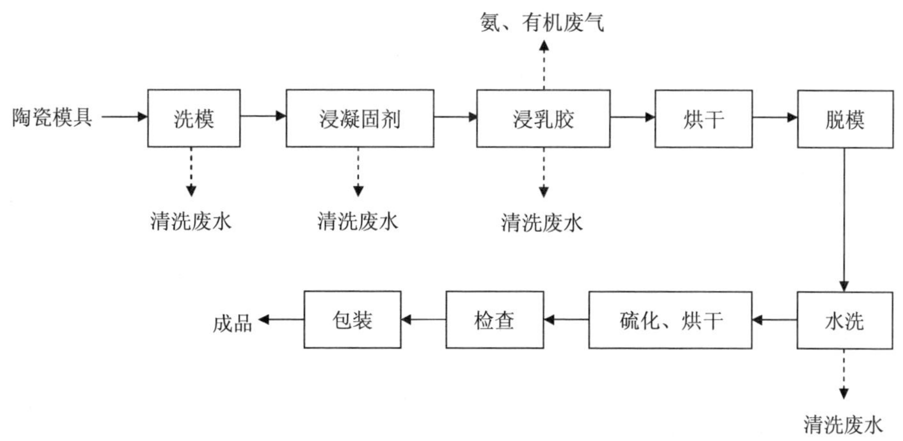

图 3-8　日用及医用橡胶制品制造工艺流程及产排污节点

（6）运动场地用塑胶制造

运动场地用塑胶制造是指运动场地、操场及其他特殊场地用的合成材料跑道面层制造和其他塑胶制造，产品包括塑胶运动地板、运动场地塑胶地面以及运动场馆塑胶地面等。生产过程主要包括配料、混炼、挤出、硫化、切胶、造粒、筛分、包装等。其中，配料工序产生颗粒物、有机废气，混炼工序产生颗粒物、非甲烷总烃等废气，挤出工序产生少量有机废气。胶料经挤出后进入硫化工序，硫化工序产生有机废气。硫化好的胶片切成易于加工的较小的胶片，并投入造粒机经破碎形成小颗粒，此过程产生颗粒物。最后将胶粒进行筛分，留在筛网上的颗粒即为产品。运动场地用塑胶制造工艺流程及产排污节点见图 3-9。

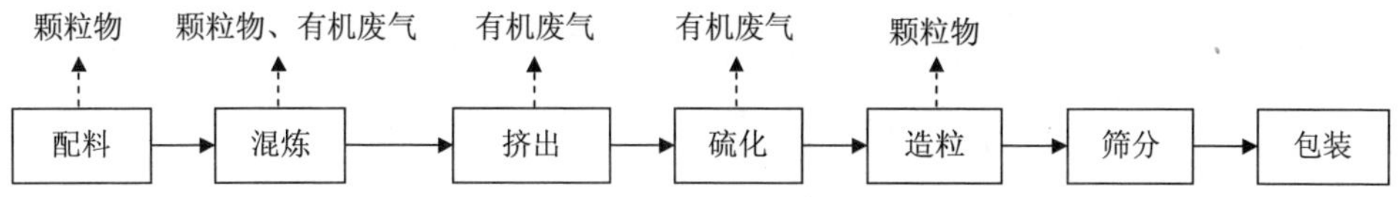

图 3-9　运动场地用塑胶制造工艺流程及产排污节点

（7）其他橡胶制品制造

其他橡胶制品工业中主要产品有防水嵌缝密封条、防水胶粘带、橡胶粘带、橡胶减震制品、充气橡胶制品等。由于这些橡胶制品的主要生产工序也为炼胶、硫化等，炼胶工序产生颗粒物、有机废气，硫化工序产生有机废气，此处不再重复给出工艺流程图和产排污节点，可参考橡胶零件制造。

3.1.2.2 污染物排放状况分析

（1）废水

轮胎企业废水主要为生活污水，生产废水主要有混炼、挤出、压延等环节产生的循环冷却水，润滑、冷却、传动等系统产生的含油废水，车间冲刷地面、清洗设备等产生的含油废水等。废水的主要污染物有悬浮物、石油类等。

乳胶制品企业是指以天然胶乳或合成胶乳（液态胶）为主要原料生产乳胶制品的企业，主要产品有医用乳胶手套、输血胶管、家用乳胶手套、安全套等。乳胶制品企业废水除了循环冷却水排水、废气治理设施生物喷淋塔废水、设备冲洗水、地面冲洗水、生活污水，还包括产品清洗和浸泡产生的废水，这类废水污染负荷较大。

其他橡胶制品企业废水主要为清洗废水，废水的性质较为复杂，含有磷、甲苯等污染物。

（2）废气

橡胶制品企业产生的废气污染物主要有颗粒物、挥发性有机物和恶臭。

1）颗粒物

颗粒物主要来源于物料输送、投加及配合剂使用，主要产生工序为配料和炼胶。橡胶制品企业使用的配合剂多达 2 000 多种，如补强剂、填充剂、硫化剂、促进剂、活性剂、防老剂、隔离剂、发泡剂、着色剂、阻燃剂等。由于配合剂粒径小，容易弥散，造成颗粒物污染。

2）挥发性有机物

挥发性有机物产生环节有炼胶，纤维织物浸胶、烘干，压延，硫化等。有机废气主要来源有：①残存有机单体的释放。生胶如丁苯胶、顺丁胶、丁基橡胶等，其单体有较大毒性，高温条件下，这些生胶易产生微量的单体和有害分解物。②有机溶剂的挥发。橡胶制品行业普遍使用汽油等有机溶剂，挥发后产生有机废气。③热反应生成物。橡胶制品生产过程在高温条件下进行，易发生热反应，产生新的化合物。

其中，炼胶、硫化过程中有机废气排放量相对较大。炼胶过程中，由于各添加剂参与反应且温度较高，产生大量醛酮类物质、苯及苯系物；硫化过程中，硫化设备的开启瞬间会产生大量含有硫化物、醛酮类物质的硫化烟气。这两个工序为橡胶制品工业有机废气的主要排放环节。

3）氨

氨是乳胶制品企业的特征污染物。为防止乳胶的自然凝固，乳胶中加入一定比例的氨溶液作为保护剂，在浸胶过程中产生氨。

4）恶臭

橡胶制品生产过程中产生的废气中约 60%为异味废气。这类废气具有产气量大、温度较高、成分较复杂、浓度相对较低、呈恶臭味等特点，给工厂内员工及周边居民的身体健康造成一定危害。橡胶中产生的异味气体，除二硫化碳外，主要为有机物质。

5）无组织废气

橡胶制品工业企业由于生产工艺特点的限制，除炼胶工艺外，大多数企业的挤出、压延、硫化等工艺无法进行密闭生产和废气集中收集。目前，废气收集以集气罩方式为主，包括半密闭罩和吸风罩等，但废气收集效率总体偏低，无组织排放量较大。例如，轮胎企业硫化沟运作空间较大，集气罩设置较高，收集效率有限，无组织废气排放明显。此外，胶浆制备、物料装卸等环节易产生无组织排放。

（3）固体废物

橡胶制品生产过程中的固体废物来源主要有：①原辅材料废弃包装物；②生产废品；③粉尘治理产生的固体废物；④有机废气治理产生的固体废物（如废活

性炭）；⑤污水处理站产生的污泥；⑥厂区内的生活垃圾等。

（4）噪声

橡胶制品工业企业噪声主要来源为使用的设施设备：筛选机、球磨机、炼胶机、硫化机等生产设备，污水处理站生化处理单元使用的曝气设备和污泥脱水设备，以及公用设备风机和空压机等。

3.1.3 污染治理技术

3.1.3.1 废水治理技术

橡胶制品行业废水主要包括循环冷却水排水、废气治理设施生物喷淋塔废水、设备冲洗水、地面冲洗水、生活污水等。其中循环冷却水排水、废气治理设施生物喷淋塔废水、设备冲洗水、地面冲洗水等进入综合污水处理站，常采用“活性污泥法”或“气浮+生物接触氧化”等处理工艺，综合污水处理站的出水中有些企业进行回用，剩余部分排入市政管网。生活污水排入市政管网。日用及医用橡胶制品制造企业废水常采用“调节池+混凝沉淀、气浮+絮凝沉淀+生化+终沉池”相结合的工艺进行处理。

3.1.3.2 废气治理技术

（1）颗粒物

颗粒物主要来源于物料输送、投加及配合剂使用，主要产生工序为配料和炼胶，采用袋式或电除尘末端治理技术。

（2）挥发性有机物

橡胶制品生产过程中，炼胶和硫化是挥发性有机物产生负荷最高的两大工序，两大工序的排放量合计占总全厂排放量的 78%以上。轮胎制品是橡胶制品工业废气排放量最大的一个品类。企业多使用两种及两种以上组合技术进行治理，包括固定床吸附脱附+蓄热式燃烧技术（RCO、RTO）、低温等离子+生物滴滤组合、等离子净化+紫外光解净化+活性炭吸附等。

（3）氨

氨是乳胶制品企业的特征污染物。企业多采用酸液进行喷淋吸收。

（4）恶臭

常采用光催化氧化、低温等离子技术进行治理。

（5）无组织废气

主要通过采取设备与场所密闭、加强废气收集等措施，削减无组织废气排放。炼胶、挤出、压延、硫化及胶浆制备、浸浆和胶浆喷涂和涂胶等在密闭设备或在密闭空间内操作，废气排至废气收集处理系统；无法密闭的，采取局部气体收集措施，废气排至废气收集处理系统。

3.1.3.3　固体废物处置技术

固体废物处置遵循“减量化、资源化、无害化”的原则，废胶料、废橡胶制品、废包装材料等固体废物采取综合利用措施；废油、废包装桶等危险废物交由有资质的单位进行处置，并执行危险废物转移联单制度。

3.1.3.4　噪声污染防治技术

主要的降噪措施有：车间采用封闭结构；对振动大的设备采取减振措施，并安置于独立的设备间内；风机及水泵等设备噪声，采取基础减振措施和消声措施。

3.2　塑料制品行业

塑料制品工业作为基础工业，在国民经济中占有重要地位，既是为经济社会提供产品、配件和材料的国民经济基础性产业，也是为消费者提供安全、卫生、优质可靠产品的民生产业。近年来，随着塑料制品不断创新及性能改进，满足国民经济和社会生活各方面需要，应用已遍布工业、农业、建筑、家电、信息、汽车、航空、航天、医疗卫生、食品、包装等多个领域，成为支撑发展全局的重要产业。例如，塑料农膜的广泛应用，实现了农业增产、农民增收，对中国的“米袋子”和“菜篮子”工程做出了贡献。

塑料制品生产是以合成树脂（高分子化合物）以及回收的废旧塑料为主要原料，经挤塑、注塑、吹塑、压延、层压等工艺加工生产各种制品。依据《国民经济行业分类》（GB/T 4754—2017），塑料制品业（292）包括塑料薄膜制造（2921），塑料板、管、型材制造（2922），塑料丝、绳及编织品制造（2923），泡沫塑料制造（2924），塑料人造革、合成革制造（2925），塑料包装箱及容器制造（2926），日用塑料制品制造（2927），人造草坪制造（2928），塑料零件及其他塑料制品制造（2929）。

3.2.1 行业概况

3.2.1.1 行业概况

2020 年全国塑料制品行业汇总统计企业累计完成产量 7 603.22 万 t，同比下降 6.45%，不同类型塑料制品产量的占比情况见表 3-3 和图 3-10。2020 年产量最高的是塑料薄膜，为 1 502.95 万 t，占总产量的 19.77%。

表 3-3 2020 年塑料制品行业产量与增长率对比

塑料制品类别	产量/万 t	占比/%	同比增长率/%
塑料薄膜	1 502.95	19.77	–6.37
泡沫塑料	256.57	3.37	0.54
人造革、合成革	323.07	4.25	–3.03
日用塑料	651.09	8.56	–2.74
其他塑料	4 869.54	64.05	–7.49
合计	7 603.22	100.0	–6.45

注：以上数据来源于《2021 中国塑料工业年鉴》。

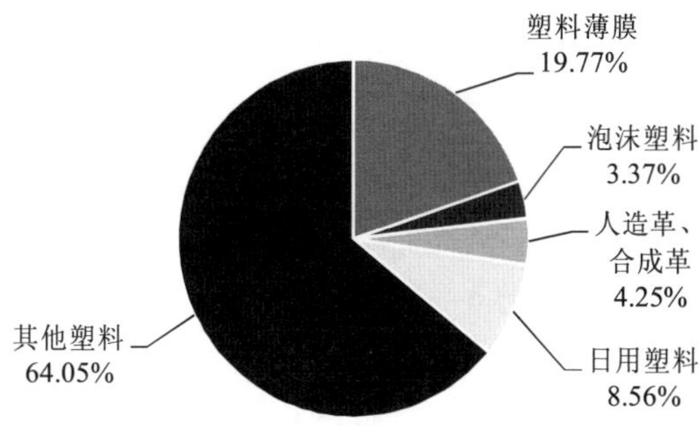

图 3-10　2020 年全国塑料制品分品种产量占比

3.2.1.2　区域分布情况

2020 年塑料制品地区分布见表 3-4 和图 3-11。

表 3-4　2020 年塑料制品累计产量主要地区增速及占比情况

地区	累计产量/万 t	同比增长率/%	占比/%
浙江省	1 280.17	0.88	16.84
广东省	1 274.91	–7.52	16.77
江苏省	638.66	–1.05	8.40
福建省	546.92	–0.59	7.19
安徽省	520.99	–21.98	6.85
湖北省	431.01	–16.56	5.67
四川省	446.82	1.23	5.88
湖南省	348.75	–14.37	4.59
山东省	329.72	3.44	4.33
重庆市	250.40	3.03	3.29
其　他	1 534.87	–9.13	20.19
全　国	7 603.22	–6.45	100.00

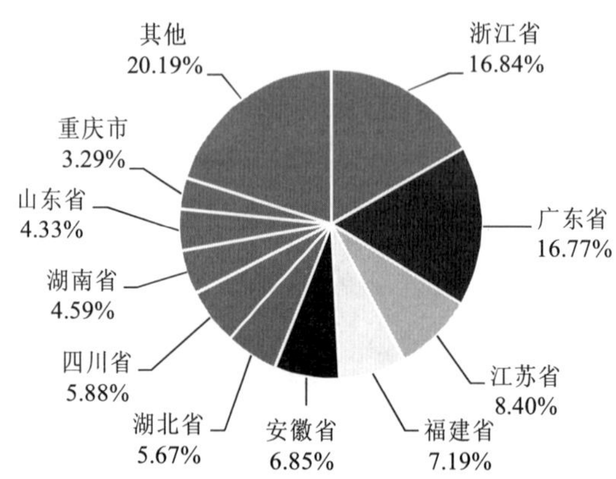

图 3-11　2020 年塑料制品产量地区占比情况

塑料制品生产主要集中在浙江省、广东省、江苏省、福建省、安徽省、四川省、湖北省等地区。2020 年，浙江省产量最高，为 1 280.17 万 t，占全国总产量的 16.84%；其次是广东省，为 1 274.91 万 t，占全国总产量的 16.77%。增长率最高的是山东省，产量为 329.72 万 t，同比增长 3.44%；其次是重庆市，产量为 250.40 万 t，同比增长 3.03%。

3.2.2 生产工艺流程和污染物排放状况

3.2.2.1 生产工艺流程及产排污节点

（1）塑料薄膜制造

塑料薄膜成型工艺主要有挤出成型和压延成型。挤出成型薄膜生产方法分为挤出吹塑成型、挤出流延成型和挤出牵引成型，其中以挤出吹塑成型生产方法应用最多。挤出吹塑成型薄膜生产工序主要有配料、热塑挤出、吹胀、牵引、收卷、分切等。配料过程产生颗粒物和有机废气，热塑挤出工序产生有机废气。其工艺流程及产排污节点见图 3-12。

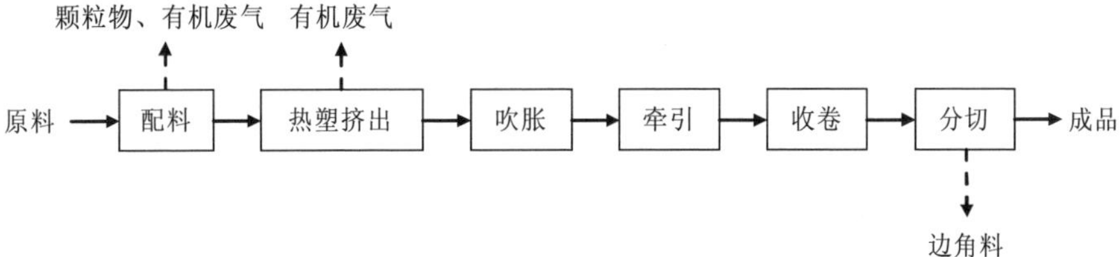

图 3-12　塑料薄膜（以挤出吹塑成型薄膜为例）的生产工艺流程及产排污节点

（2）塑料板、管、型材制造

塑料板、管、型材制造工艺基本相同。原料经混料后挤出/塑炼到牵引冷却定型，最后修边卷取/切断形成成品。主要的生产工艺流程包括原料称量、配料、塑炼、压延、剥离、冷却、切边和卷取等。其中，配料、塑炼、压延、冷却过程中会产生有机废气，若使用水冷却还会产生冷却废水，切边过程中会产生边角料。其工艺流程及产排污节点见图 3-13。

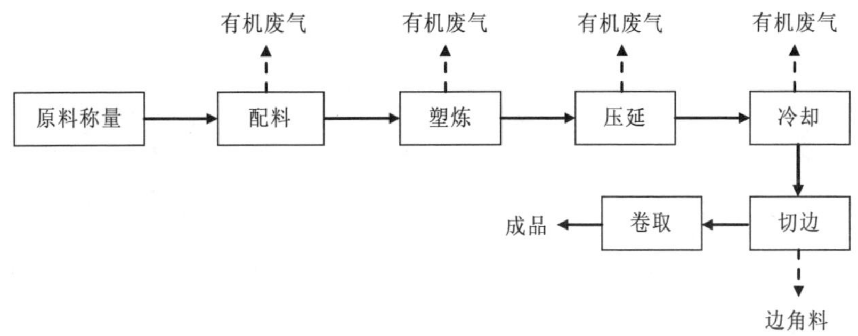

图 3-13　塑料板、管、型材的生产工艺流程及产排污节点

（3）塑料丝、绳及编织品制造

塑料丝、绳及编织品制造工艺基本相同，根据产品形态差异其成丝程度有所差异。有机废气主要产生环节为配料、挤塑成膜、拉丝工序。其工艺流程及产排污节点见图 3-14。

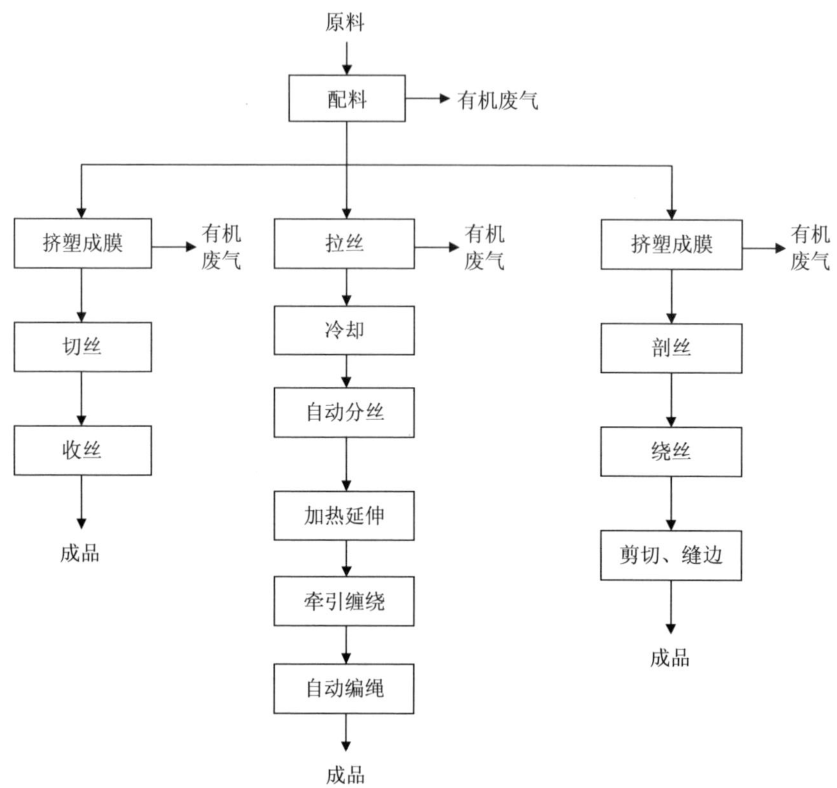

图 3-14　塑料丝、绳及编织品的生产工艺流程及产排污节点

（4）泡沫塑料制造

泡沫塑料是由大量气体微孔分散于固体塑料中而形成的一类高分子材料，具有质轻、隔热、吸音、耐腐蚀、减振等特性。塑料发泡工艺按照引入气体的方式可分为机械法、物理法和化学法。机械法是借助强烈搅拌，把大量空气或其他气体引入液态塑料中；物理法是将低沸点烃类或卤代烃类引入塑料中，受热时塑料软化，同时溶入的液体挥发膨胀发泡。超临界二氧化碳发泡成型是一种物理发泡成型技术，同时也是一种微孔发泡成型技术，它是在注塑、挤出以及吹塑成型工艺中，先将超临界状态的二氧化碳或氮气等其他气体注入特殊的塑化装置中，使气体与熔融原料充分均匀混合/扩散后，形成单相混合溶胶，然后将该溶胶导入模具型腔或挤出口模，使溶胶产生大的压力损失，从而使气体析出形成大量的气泡核；在随后的冷却成型过程中，溶胶内部的气泡核不断长大成型，获得微孔发泡的塑料制品。

化学法可分为两类：一是采用化学发泡剂，它们在受热时分解放出气体；二是利用聚合过程中的副产气体，典型例子是聚氨酯泡沫塑料，当异氰酸酯和聚酯或聚醚进行缩聚反应时，部分异氰酸酯与水、羟基或羧基反应生成二氧化碳。化学发泡法泡沫塑料的生产工艺流程及产排污节点见图 3-15。产生有机废气的主要环节有混料、预发泡、熟化、干燥等。

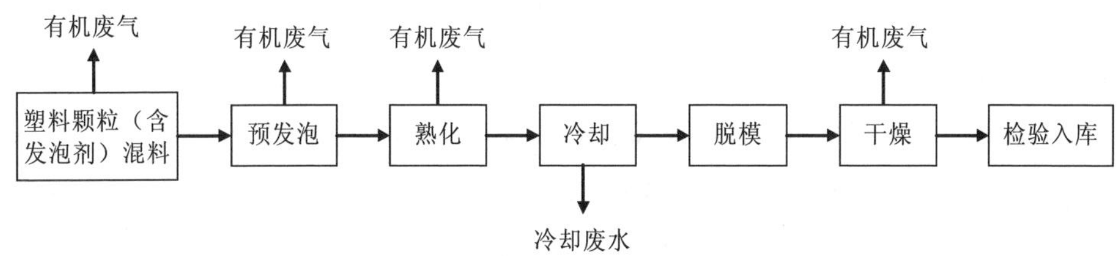

图 3-15　泡沫塑料的生产工艺流程及产排污节点

（5）塑料人造革、合成革制造

人造革与合成革的加工制造是一个复杂的塑料加工工艺过程，在制造过程中除大量应用各种树脂［聚氯乙烯树脂（PVC）、聚氨酯树脂（PU）］外，还要应用各种化工产品，如增塑剂［邻苯二甲酸二辛酯（DOP）、邻苯二甲酸二丁酯（DBP）］、溶剂［二甲基甲酰胺（DMF）、甲苯（TOL）、丁酮（MEK）、乙酸乙酯（EA）］，并加入各种稳定剂、发泡剂等加工助剂，这些化工产品在生产加工过程中会产生废气、废水和固体废物。

由于人造革与合成革可以采用不同的加工工艺生产制造，所以工艺不同所生产的产品也不同，所采用的原辅材料也不同，因而不同的加工工艺生产过程中所产生的“三废”（废水及水污染物、废气及大气污染物、固体废物）也不同。例如，聚氯乙烯人造革的生产加工过程中主要产生含有增塑剂的废气，而聚氨酯合成革的生产加工过程中主要产生含有 DMF 的废气和废水，人造革与合成革的后处理加工过程中（如印刷、表面涂饰）主要产生苯类、酮类等有机废气。

1）塑料人造革

塑料人造革是指以压延、流延、涂覆、干法工艺在机织布、针织布或非织造布等材料上形成聚氯乙烯等合成树脂膜层而制得的复合材料。主要是由聚氯乙烯树脂（PVC）、增塑剂（如邻苯二甲酸二辛酯、邻苯二甲酸二丁酯等）、稳定剂、填充剂等辅助材料组成的混合物，通过不同的工艺路线，涂刮或贴合在各类基布上制成的具有柔软、色泽鲜艳、质地轻、耐磨、耐折、外观与天然皮革相似等特点的塑料制品。按工艺方法主要分为直接涂刮法、转移法、压延法、流延法等。

①直接涂刮法聚氯乙烯人造革生产工艺

直接涂刮法是将 PVC 增塑糊（以 PVC 树脂和增塑剂为主的糊状混合料）用刮刀涂覆在预处理的基布上，再经凝胶塑化、冷却、卷取等工序生产 PVC 人造革的工艺。该工艺是我国人造革生产最早采用的一种生产方法，生产以机织布、帆布、尼龙布为底基的人造革。主要加工设备有搅拌机、研磨机、布基处理机、涂刮机、烘箱、压花装置、冷却装置及卷取机等。

直接涂刮法聚氯乙烯人造革生产过程中主要产污环节是塑化工序和发泡工序。为了满足物料的凝胶塑化、发泡和压花等工艺要求，塑化箱温度可达 170～210℃，在此温度下可产生含有增塑剂的有机废气。

其工艺流程及产排污节点见图 3-16。

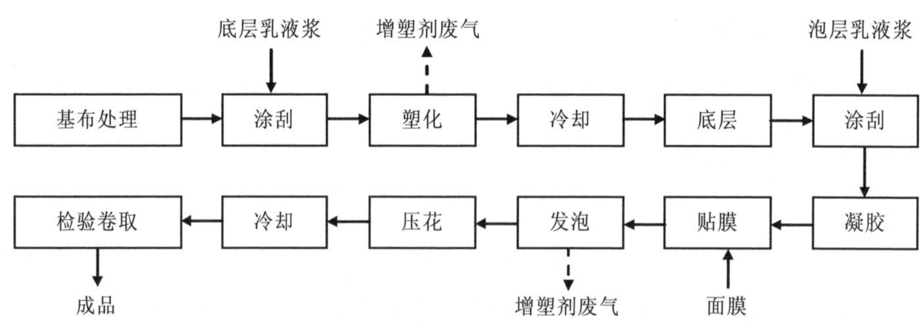

图 3-16 直接涂刮法聚氯乙烯人造革的生产工艺流程及产排污节点

②转移法聚氯乙烯人造革生产工艺

常见的转移法有离型纸法、钢带法等。下面以离型纸法为例进行介绍。该工艺是将聚氯乙烯树脂、增塑剂、稳定剂、发泡剂、填充剂等助剂配成的糊状浆料涂刮到离型纸上，使基布在不受张力的情况下与涂层复合，经塑化发泡等工艺过程冷却后，从离型纸上剥离下来，此时涂层皮膜转移至基布上，即成为人造革。

离型纸法聚氯乙烯人造革生产的主要产污环节也是塑化工序和发泡工序，塑化箱温度可达 170～210℃，在此温度下可产生主要含有增塑剂的废气。其工艺流程及产排污节点见图 3-17。

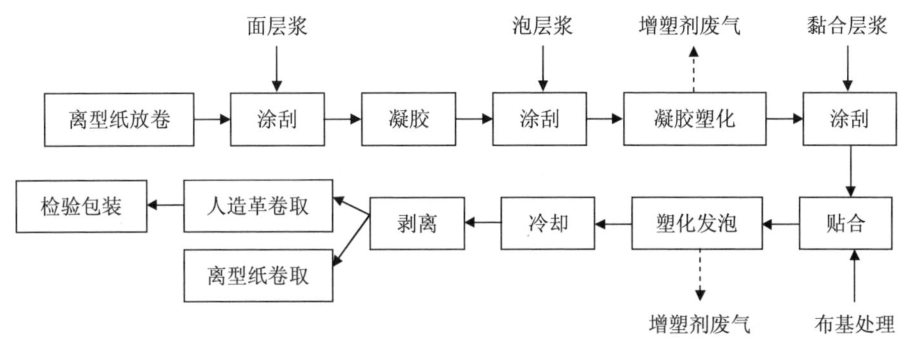

图 3-17　离型纸法聚氯乙烯人造革的生产工艺流程及产排污节点

③压延法聚氯乙烯人造革生产工艺

压延法是在压延软质 PVC 薄膜的过程中引入基布，使薄膜和基布牢固地贴合在一起，再经过后加工制成 PVC 人造革。

压延法聚氯乙烯人造革生产过程中为了满足物料的塑化、压延成型、发泡和压花等工艺要求，炼塑机温度可达 110～135℃、塑化箱温度可达 170～210℃，在此温度下可产生排放主要含有增塑剂的废气。

其工艺流程及产排污节点见图 3-18。

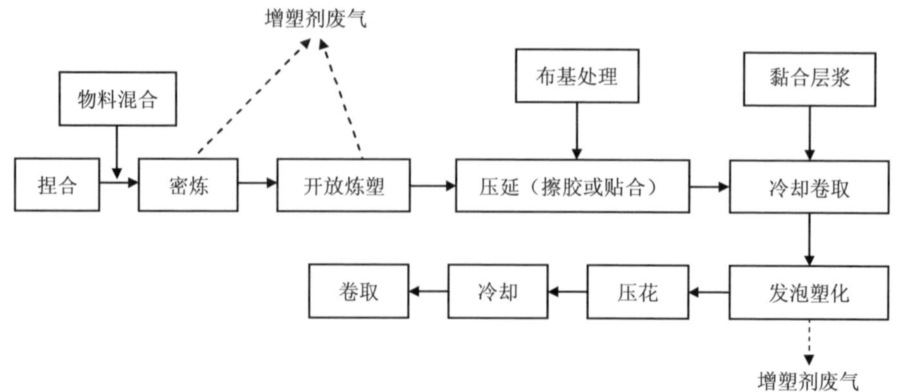

图 3-18 压延法聚氯乙烯人造革的生产工艺流程及产排污节点

2）塑料合成革（干法工艺）

干法工艺塑料合成革常被称为干法聚氨酯合成革，是我国从 20 世纪 70 年代末开始从国外引进的生产工艺和设备开发研制生产的，其通过一定的生产工艺过程把溶剂型的聚氨酯树脂溶液涂覆于基布上，其中的溶剂挥发后，得到多层薄膜和基布而构成的一种多层结构体。目前，我国主要采用离型纸生产工艺，即将涂层先涂在离型纸上，使它形成连续均匀的薄膜，再在薄膜上涂上黏合剂，与织物或湿法贝斯叠合，经过烘干和固化将离型纸剥离，涂层剂膜就会转移到织物或基布上。

干法聚氨酯合成革的生产流程及主要产排污节点见图 3-19。

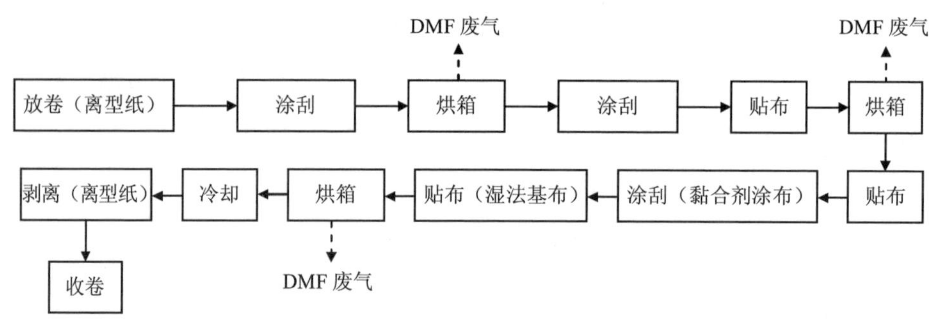

图 3-19 干法聚氨酯合成革的生产工艺流程及产排污节点

3）塑料合成革（湿法工艺）

湿法工艺塑料合成革常被称为湿法聚氨酯合成革，于 1963 年由美国杜邦公司研制投放市场。20 世纪 70 年代末期和 80 年代初期，国外市场出现各种规格的以织物为基布的湿法聚氨酯合成革。我国相继从欧洲、我国台湾地区引进了近百条以起毛布为基材的生产线，目前我国湿法聚氨酯合成革所用的基布主要有纺织布和无纺布两大类。

湿法聚氨酯合成革曾一度被认为是天然皮革的最佳替代品，它是将聚氨酯树脂、DMF 溶液添加各种助剂制成浆料（湿法聚氨酯合成革浆料加工工艺流程及产排污节点见图 3-20），浸渍或涂覆于基材上，然后放入与 DMF 具有亲和性而与聚氨酯树脂不亲和的水中，DMF 被水置换，聚氨酯树脂逐渐凝固，从而形成多孔性的薄膜（微孔聚氨酯粒面）。该薄膜被称为贝斯，薄膜经表面处理装饰后，如离型纸法工艺贴膜，制成不同种类、风格各异的聚氨酯合成革。目前，主要品种有超细纤维无纺布贝斯、起毛布贝斯和各类机织布贝斯等（湿法聚氨酯合成革贝斯生产工艺流程及产排污节点见图 3-21）。

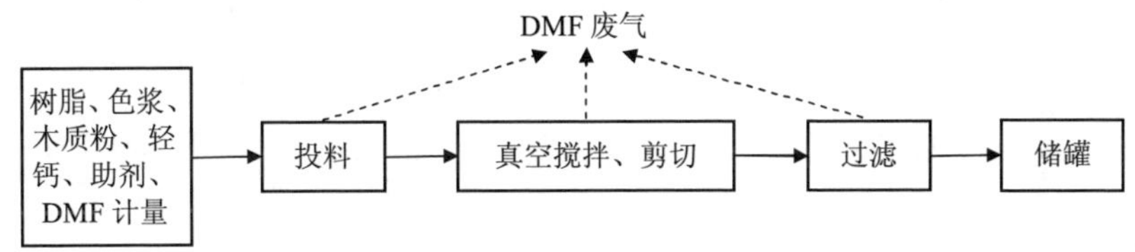

图 3-20　湿法聚氨酯合成革浆料加工工艺流程及产排污节点

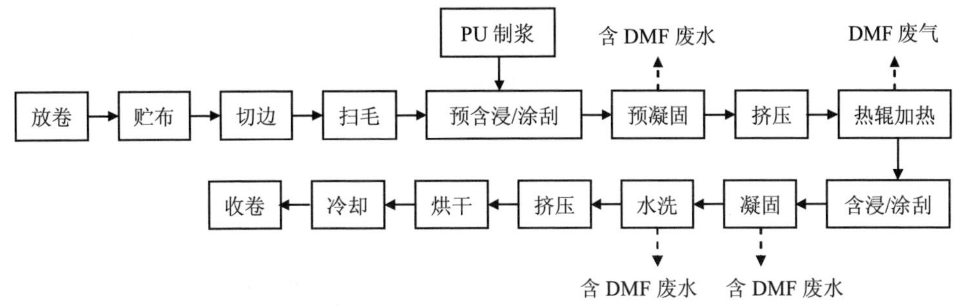

图 3-21　湿法聚氨酯合成革贝斯生产工艺流程及产排污节点

4）超细纤维合成革

在制造超细纤维合成革中所使用的纤维主要是海岛型复合纤维。因为超细纤维不能进行梳理和加工，故以复合的形式被制成革基布后，把海溶解或分解除去，留下来的岛以超细方式存在于基体中，赋予超细人工皮革优良的特性。超细纤维合成革的生产工艺分为不定岛工艺和定岛工艺。

①不定岛工艺

不定岛工艺流程及产排污节点见图 3-22。

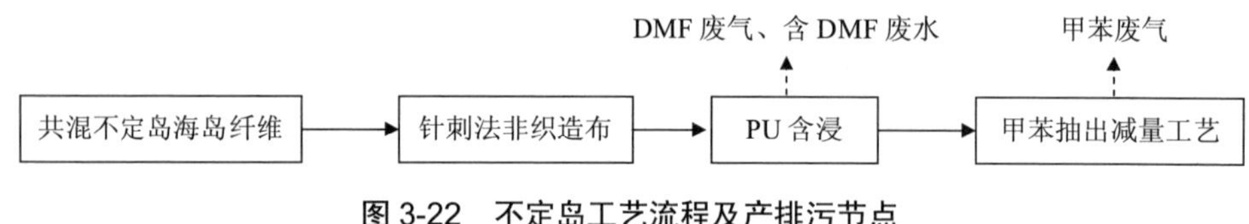

图 3-22 不定岛工艺流程及产排污节点

甲苯抽出减量工艺是利用聚乙烯能够溶解于热甲苯中的特性，以热甲苯作为聚乙烯的萃取溶剂，萃取方式采用对流多段连续萃取。即将前加工基布连续地送入化学减量机内，甲苯溶液以对流方式连续送入，基布在大量热甲苯溶液中经反复浸渍，用压辊挤液使复合纤维中的聚乙烯及已无用的添加剂被化学减量除去，从而使纤维呈束状结构，经化学减量后的基布在追出槽中通过水与甲苯共沸作用洗除残余甲苯，达到抽出的目的。

②定岛工艺

定岛工艺流程及产排污节点见图 3-23。

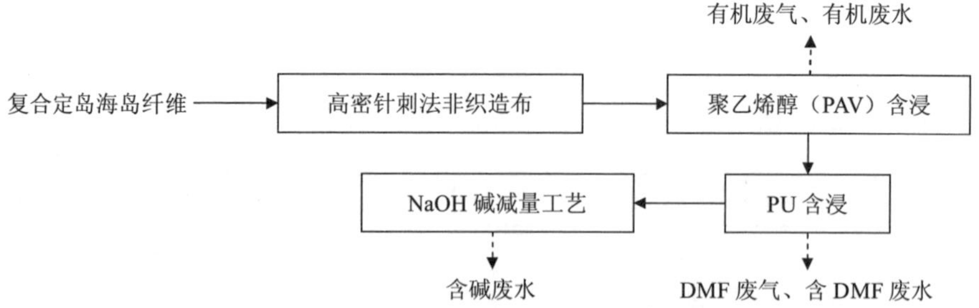

图 3-23 定岛工艺流程及产排污节点

碱减量工艺是利用尼龙和聚氨酯在碱液中不易水解的特性，将制革工序加工而成的贝斯浸入碱液，在一定的温度和时间下通过反复压轧，溶掉“海”成分完成开纤，形成完全由超细纤维束和网络状的 PU 树脂海绵体，至此真正有了天然皮革结构的海岛超纤皮革。

超细纤维合成革与湿法工艺塑料合成革生产有一定的相似性，但增加了前段海岛纤维生产和后段的甲苯抽提/碱减量工序，因此与湿法工艺塑料合成革生产相比，增加了粉尘、废气和废水的产生。

5）后处理（表面涂饰与印刷加工）

人造革与合成革表面涂饰与印刷加工的主要工序包括喷涂、印花、辊涂和贴膜。涂饰剂与印刷油墨的主要成膜物质以树脂组分（如丙烯酸酯、聚丙烯酸酯及氯-醋共聚树脂等）为主，加入 DMF、MEK、TOL、EA 等溶剂配制，故排放的工艺废气主要成分是含有上述各种溶剂的有机废气。

人造革与合成革表面涂饰与印刷加工工艺流程及产排污节点见图 3-24。

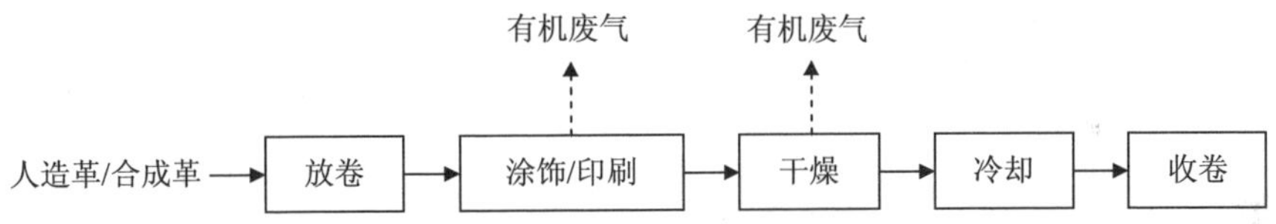

图 3-24　人造革与合成革表面涂饰与印刷加工工艺流程及产排污节点

（6）塑料包装箱及容器制造

塑料包装箱及容器生产工序主要有混料、注塑、成型、冷却、脱模、修边等。其工艺流程及产排污节点见图 3-25。

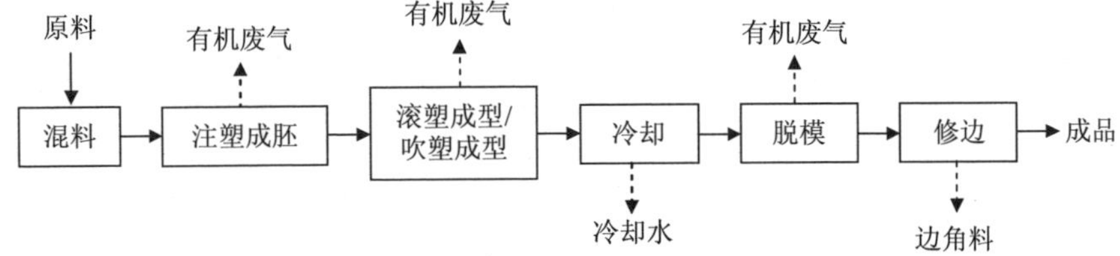

图 3-25　塑料包装箱及容器制造工艺流程及产排污节点

（7）日用塑料制品制造

日用塑料制品的生产工序主要有上料、注塑、修整、组装等。其工艺流程及产排污节点见图 3-26。

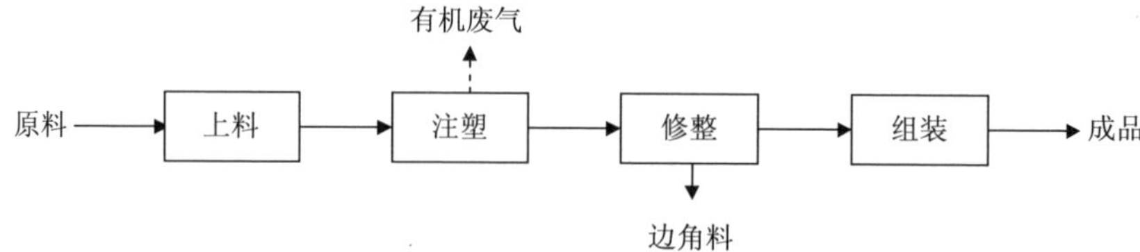

图 3-26 日用塑料制品工艺流程及产排污节点

（8）人造草坪制造

人造草坪的生产工序主要有挤出拉丝、冷却、并丝、加捻、拉幅定型、发泡、背面涂胶、烘干、卷取等。其工艺流程及产排污节点见图 3-27。

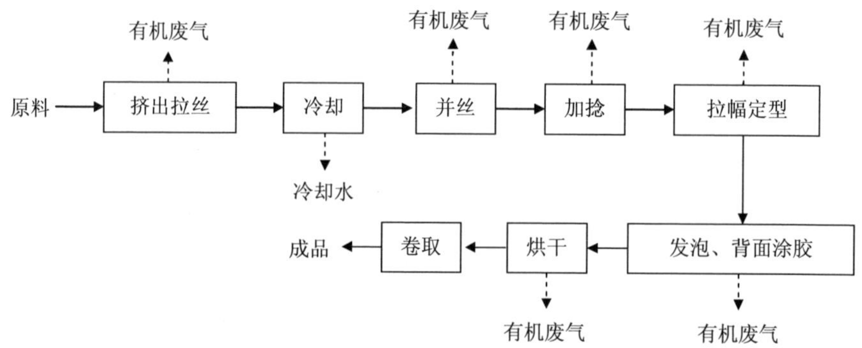

图 3-27 人造草坪工艺流程及产排污节点

（9）塑料零件及其他塑料制品制造

塑料零件及其他塑料制品制造常见的工序有混料、注塑、冷却、修边等。其工艺流程及产排污节点见图 3-28。

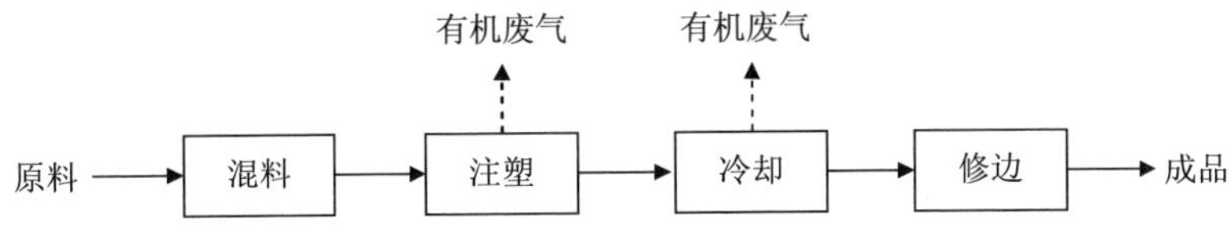

图 3-28　塑料零件及其他塑料制品工艺流程及产排污节点

（10）塑料制品的表面处理

为了增加产品的寿命、提高其美观度，一般会对成型后的塑料制品表面进行二次加工，进行各种装饰处理。常见的表面处理有涂装、真空镀膜。

1）涂装

塑料制品涂装常见的为两涂两烘，其工艺流程及产排污节点见图 3-29。

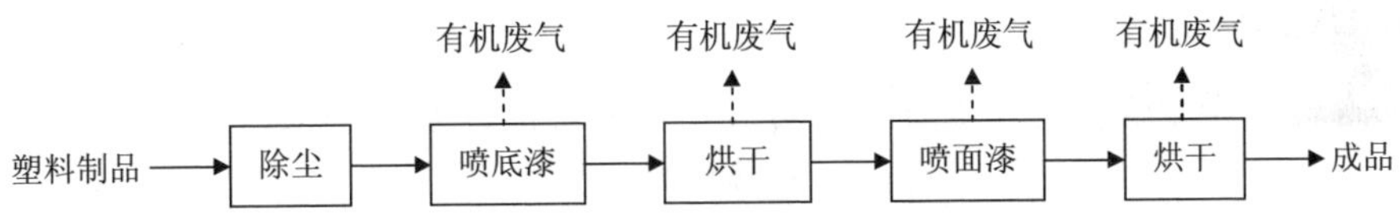

图 3-29　塑料制品表面处理（涂装）生产工艺流程及产排污节点

2）真空镀膜

真空镀膜是指在真空状态下将待蒸镀材料加热使其变为气态，气态材料中的物质粒子向温度较低的镀件运行，粒子到达镀件后凝结成膜。常见的金属丝为铝丝。其工艺流程及产排污节点见图 3-30。

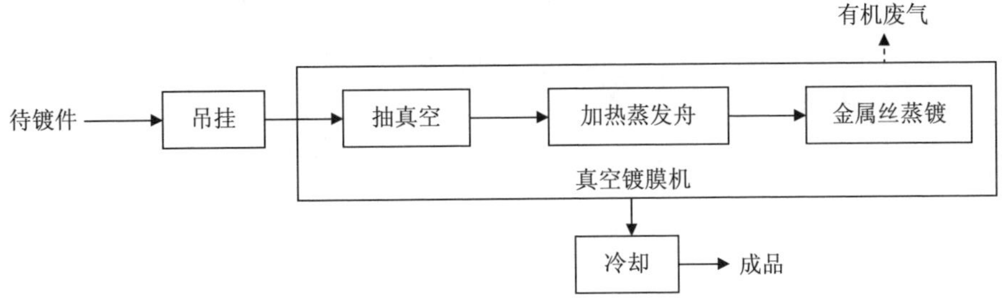

图 3-30　塑料制品表面处理（真空镀膜）生产工艺流程及产排污节点

3.2.2.2 污染物排放状况分析

（1）废水

塑料制品生产中废水产生量较大的是塑料人造革与合成革行业，其他塑料制品生产过程中的废水产生量较小，主要为循环冷却水排水、设备冲洗水、地面冲洗水。以下主要介绍人造革、合成革生产过程中的废水产生及排放情况。

人造革、合成革废水主要来源于合成革湿法生产工艺、超细纤维合成革生产工艺以及后处理湿揉工艺等。

当前大多数合成革生产企业都同时建有湿法生产线和干法生产线，湿法生产线的DMF废水和干法生产线DMF废气水喷淋吸收废水可以通过精馏回收的方式回收DMF，回收过程会产生大量废水。

人造革、合成革企业生产废水的主要来源见表3-5，除湿法工艺的工艺废水、超细纤维生产工艺中的甲苯抽提和碱减量废水、湿揉工艺废水、水洗式废气净化治理水、DMF精馏废水外，还有冷却塔非定期排水、地面设备等的洗涤水以及厂区生活污水等。

表3-5 人造革、合成革废水来源和主要污染物

工艺（或工序）名称	废水来源	主要污染成分
湿法制革工艺	含浸、凝固、水洗槽等产生的工艺废水	二甲基甲酰胺、阴离子表面活性剂、其他溶剂等
超细纤维生产工艺	工艺水、甲苯回收废水/对苯二甲酸回收	甲苯/对苯二甲酸、其他溶剂、碱
DMF精馏回收工艺	DMF回收废水储罐（池）的非定期排放、清洗水、精馏塔的塔顶水	二甲基甲酰胺、少量其他有机溶剂
湿法/干法废气净化治理	废气处理设施排水	二甲基甲酰胺、其他有机溶剂
湿揉工艺（后处理）	湿揉、洗涤等废水	有机溶剂、阴离子表面活性剂、着色剂等
冷却塔冷却	冷却水的非定期排放	悬浮物、少量有机污染物
清洗	地面冲洗水、料桶清洗水、洗槽水、设备洗涤水	二甲基甲酰胺、其他有机溶剂
生活污水	企业员工生活用水	有机污染物、氨氮

某合成革生产企业各类废水的主要污染物浓度见表 3-6。从表 3-6 可以看出，各类废水产生量和污染物浓度有很大差异。

表 3-6　某合成革企业各主要废水产生量污染物浓度区间

产生过程	废水产生量/（m^3/d）	COD_{Cr} /（mg/L）	氨氮/（mg/L）
湿法生产线工艺废水	45～70	250 000～350 000	—
湿法生产线设备清洗水	0.3～0.5	10 000～14 000	100～180
湿法生产线 DMF 废气淋洗废水	1.0～2.4	800～2 500	—
干法生产线 DMF 淋洗废水	10～15	200 000～300 000	—
后处理湿揉工艺废水	35～50	800～2 000	25～45
DMF 蒸馏塔塔顶水	15～50	1 000～2 000	25～120
DMF 精馏塔、精馏釜清洗废水	15～90	16 000～25 000	200～1 000

（2）废气

塑料制品生产过程中产生的废气污染物主要包括颗粒物、有机废气以及恶臭。

1）颗粒物

塑料制品企业颗粒物主要产生环节有配料、超细纤维合成革纺丝、表面处理、边角料破碎再生使用等。其中，原料和助剂（主要包括树脂、增塑剂、稳定剂、润滑剂、增强剂和石蜡等）在混料搅拌过程中产生颗粒物；超细纤维合成革纺丝产生颗粒物；修边及不合格产品通过破碎机破碎成颗粒，此过程产生颗粒物。

2）有机废气

人造革合成革生产过程中会产生大量的有机废气。其中，以聚氯乙烯（PVC）为原料的人造革干法生产线产生邻苯二甲酸二辛酯（DOP）增塑剂废气。以聚氨酯（PU）为原料的合成革干法生产线和湿法生产线由于使用了二甲基甲酰胺（DMF）等有机溶剂，产生 DMF 等有机废气。印刷着色、改色、印花等人造革与合成革表面后处理过程中会产生甲苯、丙酮等有机废气。不同类型人造革与合成革产生的有机废气中主要污染物成分见表 3-7。

表 3-7 人造革与合成革生产挥发性有机废气的主要成分

来源	主要污染物成分
聚氯乙烯人造革	甲苯、二甲苯等
聚氨酯合成革	二甲基甲酰胺、丙酮、醋酸甲酯、甲缩醛、甲苯等
后处理（三版印刷）	乙酸乙酯、甲苯、二甲苯、环己酮、丁酮等

泡沫塑料生产过程中，有机废气主要来源于发泡剂的挥发、树脂材料合成过程中反应生成的挥发性物质、合成原料（如 TDI、MDI 等）的挥发及修补胶、脱模剂等辅助材料的挥发。

人造草坪生产过程中，有机废气主要来源于挤出拉丝、并丝、加捻、拉幅定型、发泡涂胶、烘干等工序。

其他塑料制品生产过程中，有机废气主要来源于混料、挤出机、注塑机、滚塑机、吹塑机、模压机、层压机的机头或开模时废气的排放。

3）恶臭

塑料制品工业企业也存在一定程度的恶臭污染问题。

（3）固体废物

塑料制品生产过程中产生的工业固体废物主要有：边角料和残次品，人造革合成革干法涂覆产生的废离型纸，污水处理污泥，编织袋、纸箱等包装材料等。

塑料制品生产过程中产生的危险废物主要有：各种溶剂、浆料等原材料包装桶，浆料过滤残渣，DMF 精馏回收产生的精馏残渣，生产设备维护产生的废矿物油与含矿物油废物，末端治理设施中的废活性炭等。

（4）噪声

噪声源主要有以下几种：

①各类生产设备产生的噪声：搅拌机、研磨机、压延机、密炼机等生产设备；

②污水处理设备产生的噪声：生化处理曝气设备、污泥脱水设备等；

③锅炉产生的噪声：燃料搅拌、鼓风设备等；

④其他辅助生产设备：风机、水泵、空压机等。

3.2.3 污染治理技术

3.2.3.1 废水处理技术

塑料制品行业中，人造革与合成革行业废水产生量较大，废水种类多，处理难度较大。其他塑料制品生产过程中产生的废水很少，主要为循环冷却水排水、设备冲洗水、地面冲洗水，循环冷却水排水简单处理后可以进行循环使用。下面主要介绍人造革与合成革行业废水的处理技术。

（1）不同种类废水的预处理

人造革与合成革生产过程中的废水处理，要根据行业自身的特点，对一些特殊的废水要先进行预处理，达到一定水质要求后再进入主废水处理池。

湿法工艺的浸水槽或超纤生产中的含浸凝固槽废水、干法工艺中的水洗式废气洗涤水、料罐清洗水等，废水中的 DMF 含量较高，浓度含量均超过 20%，需要将其收集于特制废水罐中，收集到一定量后，进入 DMF 精馏塔进行回收处理。

DMF 精馏塔的塔顶水的预处理，需要解决温度高和臭味的问题，在塔顶水进入调节池之前，要先进行冷却，冷却过程不能采用冷却塔。另外，为了防止预处理过程中二甲胺造成大气污染，需使用酸中和或其他预处理方式进行除臭，除臭预处理过程需要在密闭环境中进行，防止臭气污染环境。

高浓度废水的预处理一般指洗塔水或洗槽水，其一般为停止生产期间产生，水量不大，但浓度较高，需要提前进行预处理，防止其对后续废水处理系统的影响。预处理的方法一般是专门为高浓度废水设置一个调节池，高浓度废水进入调节池后，控制其出水的水量与较低浓度的废水混合，使进入总调节池的废水浓度控制在系统允许的范围内。若高浓度废水悬浮物太多，需先做过滤处理。

（2）废水末端治理

废水的末端处理应根据现行的污染物排放标准、污染物的来源及性质、排水去向确定合成革与人造革工业废水的处理程度，选择相应的处理级别和处理工艺。

废水的处理过程需要充分考虑脱氮，目前较有效的方法为生物脱氮法。

（3）含 DMF 废水精馏回收

含 DMF 废水主要通过 DMF 精馏回收塔回收。

精馏的基本原理是利用溶液中不同组分的不同沸点。料液经加热后有一部分气化（部分气化）时，由于各个组分具有不同的挥发性，液相和气相的组成不一样：挥发性高的组分，即沸点较低的组分（或称作“轻组分”）在气相中的浓度比在液相中的浓度要大；挥发性较低的组分，即沸点较高的组分（又称作“重组分”）在液相中的浓度比在气相中的浓度要大。同样道理，物料蒸气被冷却后有一部分成为冷凝液（部分冷凝），冷凝中重组分浓度要比气相中重组分浓度高。

多组分溶液经过上述的一次部分气化和部分冷凝过程进行分离的方法称作“简单蒸馏”。如果将蒸馏所得的冷凝液再一次进行部分气化，气相中的轻组分就会更高，这样的部分气化-部分冷凝过程进行多次以后，最终可以在气相中得到较纯的轻组分，在液相中得到较纯的重组分。多组分溶液经过上述的多次部分气化-部分冷凝过程而达到分离的方法，即为“精馏”。

图 3-31 DMF 精馏回收现场照片

3.2.3.2　废气治理技术

（1）颗粒物

塑料制品生产过程中产生的颗粒物主要通过袋式除尘、水膜除尘、旋风除尘、管式过滤、静电除尘等技术进行处理，其中袋式除尘应用较多。

（2）有机废气

塑料制品生产过程中，有机废气污染负荷相对较大的为人造革与合成革行业。

以聚氯乙烯（PVC）为原料的人造革干法生产线产生邻苯二甲酸二辛酯（DOP）增塑剂废气，一般采用静电回收、静电回收+二次喷淋等技术处理增塑剂废气。

以聚氨酯（PU）为原料的合成革干法生产线和湿法生产线由于使用了二甲基甲酰胺（DMF）等有机溶剂，产生 DMF 等有机废气。DMF 废气常采用喷淋吸收+活性炭吸附的方式进行处理。吸收所得的 DMF 溶液，浓度高的（达到 20%左右）与湿法生产线产生的废水合并，用精馏的方法将 DMF 从溶液中分离出来，重新作为原料使用；浓度低的，返回湿法生产线，作为凝固槽或水洗槽的补水。

对于不是以 DMF 为主的有机废气，低浓度有机废气多采用活性炭进行吸附，后整理印刷工段等产生的高浓度有机废气多采用燃烧法进行治理。其中，活性炭吸附方法由于活性炭种类、质地等的差异，其去除性能具有一定的差异性，且该方法本身去除效果有限，因此，为保持稳定良好的运行效果，需要及时维护和更换。

对于其他塑料制品，注塑工段产生的有机废气收集后，多采用活性炭吸附、生物喷淋、低温等离子体、光催化氧化等处理技术。

（3）恶臭

塑料制品工业企业也存在一定程度的恶臭污染问题，常采用光催化氧化、低温等离子等技术进行治理。

3.2.3.3 固体废物处置技术

（1）边角料和残次品

由于塑料制品生产过程中产生的边角料和残次品未经污染，大部分都被企业重新造粒回收利用，但塑料合成革行业的边角料通常交由回收公司处理。

（2）废离型纸

塑料人造革和采用干法工艺的合成革生产过程中，离型纸可循环使用，一般可使用二三十次；废弃离型纸通常交由回收公司处理。

（3）包装材料

塑料生产过程中产生的编织袋、纸箱等包装材料通常交由回收公司处理。

（4）危险废物

塑料制品生产过程中产生的精馏残渣、废活性炭等危险废物需要交由有危险废物经营资质的单位进行处置，并严格执行危险废物转移联单制度。

3.2.3.4 噪声污染防治技术

塑料制品生产企业采取的噪声防治措施包括：对振动大的设备采取减振措施，常用的减振方法有减振器；对于设备的电磁性噪声和机械噪声，使用隔声罩将其封闭在罩内；车间采用封闭结构，墙壁采用隔声结构，墙面双面粉刷吸声材料或安装吸声板，采用隔音门窗等，在风机出气口与进气口安装消声器；另外，还可以通过厂区绿化等方式，降低噪声的影响。

第 4 章　排污单位自行监测方案的制定

立足排污单位自行监测在我国污染源监测管理制度中的定位，根据橡胶和塑料制品工业发展概况和污染排放特征，我国发布了《总则》、《排污单位自行监测技术指南　火力发电及锅炉》（HJ 820—2017）、《排污单位自行监测技术指南　纺织印染工业》（HJ 879—2017）、《排污单位自行监测技术指南　电镀工业》（HJ 985—2018）、《排污单位自行监测技术指南　涂装》（HJ 1086—2020）、《橡胶和塑料制品指南》，这些是橡胶和塑料制品工业企业制定自行监测方案的依据。为了让标准规范的使用者更好地理解标准中规定的内容，本章重点围绕《橡胶和塑料制品指南》中的具体要求，一方面对其中部分要求的来源和考虑进行说明，另一方面对使用过程中需要注意的重点事项进行说明，以期为指南使用者提供更加详细的信息。

4.1　监测方案制定的依据

根据自行监测技术指南体系设计思路，橡胶和塑料制品工业排污单位主要是按照《橡胶和塑料制品指南》确定监测方案。其中该指南未规定，但《总则》中进行了明确规定的内容，应按照《总则》执行。

另外，由于锅炉广泛分布在各类工业企业中，橡胶和塑料制品工业排污单位也会配套建设锅炉，锅炉应按照《排污单位自行监测技术指南　火力发电及锅炉》（HJ 820—2017）确定监测方案。

4.2 废水排放监测

4.2.1 监测点位及监测指标的确定

根据《国务院关于印发水污染防治行动计划的通知》（国发〔2015〕17 号）和《固定污染源排污许可分类管理名录（2019 年版）》的管理要求，橡胶和塑料制品排污单位的管理类别见表 4-1。

表 4-1 橡胶和塑料制品排污单位的管理类别

行业类别	重点管理	简化管理	登记管理
橡胶制品	纳入重点排污单位名录的	除重点管理以外的轮胎制造（2911），年耗胶量 2 000 t 及以上的橡胶板、管、带制造（2912），橡胶零件制造（2913），再生橡胶制造（2914），日用及医用橡胶制品制造（2915），运动场地用塑胶制造（2916），其他橡胶制品制造（2919）	其他
塑料制品	塑料人造革、合成革制造（2925）	年产 1 万 t 及以上的泡沫塑料制造（2924），年产 1 万 t 及以上涉及改性的塑料薄膜制造（2921），塑料板、管、型材制造（2922），塑料丝、绳和编织品制造（2923），塑料包装箱及容器制造（2926），日用塑料品制造（2927），人造草坪制造（2928），塑料零件及其他塑料制品制造（2929）	其他

橡胶和塑料制品排污单位在制定废水监测方案时，主要考虑排污单位废水排放方式、监测点位的设置、监测指标及监测频次等方面的内容。

（1）橡胶制品

1）橡胶制品企业废水来源

橡胶制品排污单位废水有生产废水和生活污水。

根据第 3 章的内容分析，概括起来，橡胶制品排污单位生产废水主要来源如下：

轮胎企业的生产废水主要来自混炼、挤出、压延与压出等工艺循环冷却水、硫化废水；生产过程中的润滑、冷却、传动等系统产生的含油废水，清洗过程中产生的含油废水，车间冲刷地面、设备等排出的含油废水等。废水的主要污染物有悬浮物、石油类等。

乳胶制品企业的生产废水主要为清洗废水，废水中有机物和悬浮物的含量较高。

其他橡胶制品企业的生产废水主要为清洗废水，废水的性质较为复杂，存在磷、甲苯等污染物。

2）污染物指标确定

橡胶制品工业排污单位（除轮胎翻新排污单位外）水污染物排放执行《橡胶制品工业污染物排放标准》（GB 27632—2011）。根据该标准，纳入国家排放标准管控的废水污染物指标包括 pH、悬浮物、五日生化需氧量（BOD_5）、化学需氧量（COD_{Cr}）、氨氮、总氮、总磷、石油类、总锌（适用于日用及医用橡胶制品工业排污单位）共 9 项。轮胎翻新排污单位水污染物排放执行《污水综合排放标准》（GB 8978—1996），废水监测指标为常规废水监测指标，具体有 pH、化学需氧量、氨氮、悬浮物、五日生化需氧量、石油类共 6 项污染物指标，生活污水单独排放口增加指标动植物油。

根据我国水污染物排放标准相关规定，污染物监控位置包括企业废水总排放口、车间或生产设施废水排放口及雨水排放口 3 类。对于毒性较大、环境风险较高、仅是特定工序产生的重金属等污染物，监控位置在车间或生产设施废水排放口，这样可以避免其他废水混合后造成稀释排放，在污染物未得到有效治理的情况下实现浓度达标。其他多数工序都会产生毒性相对较小、环境风险相对较低的污染物指标，监控位置多为企业废水总排放口。对于生活污水单独排入外环境的，应监测生活污水排放口。橡胶制品工业排污单位各类产品生产过程中有有机物产生，为防止雨水对周围环境造成不利影响和保证排污单位合法排污，真正做到雨污分流、清污分流，重点排污单位还需监测雨水排放口。

综合考虑以上因素，将橡胶制品工业排污单位的废水排放口分为 3 类：废水总排放口、生活污水排放口及雨水排放口。各排污口可能涉及的污染物指标见表 4-2。

表 4-2 废水排放监测点位、监测指标

类别	监测点位	监测指标
轮胎制造（除轮胎翻新外）、橡胶板管带制造、橡胶零件制造、运动场地用塑胶制造和其他橡胶制品制造	废水总排放口	流量、pH、化学需氧量、氨氮、悬浮物、五日生化需氧量、总氮、总磷、石油类
	生活污水排放口	流量、pH、化学需氧量、氨氮、悬浮物、五日生化需氧量、总氮、总磷、石油类
	雨水排放口	化学需氧量、悬浮物
日用及医用橡胶制品制造	废水总排放口	流量、pH、化学需氧量、氨氮、悬浮物、五日生化需氧量、总氮、总磷、石油类、总锌
	生活污水排放口	流量、pH、化学需氧量、氨氮、悬浮物、五日生化需氧量、总氮、总磷、石油类、总锌
	雨水排放口	化学需氧量、石油类、总锌
轮胎翻新	废水总排放口	流量、pH、化学需氧量、氨氮、悬浮物、五日生化需氧量、石油类
	生活污水排放口	流量、pH、化学需氧量、氨氮、悬浮物、五日生化需氧量、石油类、动植物油
	雨水排放口	化学需氧量、石油类

（2）塑料制品

1）塑料制品企业废水来源

塑料制品中废水产生量较大的是人造革与合成革行业，其他塑料制品的废水产生量较小，主要为循环冷却水排水、设备冲洗水、地面冲洗水。人造革与合成革废水主要来源于合成革湿法生产工艺、超细纤维合成革生产工艺以及后处理湿揉工艺等。

2）污染物指标确定

塑料制品工业排污单位中，塑料人造革与合成革工业排污单位水污染物排放执行《合成革与人造革工业污染物排放标准》（GB 21902—2008）。根据 GB 21902，纳入国家排放标准管控的废水污染物指标包括 pH、色度（稀释倍数）、悬浮物、化学需氧量（COD_{Cr}）、氨氮、总氮、总磷、甲苯、二甲基甲酰胺（DMF）9 项。

使用聚氯乙烯树脂生产的塑料制品工业排污单位水污染物排放执行《污水综合排放标准》（GB 8978—1996），废水监测指标为常规废水监测指标，具体有 pH、悬浮物、五日生化需氧量、化学需氧量、氨氮、石油类 6 项污染物指标。生活污水单独排放口增加指标动植物油。使用除聚氯乙烯以外的树脂生产的塑料制品（除塑料人造革、合成革外）工业排污单位水污染物排放执行《合成树脂工业污染物排放标准》（GB 31572—2015），涉及的水污染物包括 pH、悬浮物、化学需氧量、五日生化需氧量、氨氮、总氮、总磷、总有机碳、可吸附有机卤化物和特征污染物，根据不同合成树脂类型，特征污染物包括总有机碳、可吸附有机卤化物、苯乙烯、丙烯腈、环氧氯丙烷、苯酚、双酚 A、甲醛、乙醛、氟化物、总氰化物、丙烯酸、苯、甲苯、乙苯、氯苯、1,4 二氯苯、二氯甲烷。在具体执行时，排污单位根据使用的合成树脂类型选择对应的污染物种类开展不同特征污染物的自行监测。

根据我国水污染物排放标准相关规定，污染物监控位置包括企业废水总排放口、车间或生产设施废水排放口及雨水排放口 3 类。对于毒性较大、环境风险较高、仅是特定工序产生的重金属等污染物，监控位置在车间或生产设施废水排放口，这样可以避免与其他废水混合后造成稀释排放，在污染物未得到有效治理的情况下实现浓度达标。其他多数工序都会产生毒性相对较小、环境风险相对较低的污染物指标，监控位置多为企业废水总排放口。对于生活污水单独排入外环境的，应监测生活污水排放口。塑料制品工业排污单位各类产品生产过程中有有机物产生，为防止雨水对周围环境造成不利影响和保证排污单位合法排污，真正做到雨污分流、清污分流，重点排污单位还需监测雨水排放口。

综合考虑以上因素，将塑料制品工业排污单位的废水排放口分为 3 类：废水总排放口、生活污水排放口及雨水排放口。各排污口可能涉及的污染物指标见表 4-3。

表 4-3　废水排放监测点位、监测污染物指标

类别	监测点位	监测指标
塑料人造革、合成革制造	废水总排放口	流量、pH、化学需氧量、氨氮、色度、悬浮物、总氮、总磷、甲苯[a]、二甲基甲酰胺[a]
	生活污水排放口	流量、pH、化学需氧量、氨氮、色度、悬浮物、总氮、总磷、甲苯[a]、二甲基甲酰胺[a]
	雨水排放口	化学需氧量、石油类
使用聚氯乙烯树脂生产的塑料制品制造（除塑料人造革、合成革制造外）	废水总排放口	流量、pH、悬浮物、化学需氧量、五日生化需氧量、氨氮、石油类
	生活污水排放口	流量、pH、悬浮物、化学需氧量、五日生化需氧量、氨氮、石油类、动植物油
	雨水排放口	化学需氧量、石油类
使用除聚氯乙烯以外的树脂生产的塑料制品制造（除塑料人造革、合成革制造外）	废水总排放口	流量、pH、悬浮物、化学需氧量、五日生化需氧量、氨氮、总氮、总磷、总有机碳、可吸附有机卤化物、特征污染物[b]
	生活污水排放口	流量、pH、悬浮物、化学需氧量、五日生化需氧量、氨氮、总氮、总磷、总有机碳、可吸附有机卤化物、特征污染物[b]
	雨水排放口	化学需氧量、石油类

注：[a]排污单位生产过程中不使用含甲苯、二甲基甲酰胺有机溶剂的，监测指标可不包括甲苯、二甲基甲酰胺。

[b]特征污染物执行《合成树脂工业污染物排放标准》（GB 31572—2015），污染物种类按使用的合成树脂类型确定。具体见表 4-4。

表 4-4　不同树脂对应的特征污染物

序号	污染物项目	适用的合成树脂类型
1	苯乙烯	聚苯乙烯树脂、ABS 树脂、不饱和聚酯树脂
2	丙烯腈	ABS 树脂
3	环氧氯丙烷	环氧树脂、氨基树脂
4	苯酚	酚醛树脂
5	双酚 A	环氧树脂、聚碳酸酯树脂、聚砜树脂
6	甲醛	酚醛树脂、氨基树脂、聚甲醛树脂
7	乙醛	热塑性聚酯树脂
8	氟化物	氟树脂
9	总氰化物	丙烯酸树脂
10	丙烯酸	丙烯酸树脂
11	苯	聚甲醛树脂
12	甲苯	聚苯乙烯树脂、ABS 树脂、环氧树脂、有机硅树脂、聚砜树脂
13	乙苯	聚苯乙烯树脂、ABS 树脂
14	氯苯	聚碳酸酯树脂
15	1,4-二氯苯	聚苯硫醚树脂
16	二氯甲烷	聚碳酸酯树脂

4.2.2　监测频次的确定

4.2.2.1　排污单位分类

《中华人民共和国环境保护法》《中华人民共和国大气污染防治法》《中华人民共和国水污染防治法》中对重点排污单位的监测责任提出了明确要求，并提出重点排污单位的条件由国务院生态环境主管部门规定。为了落实《中华人民共和国环境保护法》《中华人民共和国大气污染防治法》《中华人民共和国水污染防治法》，2022 年生态环境部发布了《环境监管重点单位名录管理办法》（生态环境部令　第 27 号），明确了重点排污单位的筛选条件，规范了重点排污单位的名录管理。

根据《环境监管重点单位名录管理办法》（生态环境部令　第 27 号），国务院生态环境主管部门负责指导、协调和监督环境监管重点单位名录的确定和管理，建立、运行环境监管重点单位名录信息平台。省级生态环境主管部门负责协调和监督本行政区域环境监管重点单位名录的确定和发布。设区的市级生态环境主管部门负责本行政区域环境监管重点单位名录的确定、管理和发布。环境监管重点单位，包括依法确定的水环境重点排污单位、地下水污染防治重点排污单位、大气环境重点排污单位、噪声重点排污单位、土壤污染重点监管单位，以及环境风险重点管控单位。同一企事业单位可以同时属于不同类别的环境监管重点单位。根据《橡胶和塑料制品指南》，重点排污单位和非重点排污单位废水监测频次有所差异，这主要是针对水环境重点排污单位名录而言的。根据《重点排污单位名录管理规定（试行）》，重点排污单位筛选时，既要根据排污单位的生产活动类型进行确定，也要根据污染物排放量占比进行筛选。

专栏一

根据《环境监管重点单位名录管理办法》(生态环境部令 第 27 号),水环境重点排污单位应当根据本行政区域的水环境容量、重点水污染物排放总量控制指标的要求以及排污单位排放水污染物的种类、数量和浓度等因素确定。具备下列条件之一的,应当列为水环境重点排污单位:

(1)化学需氧量、氨氮、总氮、总磷中任一种水污染物近 3 年内任一年度排放量大于设区的市级生态环境主管部门设定的筛选排放量限值的工业企业。

(2)设有污水排放口的规模化畜禽养殖场。

(3)工业废水集中处理厂,以及日处理能力 10 万 t 以上或者日处理工业废水量 2 万 t 以上的城镇生活污水处理厂。

设区的市级生态环境主管部门设定筛选排放量限值,应当确保所筛选的水环境重点排污单位工业水污染物排放量之和,不低于该行政区域排放源统计调查的工业水污染物排放总量的 65%。

按照《固定污染源排污许可分类管理名录(2019 年版)》的要求,纳入重点排污单位名录的,实施重点管理。若废水排放量大,主要污染物排放量达到排污许可证重点管理的下限,或达到区域排放量 65%的下限要求,或者符合重点排污单位筛选的其他条件的,会被筛选确定为重点排污单位。按照这些要求列入重点排污单位名录的橡胶和塑料制品工业排污单位,应按照《橡胶和塑料制品指南》中重点排污单位监测要求执行。除重点排污单位以外的排污单位,均视为非重点排污单位,按照《橡胶和塑料制品指南》中非重点排污单位监测要求执行。

4.2.2.2 排污单位废水监测频次

根据《橡胶和塑料制品指南》,橡胶和塑料制品工业排污单位废水排放口各监测指标最低监测频次分别按照表 4-5、表 4-6 执行。排污单位可根据管理要求或实际情况在表 4-5、表 4-6 的基础上提高监测频次。

表 4-5　橡胶制品排污单位废水排放监测点位、监测指标及最低监测频次

<table>
<tr><th rowspan="2">排污单位级别</th><th rowspan="2">排污单位类别</th><th rowspan="2">监测点位</th><th rowspan="2">监测指标</th><th colspan="2">监测频次</th></tr>
<tr><th>直接排放</th><th>间接排放</th></tr>
<tr><td rowspan="14">重点排污单位</td><td rowspan="4">轮胎制造（除轮胎翻新外）、橡胶板管带制造、橡胶零件制造、运动场地用塑胶制造和其他橡胶制品制造</td><td rowspan="2">废水总排放口</td><td>流量、pH、化学需氧量、氨氮</td><td colspan="2">自动监测</td></tr>
<tr><td>悬浮物、五日生化需氧量、总氮、总磷、石油类</td><td>季度</td><td>半年</td></tr>
<tr><td>生活污水排放口</td><td>流量、pH、化学需氧量、氨氮、悬浮物、五日生化需氧量、总氮、总磷、石油类</td><td>季度</td><td>—</td></tr>
<tr><td>雨水排放口</td><td>化学需氧量、石油类</td><td>月（季度[a]）</td><td>—</td></tr>
<tr><td rowspan="4">日用及医用橡胶制品制造</td><td rowspan="2">废水总排放口</td><td>流量、pH、化学需氧量、氨氮</td><td colspan="2">自动监测</td></tr>
<tr><td>悬浮物、五日生化需氧量、总氮、总磷、石油类、总锌</td><td>月</td><td>季度</td></tr>
<tr><td>生活污水排放口</td><td>流量、pH、化学需氧量、氨氮、悬浮物、五日生化需氧量、总氮、总磷、石油类、总锌</td><td>季度</td><td>—</td></tr>
<tr><td>雨水排放口</td><td>化学需氧量、石油类、总锌</td><td>月（季度[a]）</td><td>—</td></tr>
<tr><td rowspan="4">轮胎翻新</td><td rowspan="2">废水总排放口</td><td>流量、pH、化学需氧量、氨氮</td><td colspan="2">自动监测</td></tr>
<tr><td>悬浮物、五日生化需氧量、石油类</td><td>季度</td><td>半年</td></tr>
<tr><td>生活污水排放口</td><td>流量、pH、化学需氧量、氨氮、悬浮物、五日生化需氧量、石油类、动植物油</td><td>季度</td><td>—</td></tr>
<tr><td>雨水排放口</td><td>化学需氧量、石油类</td><td>月（季度[a]）</td><td>—</td></tr>
<tr><td rowspan="4">非重点排污单位</td><td rowspan="2">轮胎制造（除轮胎翻新外）、橡胶板管带制造、橡胶零件制造、运动场地用塑胶制造和其他橡胶制品制造</td><td>废水总排放口</td><td>流量、pH、化学需氧量、氨氮、悬浮物、五日生化需氧量、总氮、总磷、石油类</td><td>半年</td><td>年</td></tr>
<tr><td>生活污水排放口</td><td>流量、pH、化学需氧量、氨氮、悬浮物、五日生化需氧量、总氮、总磷、石油类</td><td>半年</td><td>—</td></tr>
<tr><td rowspan="2">日用及医用橡胶制品制造</td><td>废水总排放口</td><td>流量、pH、化学需氧量、氨氮、悬浮物、五日生化需氧量、总氮、总磷、石油类、总锌</td><td>半年</td><td>年</td></tr>
<tr><td>生活污水排放口</td><td>流量、pH、化学需氧量、氨氮、悬浮物、五日生化需氧量、总氮、总磷、石油类、总锌</td><td>半年</td><td>—</td></tr>
</table>

排污单位级别	排污单位类别	监测点位	监测指标	监测频次	
				直接排放	间接排放
非重点排污单位	轮胎翻新	废水总排放口	流量、pH、化学需氧量、氨氮、悬浮物、五日生化需氧量、石油类	半年	年
		生活污水排放口	流量、pH、化学需氧量、氨氮、悬浮物、五日生化需氧量、石油类、动植物油	半年	—

注：设区的市级及以上生态环境主管部门明确要求安装自动监测设备的污染物指标，应采用自动监测。

[a]雨水排放口有流动水排放时按月监测。若监测一年无异常情况，可放宽至每季度开展一次监测。

表 4-6 塑料制品排污单位废水排放监测点位、监测指标及最低监测频次

排污单位级别	排污单位类别	监测点位	监测指标	监测频次	
				直接排放	间接排放
重点排污单位	塑料人造革与合成革制造	废水总排放口	流量、pH、化学需氧量、氨氮	自动监测	
			色度、悬浮物、总氮、总磷、甲苯[a]、二甲基甲酰胺[a]	季度	半年
		生活污水排放口	流量、pH、化学需氧量、氨氮、色度、悬浮物、总氮、总磷、甲苯[a]、二甲基甲酰胺[a]	季度	—
		雨水排放口	化学需氧量、石油类	月（季度[c]）	—
	使用聚氯乙烯树脂生产的塑料制品制造（除塑料人造革与合成革制造外）	废水总排放口	流量、pH、悬浮物、化学需氧量、五日生化需氧量、氨氮、石油类	季度	半年
		生活污水排放口	流量、pH、悬浮物、化学需氧量、五日生化需氧量、氨氮、石油类、动植物油	季度	—
		雨水排放口	化学需氧量、石油类	月（季度[c]）	—
	使用除聚氯乙烯以外的树脂生产的塑料制品制造（除塑料人造革与合成革制造外）	废水总排放口	流量、pH、悬浮物、化学需氧量、五日生化需氧量、氨氮、总氮、总磷、总有机碳、可吸附有机卤化物、特征污染物[b]	季度	半年
		生活污水排放口	流量、pH、悬浮物、化学需氧量、五日生化需氧量、氨氮、总氮、总磷、总有机碳、可吸附有机卤化物、特征污染物[b]	季度	—
		雨水排放口	化学需氧量、石油类	月（季度[c]）	—

排污单位级别	排污单位类别	监测点位	监测指标	监测频次	
				直接排放	间接排放
非重点排污单位	塑料人造革与合成革制造	废水总排放口	流量、pH、化学需氧量、氨氮、色度、悬浮物、总氮、总磷、甲苯[a]、二甲基甲酰胺[a]	半年	年
		生活污水排放口	流量、pH、化学需氧量、氨氮、色度、悬浮物、总氮、总磷、甲苯[a]、二甲基甲酰胺[a]	半年	—
	使用聚氯乙烯树脂生产的塑料制品制造（除塑料人造革与合成革制造外）	废水总排放口	流量、pH、悬浮物、化学需氧量、五日生化需氧量、氨氮、石油类	半年	年
		生活污水排放口	流量、pH、悬浮物、化学需氧量、五日生化需氧量、氨氮、石油类、动植物油	半年	—
	使用除聚氯乙烯以外的树脂生产的塑料制品制造（除塑料人造革与合成革制造外）	废水总排放口	流量、pH、悬浮物、化学需氧量、五日生化需氧量、氨氮、总氮、总磷、总有机碳、可吸附有机卤化物、特征污染物[b]	半年	年
		生活污水排放口	流量、pH、悬浮物、化学需氧量、五日生化需氧量、氨氮、总氮、总磷、总有机碳、可吸附有机卤化物、特征污染物[b]	半年	—

注：设区的市级及以上生态环境主管部门明确要求安装自动监测设备的污染物指标，应采用自动监测。

[a] 排污单位生产过程中不使用含甲苯、二甲基甲酰胺有机溶剂的，监测指标可不包括甲苯、二甲基甲酰胺。

[b] 特征污染物执行 GB 31572，污染物种类按使用的合成树脂类型确定。

[c] 雨水排放口有流动水排放时按月监测。若监测一年无异常情况，可放宽至每季度开展一次监测。

4.2.3　监测频次确定的主要考虑

对于橡胶制品工业重点排污单位，在标准规定的监测指标中：化学需氧量和氨氮为我国总量减排控制主要污染物；pH 为基础对排水安全很重要的指标，因此规定对上述 3 项污染物指标监测频次提出较高要求，规定自动监测。废水流量监测是废水污染物监测的重要内容，更是核定污染物排放总量的依据，因此规定其自动监测。在所有的塑料制品中，塑料人造革与合成革工业排污单位的排水量相对大，对于塑料人造革与合成革工业重点排污单位也同样考虑了上述因素。

总氮、总磷为部分区域的总量控制指标，且水环境的氮、磷污染问题日渐突出，故对总氮、总磷要求的监测频次有所不同。2017 年 8 月，环境保护部下发《关于加快重点行业重点地区的重点排污单位自动监控工作的通知》(环办环监〔2017〕61 号)，橡胶和塑料制品行业未被纳入总氮、总磷重点行业，因此，规定废水总排放口的总氮、总磷的最低监测频次按季度或半年执行。其中，日用及医用橡胶制品制造生产废水主要为产品浸渍工艺产生的废水，主要污染物为化学需氧量（COD_{Cr}）、五日生化需氧量（BOD_5）、悬浮物、总锌等，属接触性废水，污染物排放负荷较大，因此，日用及医用橡胶制品工业排污单位包括总氮、总磷等在内的手工监测指标最低监测频次按月执行，其他橡胶制品排污单位包括总氮、总磷等在内的手工监测指标最低监测频次按季度执行。

总锌是日用及医用橡胶制品工业排污单位的特征污染物，其重点排污单位雨水排放口选择对化学需氧量、石油类和总锌共 3 项指标进行监测，其他橡胶制品行业重点排污单位雨水排放口选择对化学需氧量和石油类共 2 项指标进行监测。塑料制品重点排污单位雨水排放口选择对化学需氧量和石油类共 2 项指标进行监测。监测频次均规定为雨水排放口有流动水排放时按月监测，若监测一年无异常情况，可放宽至每季度开展一次监测。

对于间接排放的排污单位和非重点排污单位，对标准中规定的部分监测指标适当降低了要求。

有的地方为了改善本地区的环境质量，根据当地经济基础和科技水平制定了地方标准，或对工业废水进行集中处理，没有执行特定的行业标准，在方案制定时对照企业执行的排放标准，结合企业实际的生产状况，由设区的市级及以上生态环境主管部门确定其应增加的监测指标。污染物指标中出现超标的排污单位，应提高相应指标的监测频次。

根据当前环境管理状况，对橡胶制品生产工艺内部监测没有明确需求的，《橡胶和塑料制品指南》中暂未考虑，各地或排污单位有需要的，可根据《总则》确定监测点位、监测指标和监测频次。

4.3 废气排放监测

4.3.1 有组织废气

4.3.1.1 监测点位及监测指标的确定

橡胶和塑料制品排污单位在制定废气监测方案时，主要考虑排污单位废气来源、监测点位的设置、监测指标及监测频次等方面的内容。

（1）橡胶制品

1）橡胶制品企业废气来源

根据第 3 章的内容分析，橡胶制品排污单位废气主要来源如下：

颗粒物主要产生于物料输送、投加及配合剂应用过程。

挥发性有机物主要来源于炼胶过程，纤维织物浸胶、烘干过程，压延、硫化过程中产生的有机废气和树脂、溶剂及其他挥发性有机物在配料、存放时产生的有机废气。

2）污染物指标确定

橡胶制品工业排污单位（除轮胎翻新排污单位外）大气污染物排放执行《橡胶制品工业污染物排放标准》（GB 27632—2011）。根据标准中的表 4 和表 5，纳入管控的有组织废气污染物指标包括颗粒物、氨、甲苯及二甲苯合计、非甲烷总烃共 4 项污染物指标。GB 27632 中明确提出“橡胶制品工业企业排放恶臭污染物适用相应的国家污染物排放标准”，《恶臭污染物排放标准》（GB 14554—93），纳入管控的恶臭污染物包括臭气浓度、氨等共 9 项污染物指标，恶臭特征污染物种类按橡胶制品排污单位环境影响评价文件及其批复确定。臭气浓度是用来表征恶臭污染对人的嗅觉刺激程度的指标，氨是日用及医用橡胶制品制造排污单位的特征污染物，因此，日用及医用橡胶制品工业排污单位恶臭污染物指标包括氨、臭气浓度和恶臭特征污染物，其他橡胶制品工业排污单位恶臭污染物指标包括臭气浓度和恶臭特征污染物。

轮胎翻新排污单位热/冷翻废气排放口大气污染物排放执行《大气污染物综合排放标准》（GB 16297—1996），涉及的污染物指标为非甲烷总烃、颗粒物；恶臭污染物执行《恶臭污染物排放标准》（GB 14554—93），涉及的污染物指标包括臭气浓度和恶臭特征污染物。因此，轮胎翻新排污单位热/冷翻废气排放口监测指标为非甲烷总烃、颗粒物、臭气浓度、恶臭特征污染物。

橡胶制品工业排污单位中，有的排污单位生产工艺有机废气治理采用燃烧法，需关注二氧化硫和氮氧化物污染物，二氧化硫和氮氧化物排放执行《大气污染物综合排放标准》（GB 16297—1996），因此，若生产过程中产生的有机废气采用燃烧法进行治理，除监测生产工艺废气排放口对应的监测指标外，增加监测二氧化硫、氮氧化物。

表 4-7 橡胶制品工业排污单位有组织废气排放监测点位、监测指标

<table>
<tr><th>类别</th><th>监测点位</th><th>监测指标</th></tr>
<tr><td rowspan="6">轮胎制造、橡胶板管带制造、橡胶零件制造、运动场地用塑胶制造和其他橡胶制品制造</td><td>炼胶排气筒</td><td>颗粒物、非甲烷总烃、臭气浓度、恶臭特征污染物[a]</td></tr>
<tr><td>硫化排气筒</td><td>非甲烷总烃、臭气浓度、恶臭特征污染物[a]</td></tr>
<tr><td>胶浆制备、浸浆、胶浆喷涂和涂胶排气筒</td><td>非甲烷总烃、甲苯及二甲苯、臭气浓度、恶臭特征污染物[a]</td></tr>
<tr><td>热/冷翻排气筒[b]</td><td>非甲烷总烃、颗粒物、臭气浓度、恶臭特征污染物[a]</td></tr>
<tr><td>有机废气治理设施(燃烧法)排气筒</td><td>二氧化硫、氮氧化物</td></tr>
<tr><td>综合废水处理站排气筒</td><td>臭气浓度、恶臭特征污染物[a]</td></tr>
<tr><td rowspan="5">日用及医用橡胶制品制造</td><td>配料排气筒</td><td>氨、臭气浓度、恶臭特征污染物[a]</td></tr>
<tr><td>浸渍排气筒</td><td>氨、臭气浓度、恶臭特征污染物[a]</td></tr>
<tr><td>硫化排气筒</td><td>颗粒物、臭气浓度、恶臭特征污染物[a]</td></tr>
<tr><td>有机废气治理设施(燃烧法)排气筒</td><td>二氧化硫[c]、氮氧化物[c]</td></tr>
<tr><td>综合废水处理站排气筒</td><td>臭气浓度、恶臭特征污染物[a]</td></tr>
</table>

注：根据环境影响评价文件及其批复，结合项目工艺及产排污特点，选择项目所包含监测点位进行监测。

[a] 恶臭特征污染物执行 GB 14554，污染物种类按环境影响评价文件及其批复确定。

[b] 适用于轮胎翻新排污单位。

[c] 若生产过程中产生的有机废气采用燃烧法进行治理，除监测生产工序排气筒对应的监测指标外，还应监测二氧化硫、氮氧化物。

（2）塑料制品

1）塑料制品企业废气来源

根据第 3 章的内容分析，塑料制品排污单位废气主要来源为：

塑料人造革与合成革生产过程中，聚氯乙烯人造革生产过程中产生的主要废气污染物为增塑剂废气和挥发性有机废气；聚氨酯干法工艺和湿法工艺产生的废气污染物为以二甲基甲酰胺（DMF）为主的挥发性有机废气；超细纤维合成革生产使用的纤维的生产工艺分为不定岛工艺和定岛工艺，不定岛工艺聚氨酯含浸工序产生 DMF 有机废气、甲苯抽出减量工序产生甲苯废气，定岛工艺聚乙烯醇含浸工序和聚氨酯含浸工序产生 DMF 有机废气。人造革与合成革表面涂饰与印刷加工的主要工序包括喷涂、印花、辊涂和贴膜，产生的废气污染物主要为含有各种溶剂的有机废气。

塑料薄膜配料过程产生颗粒物和有机废气，热塑挤出工序产生有机废气。塑料板、管、型材生产过程中配料、塑炼、压延、冷却等工序产生有机废气。塑料丝、绳及编织品生产过程中有机废气主要产生环节为配料、挤塑成膜、拉丝工序。化学发泡法泡沫塑料产生有机废气的主要环节有预发泡、熟化、冷却、干燥等。塑料包装箱及容器生产过程中混料、注塑成胚、成型、脱模工序产生有机废气。日用塑料制品注塑过程产生有机废气。人造草坪生产过程中挤出拉丝、并丝、加捻、拉幅定型、发泡、背面涂胶等工序产生有机废气。塑料零件及其他塑料制品生产过程中注塑和冷却工序产生有机废气。

2）污染物指标确定

塑料制品工业排污单位中，塑料人造革与合成革工业排污单位大气污染物排放执行《合成革与人造革工业污染物排放标准》（GB 21902—2008）；根据 GB 21902，纳入国家排放标准管控的废气污染物指标包括二甲基甲酰胺、苯、甲苯、二甲苯、VOCs、颗粒物共 6 项污染物指标。

使用聚氯乙烯树脂生产的塑料制品工业排污单位大气污染物排放执行《大气污染物综合排放标准》（GB 16297—1996）和《挥发性有机物无组织排放控制标

准》（GB 37822—2019），结合行业污染物产生排放特征，涉及的污染物指标有颗粒物、非甲烷总烃和氯乙烯。

使用除聚氯乙烯以外的树脂生产的塑料制品（除塑料人造革与合成革外）工业排污单位大气污染物排放执行《合成树脂工业污染物排放标准》（GB 31572—2015）、《挥发性有机物无组织排放控制标准》（GB 37822—2019），涉及的污染物指标为颗粒物、非甲烷总烃、特征污染物。

塑料制品工业排污单位恶臭污染物排放执行《恶臭污染物排放标准》（GB 14554—93），涉及的污染物指标包括臭气浓度和恶臭特征污染物。

塑料制品工业排污单位中，有的排污单位生产工艺有机废气治理采用燃烧法，需关注二氧化硫和氮氧化物污染物，二氧化硫和氮氧化物排放执行《大气污染物综合排放标准》（GB 16297—1996），因此，若生产过程中产生的有机废气采用燃烧法进行治理，除监测生产工艺废气排放口对应的监测指标外，增加监测二氧化硫、氮氧化物。

表 4-8 塑料制品工业排污单位有组织废气排放监测点位、监测指标

类别	监测点位	监测指标
塑料人造革制造	配料、涂覆、塑化发泡、冷却、涂刮、烘干、贴合、预塑化、压延成型、挤出、流延排气筒	二甲基甲酰胺[a]、苯[a]、甲苯[a]、二甲苯[a]、VOCs[b]、臭气浓度[c]、恶臭特征污染物[c]
		颗粒物[d]
塑料合成革制造（干法工艺）	配料、涂刮、贴合、烘干排气筒	二甲基甲酰胺[a]、苯[a]、甲苯[a]、二甲苯[a]、VOCs[b]、臭气浓度[c]、恶臭特征污染物[c]
		颗粒物[d]
塑料合成革制造（湿法工艺）	配料、含浸、涂刮、凝固、水洗、烘干、冷却排气筒	二甲基甲酰胺[a]、臭气浓度[c]、恶臭特征污染物[c]
塑料合成革制造（超细纤维工艺）	配料、含浸、凝固、水洗、抽出、干燥排气筒	二甲基甲酰胺[a]、苯[a]、甲苯[a]、二甲苯[a]、VOCs[b]、臭气浓度[c]、恶臭特征污染物[c]
塑料人造革合成革制造	二甲基甲酰胺回收精馏塔排气筒	二甲基甲酰胺、臭气浓度
	后处理排气筒	苯[a]、甲苯[a]、二甲苯[a]、VOCs[b]、臭气浓度[c]、恶臭特征污染物[c]

类别	监测点位	监测指标
使用聚氯乙烯树脂生产的塑料薄膜制造	混料、挤出、吹膜、成型排气筒	非甲烷总烃
		颗粒物、氯乙烯、臭气浓度[c]、恶臭特征污染物[c]
使用除聚氯乙烯以外的树脂生产的塑料薄膜制造		非甲烷总烃
		颗粒物、特征污染物[e]、臭气浓度[c]、恶臭特征污染物[c]
使用聚氯乙烯树脂生产的塑料板管型材制造	混料、挤出、成型排气筒	非甲烷总烃
		颗粒物、氯乙烯、臭气浓度[c]、恶臭特征污染物[c]
使用除聚氯乙烯以外的树脂生产的塑料板管型材制造		非甲烷总烃
		颗粒物、特征污染物[e]、臭气浓度[c]、恶臭特征污染物[c]
使用除聚氯乙烯以外的树脂生产的塑料丝绳及编织品制造	混料、挤出、喷丝排气筒	非甲烷总烃
		颗粒物、特征污染物[e]、臭气浓度[c]、恶臭特征污染物[c]
使用聚氯乙烯树脂生产的泡沫塑料制造	配料、涂覆、发泡、挤出、成型、熟化排气筒	非甲烷总烃
		颗粒物、氯乙烯、臭气浓度[c]、恶臭特征污染物[c]
使用除聚氯乙烯以外的树脂生产的泡沫塑料制造		非甲烷总烃
		颗粒物、特征污染物[e]、臭气浓度[c]、恶臭特征污染物[c]
使用除聚氯乙烯以外的树脂生产的塑料包装箱及容器制造	塑化、成型排气筒	非甲烷总烃
		颗粒物、特征污染物[e]、臭气浓度[c]、恶臭特征污染物[c]
使用聚氯乙烯树脂生产的日用塑料制品制造	塑化、成型、模压排气筒	非甲烷总烃
		颗粒物、氯乙烯、臭气浓度[c]、恶臭特征污染物[c]
使用除聚氯乙烯以外的树脂生产的日用塑料制品制造		非甲烷总烃
		颗粒物、特征污染物[e]、臭气浓度[c]、恶臭特征污染物[c]
使用除聚氯乙烯以外的树脂生产的人造草坪制造	挤出、喷丝、背胶、烘干排气筒	非甲烷总烃
		颗粒物、特征污染物[e]、臭气浓度[c]、恶臭特征污染物[c]

类别	监测点位	监测指标
使用聚氯乙烯树脂生产的塑料零件及其他塑料制品制造	配料、塑化、成型、浸渍、烘干、层压排气筒	非甲烷总烃
		颗粒物、氯乙烯、臭气浓度[c]、恶臭特征污染物[c]
使用除聚氯乙烯以外的树脂生产的塑料零件及其他塑料制品制造		非甲烷总烃
		颗粒物、特征污染物[e]、臭气浓度[c]、恶臭特征污染物[c]
所有类别的塑料制品制造	印刷排气筒	挥发性有机物[f]、苯[a]、甲苯[a]、二甲苯[a]
	有机废气治理设施（燃烧法）排气筒	二氧化硫[g]、氮氧化物[g]
	综合废水处理站排气筒	臭气浓度[c]、恶臭特征污染物[c]

注：根据环境影响评价文件及其批复，结合项目工艺及产排污特点，选择项目所包含监测点位进行监测。

[a]排污单位生产过程中不使用含二甲基甲酰胺、苯、甲苯、二甲苯有机溶剂的，监测指标可不包括二甲基甲酰胺、苯、甲苯、二甲苯。

[b]塑料人造革、合成革工业排污单位执行 GB 21902，以 VOCs 作为挥发性有机物排放的综合控制指标。

[c]环境影响评价文件及其批复确定需要监测臭气浓度、恶臭特征污染物的，应监测臭气浓度、恶臭特征污染物，臭气浓度、恶臭特征污染物执行 GB 14554，恶臭特征污染物种类按环境影响评价文件及其批复确定。

[d]适用于使用聚氯乙烯树脂生产的排污单位。

[e]特征污染物执行 GB 31572，污染物种类按使用的合成树脂类型确定。具体见表 4-9。

[f]本标准使用非甲烷总烃作为挥发性有机物排放的综合管控指标，待印刷工业相关污染物排放标准实施后，从其规定。

[g]若生产过程中产生的有机废气采用燃烧法进行治理，除监测生产工序排气筒对应的监测指标外，还应监测二氧化硫、氮氧化物。

表 4-9 不同树脂对应的特征污染物

序号	污染物项目	适用的合成树脂类型
1	苯乙烯	聚苯乙烯树脂、ABS 树脂、不饱和聚酯树脂
2	丙烯腈	ABS 树脂
3	1,3-丁二烯	ABS 树脂
4	环氧氯丙烷	环氧树脂、氨基树脂
5	酚类	酚醛树脂、环氧树脂、聚碳酸酯树脂、聚醚醚酮树脂
6	甲醛	酚醛树脂、氨基树脂、聚甲醛树脂
7	乙醛	热塑性聚酯树脂
8	甲苯二异氰酸酯	聚氨酯树脂
9	二苯基甲烷二异氰酸酯	聚氨酯树脂
10	异氟尔酮二异氰酸酯	聚氨酯树脂
11	多亚甲基多苯基异氰酸酯	聚氨酯树脂

序号	污染物项目	适用的合成树脂类型
12	氨	氨基树脂、聚酰胺树脂、聚酰亚胺树脂
13	氟化氢	氟树脂
14	氯化氢	有机硅树脂
15	光气	光气法聚碳酸酯树脂
16	二氧化硫	聚砜树脂、聚醚砜树脂、聚醚醚酮树脂
17	硫化氢	聚苯硫醚树脂
18	丙烯酸	丙烯酸树脂
19	丙烯酸甲酯	丙烯酸树脂
20	丙烯酸丁酯	丙烯酸树脂
21	甲酸丙烯酸甲酯	丙烯酸树脂
22	苯	聚甲醛树脂
23	甲苯	聚苯乙烯树脂、ABS 树脂、环氧树脂、有机硅树脂、聚砜树脂
24	乙苯	聚苯乙烯树脂、ABS 树脂
25	氯苯类	聚碳酸酯树脂、聚苯硫醚树脂
26	二氯甲烷	聚碳酸酯树脂
27	四氢呋喃	聚对苯二甲酸丁二醇酯树脂
28	邻苯二甲酸酐	醇酸树脂

4.3.1.2　监测频次的确定

（1）排污单位分类

根据《橡胶和塑料制品指南》，重点排污单位和非重点排污单位废气监测频次有所差异，这主要是针对大气环境重点排污单位名录而言。根据《环境监管重点单位名录管理办法》（生态环境部令　第 27 号），重点排污单位筛选时，既要根据排污单位的生产活动类型进行确定，也要根据污染物排放量占比进行筛选。

专栏二

根据《环境监管重点单位名录管理办法》（生态环境部令　第 27 号），大气环境重点排污单位应当根据本行政区域的大气环境承载力、重点大气污染物排放总量控制指标的要求以及排污单位排放大气污染物的种类、数量和浓度等因素确定。具备下列条件之一的，应当列为大气环境重点排污单位:

（1）二氧化硫、氮氧化物、颗粒物、挥发性有机物中任一种大气污染物近 3 年内任一年度排放量大于设区的市级生态环境主管部门设定的筛选排放量限值的工业企业；

（2）太阳能光伏玻璃行业企业，其他玻璃制造、玻璃制品、玻璃纤维行业中以天然气为燃料的规模以上企业；

（3）陶瓷、耐火材料行业中以煤、石油焦、油、发生炉煤气为燃料的企业；

（4）陶瓷、耐火材料行业中以天然气为燃料的规模以上企业；

（5）工业涂装行业规模以上企业，全部使用符合国家规定的水性、无溶剂、辐射固化、粉末 4 类低挥发性有机物含量涂料的除外；

（6）包装印刷行业规模以上企业，全部使用符合国家规定的低挥发性有机物含量油墨的除外。

设区的市级生态环境主管部门设定筛选排放量限值，应当确保所筛选的大气环境重点排污单位工业大气污染物排放量之和，不低于该行政区域排放源统计调查的工业大气污染物排放总量的 65%。

根据《固定污染源排污许可分类管理名录（2019 年版）》的要求，纳入重点排污单位名录的，实施重点管理。若废气排放量大，主要污染物排放量达到排污许可证重点管理的下限，或达到区域排放量 65%的下限要求，或者符合重点排污单位筛选的其他条件的，会被筛选确定为重点排污单位。按照这些要求列入重点排污单位名录的橡胶制品工业排污单位，应按照《橡胶和塑料制品指南》中重点排污单位监测要求执行。除重点排污单位以外的其他排污单位，视为非重点排污单位，按照《橡胶和塑料制品指南》中非重点排污单位监测要求执行。

（2）橡胶制品工业排污单位有组织废气监测频次

1）监测频次的一般要求

根据《橡胶和塑料制品指南》，橡胶制品工业重点排污单位有组织废气排放口各监测指标最低监测频次按照表 4-10 执行，排污单位可根据管理要求或实际情况在表 4-10 的基础上提高监测频次；橡胶制品工业非重点排污单位有组织废气排放口各监测指标最低监测频次按照表 4-11 执行，排污单位可根据管理要求或实际情况在表 4-11 的基础上提高监测频次。依据《排污许可证申请与核发技术规范　橡胶和塑料制品工业》（HJ 1122—2020）的规定，橡胶制品工业非重点排污单位的废气排放口均为一般排放口。

表 4-10　重点排污单位有组织废气排放监测点位、监测指标及最低监测频次

排污单位类别	监测点位	监测指标	监测频次	
			主要排放口	一般排放口
轮胎制造、橡胶板管带制造、橡胶零件制造、运动场地用塑胶制造和其他橡胶制品制造	炼胶排气筒	颗粒物	自动监测	季度
		非甲烷总烃	自动监测（季度[a]）	季度
		臭气浓度、恶臭特征污染物[b]	季度	半年
	硫化排气筒	非甲烷总烃	自动监测（季度[a]）	季度
		臭气浓度、恶臭特征污染物[b]	季度	半年
	胶浆制备、浸浆、胶浆喷涂和涂胶排气筒	非甲烷总烃、甲苯及二甲苯、臭气浓度、恶臭特征污染物[b]	—	半年
	热/冷翻排气筒[c]	非甲烷总烃、颗粒物、臭气浓度、恶臭特征污染物[b]	—	半年
	有机废气治理设施（燃烧法）排气筒	二氧化硫、氮氧化物[d]	季度	半年
	综合废水处理站排气筒	臭气浓度、恶臭特征污染物	—	半年
日用及医用橡胶制品制造	配料排气筒	氨、臭气浓度、恶臭特征污染物	—	半年
	浸渍排气筒	氨、臭气浓度、恶臭特征污染物	季度	—
	硫化排气筒	颗粒物	自动监测	—
		臭气浓度、恶臭特征污染物	季度	—
	有机废气治理设施（燃烧法）排气筒	二氧化硫、氮氧化物[d]	季度	半年
	综合废水处理站排气筒	臭气浓度、恶臭特征污染物	—	半年

注：1. 废气监测应按照相应监测分析方法、技术规范同步监测废气参数。

2. 根据环境影响评价文件及其批复，结合项目工艺及产排污特点，选择项目所包含监测点位进行监测。

3. 设区的市级及以上生态环境主管部门明确要求安装自动监测设备的污染物指标，应采用自动监测。

[a] 固定污染源废气非甲烷总烃连续监测技术规范发布实施前，重点排污单位按季度监测。

[b] 恶臭特征污染物执行 GB 14554，污染物种类按环境影响评价文件及其批复确定。

[c] 适用于轮胎翻新排污单位。

[d] 若生产过程中产生的有机废气采用燃烧法进行治理，除监测生产工序排气筒对应的监测指标外，还应监测二氧化硫、氮氧化物。

表 4-11　非重点排污单位有组织废气排放监测点位、监测指标及最低监测频次

排污单位类别	监测点位	监测指标	监测频次
轮胎制造、橡胶板管带制造、橡胶零件制造、运动场地用塑胶制造和其他橡胶制品制造	炼胶排气筒	颗粒物、臭气浓度、恶臭特征污染物	年
		非甲烷总烃	半年
	硫化排气筒	非甲烷总烃	半年
		臭气浓度、恶臭特征污染物[b]	年
	胶浆制备、浸浆、胶浆喷涂和涂胶排气筒	非甲烷总烃、甲苯及二甲苯	半年
		臭气浓度、恶臭特征污染物[b]	年
	热/冷翻排气筒[c]	非甲烷总烃	半年
		颗粒物、臭气浓度、恶臭特征污染物[b]	年
	有机废气治理设施（燃烧法）排气筒	二氧化硫、氮氧化物[d]	年
	综合废水处理站排气筒	臭气浓度、恶臭特征污染物	年
日用及医用橡胶制品制造	配料排气筒	氨、臭气浓度、恶臭特征污染物	年
	浸渍排气筒	氨、臭气浓度、恶臭特征污染物	年
	硫化排气筒	颗粒物	年
		臭气浓度、恶臭特征污染物	年
	有机废气治理设施（燃烧法）排气筒	二氧化硫、氮氧化物[d]	年
	综合废水处理站排气筒	臭气浓度、恶臭特征污染物	年

注：同表 4-10。

2）指南中监测频次确定的主要考虑

对于重点排污单位的主要排放口，在标准规定的监测指标中，颗粒物和挥发性有机物为我国总量减排控制主要污染物，因此对上述 2 项污染物指标监测频次提出较高要求，规定颗粒物自动监测，非甲烷总烃目前最低监测频次按季度执行，待固定污染源废气非甲烷总烃连续监测技术规范发布实施后，须采取自动监测。

对于非重点排污单位，由于挥发性有机物为我国总量减排控制主要污染物，对非甲烷总烃、甲苯及二甲苯的监测频次适当提高了要求。

有的地方为了改善本地区的环境质量，根据当地经济基础和科技水平制定了地方标准，在方案制定时对照企业执行的排放标准，结合企业实际的生产状况，由设区的市级及以上生态环境主管部门确定其应增加的监测指标。污染物指标中出现超标的排污单位，应提高相应指标的监测频次。

根据当前环境管理状况，对其他排放口，《橡胶和塑料制品指南》中暂未考虑，各地或排污单位有需要的，可根据《总则》确定监测点位、监测指标和监测频次。

（3）塑料制品工业排污单位有组织废气监测频次

1）监测频次的一般要求

根据《橡胶和塑料制品指南》的规定，塑料制品工业重点排污单位有组织废气排放口各监测指标最低监测频次按照表 4-12 执行，排污单位可根据管理要求或实际情况在表 4-12 的基础上提高监测频次；塑料制品工业非重点排污单位有组织废气排放口各监测指标最低监测频次按照表 4-13 执行，排污单位可根据管理要求或实际情况在表 4-13 的基础上提高监测频次。依据《排污许可证申请与核发技术规范　橡胶和塑料制品工业》（HJ 1122—2020）的规定，塑料制品工业非重点排污单位的废气排放口均为一般排放口。

表 4-12　重点排污单位有组织废气排放监测点位、监测指标及最低监测频次

<table>
<tr><th rowspan="2">类别</th><th rowspan="2">监测点位</th><th rowspan="2">监测指标</th><th colspan="2">监测频次</th></tr>
<tr><th>主要排放口</th><th>一般排放口</th></tr>
<tr><td rowspan="2">塑料人造革制造</td><td rowspan="2">配料、涂覆、塑化发泡、冷却、涂刮、烘干、贴合、预塑化、压延成型、挤出、流延排气筒</td><td>二甲基甲酰胺[a]、苯[a]、甲苯[a]、二甲苯[a]、VOCs[b]、臭气浓度[c]、恶臭特征污染物[c]</td><td>季度</td><td>半年</td></tr>
<tr><td>颗粒物[d]</td><td>自动监测</td><td>半年</td></tr>
<tr><td rowspan="2">塑料合成革制造（干法工艺）</td><td rowspan="2">配料、涂刮、贴合、烘干排气筒</td><td>二甲基甲酰胺[a]、苯[a]、甲苯[a]、二甲苯[a]、VOCs[b]、臭气浓度[c]、恶臭特征污染物[c]</td><td>季度</td><td>半年</td></tr>
<tr><td>颗粒物[d]</td><td>自动监测</td><td>半年</td></tr>
<tr><td>塑料合成革制造（湿法工艺）</td><td>配料、含浸、涂刮、凝固、水洗、烘干、冷却排气筒</td><td>二甲基甲酰胺[a]、臭气浓度[c]、恶臭特征污染物[c]</td><td>季度</td><td>半年</td></tr>
</table>

<table>
<tr><th rowspan="2">类别</th><th rowspan="2">监测点位</th><th rowspan="2">监测指标</th><th colspan="2">监测频次</th></tr>
<tr><th>主要排放口</th><th>一般排放口</th></tr>
<tr><td>塑料合成革制造（超细纤维工艺）</td><td>配料、含浸、凝固、水洗、抽出、干燥排气筒</td><td>二甲基甲酰胺[a]、苯[a]、甲苯[a]、二甲苯[a]、VOCs[b]、臭气浓度[c]、恶臭特征污染物[c]</td><td>季度</td><td>半年</td></tr>
<tr><td rowspan="2">塑料人造革与合成革制造</td><td>二甲基甲酰胺回收精馏塔排气筒</td><td>二甲基甲酰胺、臭气浓度</td><td>季度</td><td>半年</td></tr>
<tr><td>后处理排气筒</td><td>苯[a]、甲苯[a]、二甲苯[a]、VOCs[b]、臭气浓度[c]、恶臭特征污染物[c]</td><td>季度</td><td>半年</td></tr>
<tr><td rowspan="2">使用聚氯乙烯树脂生产的塑料薄膜制造</td><td rowspan="4">混料、挤出、吹膜、成型排气筒</td><td>非甲烷总烃</td><td>—</td><td>半年（季度[e]）</td></tr>
<tr><td>颗粒物、氯乙烯、臭气浓度[c]、恶臭特征污染物[c]</td><td>—</td><td>半年（季度[e]）</td></tr>
<tr><td rowspan="2">使用除聚氯乙烯以外的树脂生产的塑料薄膜制造</td><td>非甲烷总烃</td><td>—</td><td>半年（季度[e]）</td></tr>
<tr><td>颗粒物、特征污染物[f]、臭气浓度[c]、恶臭特征污染物[c]</td><td>—</td><td>半年（季度[e]）</td></tr>
<tr><td rowspan="2">使用聚氯乙烯树脂生产的塑料板管型材制造</td><td rowspan="4">混料、挤出、成型排气筒</td><td>非甲烷总烃</td><td>—</td><td>半年</td></tr>
<tr><td>颗粒物、氯乙烯、臭气浓度[c]、恶臭特征污染物[c]</td><td>—</td><td>半年</td></tr>
<tr><td rowspan="2">使用除聚氯乙烯以外的树脂生产的塑料板管型材制造</td><td>非甲烷总烃</td><td>—</td><td>半年</td></tr>
<tr><td>颗粒物、特征污染物[f]、臭气浓度[c]、恶臭特征污染物[c]</td><td>—</td><td>半年</td></tr>
<tr><td rowspan="2">使用除聚氯乙烯以外的树脂生产的塑料丝绳及编织品制造</td><td rowspan="2">混料、挤出、喷丝排气筒</td><td>非甲烷总烃</td><td>—</td><td>半年</td></tr>
<tr><td>颗粒物、特征污染物[f]、臭气浓度[c]、恶臭特征污染物[c]</td><td>—</td><td>半年</td></tr>
<tr><td rowspan="2">使用聚氯乙烯树脂生产的泡沫塑料制造</td><td rowspan="4">配料、涂覆、发泡、挤出、成型、熟化排气筒</td><td>非甲烷总烃</td><td>—</td><td>半年</td></tr>
<tr><td>颗粒物、氯乙烯、臭气浓度[c]、恶臭特征污染物[c]</td><td>—</td><td>半年</td></tr>
<tr><td rowspan="2">使用除聚氯乙烯以外的树脂生产的泡沫塑料制造</td><td>非甲烷总烃</td><td>—</td><td>半年</td></tr>
<tr><td>颗粒物、特征污染物[f]、臭气浓度[c]、恶臭特征污染物[c]</td><td>—</td><td>半年</td></tr>
<tr><td rowspan="2">使用除聚氯乙烯以外的树脂生产的塑料包装箱及容器制造</td><td rowspan="2">塑化、成型排气筒</td><td>非甲烷总烃</td><td>—</td><td>半年</td></tr>
<tr><td>颗粒物、特征污染物[f]、臭气浓度[c]、恶臭特征污染物[c]</td><td>—</td><td>半年</td></tr>
</table>

类别	监测点位	监测指标	监测频次	
			主要排放口	一般排放口
使用聚氯乙烯树脂生产的日用塑料制品制造	塑化、成型、模压排气筒	非甲烷总烃	—	半年
		颗粒物、氯乙烯、臭气浓度[c]、恶臭特征污染物[c]	—	半年
使用除聚氯乙烯以外的树脂生产的日用塑料制品制造		非甲烷总烃	—	半年
		颗粒物、特征污染物[f]、臭气浓度[c]、恶臭特征污染物[c]	—	半年
使用除聚氯乙烯以外的树脂生产的人造草坪制造	挤出、喷丝、背胶、烘干排气筒	非甲烷总烃	—	半年
		颗粒物、特征污染物[f]、臭气浓度[c]、恶臭特征污染物[c]	—	半年
使用聚氯乙烯树脂生产的塑料零件及其他塑料制品制造	配料、塑化、成型、浸渍、烘干、层压排气筒	非甲烷总烃	—	半年
		颗粒物、氯乙烯、臭气浓度[c]、恶臭特征污染物[c]	—	半年
使用除聚氯乙烯以外的树脂生产的塑料零件及其他塑料制品制造		非甲烷总烃	—	半年
		颗粒物、特征污染物[f]、臭气浓度[c]、恶臭特征污染物[c]	—	半年
所有类别的塑料制品制造	印刷排气筒	挥发性有机物[g]、苯[a]、甲苯[a]、二甲苯[a]	—	半年
	有机废气治理设施（燃烧法）排气筒	二氧化硫[h]、氮氧化物[h]	季度	半年
	综合废水处理站排气筒	臭气浓度[c]、恶臭特征污染物[c]	—	半年

注：1. 废气监测应按照相应监测分析方法、技术规范同步监测废气参数。

2. 根据环境影响评价文件及其批复，结合项目工艺及产排污特点，选择项目所包含监测点位进行监测。

3. 设区的市级及以上生态环境主管部门明确要求安装自动监测设备的污染物指标，应采用自动监测。

[a] 排污单位生产过程中不使用含二甲基甲酰胺、苯、甲苯、二甲苯有机溶剂的，监测指标可不包括二甲基甲酰胺、苯、甲苯、二甲苯。

[b] 塑料人造革、合成革工业排污单位执行 GB 21902，以 VOCs 作为挥发性有机物排放的综合控制指标。

[c] 环境影响评价文件及其批复确定需要监测臭气浓度、恶臭特征污染物的，应监测臭气浓度、恶臭特征污染物，臭气浓度、恶臭特征污染物执行 GB 14554，恶臭特征污染物种类按环境影响评价文件及其批复确定。

[d] 适用于使用聚氯乙烯树脂生产的排污单位。

[e] 采用流延膜工艺的废气最低监测频次为季度，采用其他工艺的废气最低监测频次为半年。

[f] 特征污染物执行 GB 31572，污染物种类按使用的合成树脂类型确定。

[g] 本标准使用非甲烷总烃作为挥发性有机物排放的综合管控指标，待印刷工业相关污染物排放标准实施后，从其规定。

[h] 若生产过程中产生的有机废气采用燃烧法进行治理，除监测生产工序排气筒对应的监测指标外，还应监测二氧化硫、氮氧化物。

表 4-13　非重点排污单位有组织废气排放监测点位、监测指标及最低监测频次

排污单位类别	监测点位	监测指标	监测频次
塑料人造革制造	配料、涂覆、塑化发泡、冷却、涂刮、烘干、贴合、预塑化、压延成型、挤出、流延排气筒	二甲基甲酰胺[a]、苯[a]、甲苯[a]、二甲苯[a]、VOCs[b]、臭气浓度[c]、恶臭特征污染物[c]	年
		颗粒物[d]	年
塑料合成革制造（干法工艺）	配料、涂刮、贴合、烘干排气筒	二甲基甲酰胺[a]、苯[a]、甲苯[a]、二甲苯[a]、VOCs[b]、臭气浓度[c]、恶臭特征污染物[c]	年
		颗粒物[d]	年
塑料合成革制造（湿法工艺）	配料、含浸、涂刮、凝固、水洗、烘干、冷却排气筒	二甲基甲酰胺[a]、臭气浓度[c]、恶臭特征污染物[c]	年
塑料合成革制造（超细纤维工艺）	配料、含浸、凝固、水洗、抽出、干燥排气筒	二甲基甲酰胺[a]、苯[a]、甲苯[a]、二甲苯[a]、VOCs[b]、臭气浓度[c]、恶臭特征污染物[c]	年
塑料人造革与合成革制造	二甲基甲酰胺回收精馏塔排气筒	二甲基甲酰胺、臭气浓度	年
	后处理排气筒	苯[a]、甲苯[a]、二甲苯[a]、VOCs[b]、臭气浓度[c]、恶臭特征污染物[c]	年
使用聚氯乙烯树脂生产的塑料薄膜制造	混料、挤出、吹膜、成型排气筒	非甲烷总烃	半年
		颗粒物、氯乙烯、臭气浓度[c]、恶臭特征污染物[c]	年
使用除聚氯乙烯以外的树脂生产的塑料薄膜制造		非甲烷总烃	半年
		颗粒物、特征污染物[f]、臭气浓度[c]、恶臭特征污染物[c]	年
使用聚氯乙烯树脂生产的塑料板管型材制造	混料、挤出、成型排气筒	非甲烷总烃	半年
		颗粒物、氯乙烯、臭气浓度[c]、恶臭特征污染物[c]	年
使用除聚氯乙烯以外的树脂生产的塑料板管型材制造		非甲烷总烃	半年
		颗粒物、特征污染物[f]、臭气浓度[c]、恶臭特征污染物[c]	年
使用聚氯乙烯树脂生产的塑料丝绳及编织品制造	混料、挤出、喷丝排气筒	非甲烷总烃	半年
		颗粒物、氯乙烯、臭气浓度[c]、恶臭特征污染物[c]	年
使用除聚氯乙烯以外的树脂生产的塑料丝绳及编织品制造		非甲烷总烃	半年
		颗粒物、特征污染物[f]、臭气浓度[c]、恶臭特征污染物[c]	年

排污单位类别	监测点位	监测指标	监测频次
使用聚氯乙烯树脂生产的泡沫塑料制造	配料、涂覆、发泡、挤出、成型、熟化排气筒	非甲烷总烃	半年
		颗粒物、氯乙烯、臭气浓度[c]、恶臭特征污染物[c]	年
使用除聚氯乙烯以外的树脂生产的泡沫塑料制造		非甲烷总烃	半年
		颗粒物、特征污染物[f]、臭气浓度[c]、恶臭特征污染物[c]	年
使用聚氯乙烯树脂生产的塑料包装箱及容器制造	塑化、成型排气筒	非甲烷总烃	半年
		颗粒物、氯乙烯、臭气浓度[c]、恶臭特征污染物[c]	年
使用除聚氯乙烯以外的树脂生产的塑料包装箱及容器制造		非甲烷总烃	半年
		颗粒物、特征污染物[f]、臭气浓度[c]、恶臭特征污染物[c]	年
使用聚氯乙烯树脂生产的日用塑料制品制造	塑化、成型、模压排气筒	非甲烷总烃	半年
		颗粒物、氯乙烯、臭气浓度[c]、恶臭特征污染物[c]	年
使用除聚氯乙烯以外的树脂生产的日用塑料制品制造		非甲烷总烃	半年
		颗粒物、特征污染物[f]、臭气浓度[c]、恶臭特征污染物[c]	年
使用聚氯乙烯树脂生产的人造草坪制造	挤出、喷丝、背胶、烘干排气筒	非甲烷总烃	半年
		颗粒物、氯乙烯、臭气浓度[c]、恶臭特征污染物[c]	年
使用除聚氯乙烯以外的树脂生产的人造草坪制造		非甲烷总烃	半年
		颗粒物、特征污染物[f]、臭气浓度[c]、恶臭特征污染物[c]	年
使用聚氯乙烯树脂生产的塑料零件及其他塑料制品制造	配料、塑化、成型、浸渍、烘干、层压排气筒	非甲烷总烃	半年
		颗粒物、氯乙烯、臭气浓度[c]、恶臭特征污染物[c]	年
使用除聚氯乙烯以外的树脂生产的塑料零件及其他塑料制品制造		非甲烷总烃	半年
		颗粒物、特征污染物[f]、臭气浓度[c]、恶臭特征污染物[c]	年
所有类别的塑料制品制造	印刷排气筒	挥发性有机物[g]、苯[a]、甲苯[a]、二甲苯[a]	半年
	有机废气治理设施（燃烧法）排气筒	二氧化硫[h]、氮氧化物[h]	年
	综合废水处理站排气筒	臭气浓度[c]、恶臭特征污染物[c]	年

注：同表 4-12。

2）指南中监测频次确定的主要考虑

对于重点排污单位的主要排放口，在标准规定的监测指标中，颗粒物和挥发性有机物为我国总量减排控制主要污染物，因此对上述 2 项污染物指标监测频次提出较高要求，规定颗粒物自动监测，二甲基甲酰胺、苯、甲苯、二甲苯、VOCs 等指标最低监测频次按季度执行。由于异味物质主要成分是有机物质，因此臭气浓度、恶臭特征污染物最低监测频次也按季度执行。

对于非重点排污单位，由于挥发性有机物为我国总量减排控制主要污染物，因此对非甲烷总烃、苯、甲苯、二甲苯的监测频次适当提高了要求，最低监测频次按半年执行。

有的地方为了改善本地区的环境质量，根据当地经济基础和科技水平制定了地方标准，在方案制定时对照企业执行的排放标准，结合企业实际的生产状况，由设区的市级及以上生态环境主管部门确定其应增加的监测指标。污染物指标中出现超标的排污单位，应提高相应指标的监测频次。

根据当前环境管理状况，对其他排放口，《橡胶和塑料制品指南》中暂未考虑，各地或排污单位有需要的，可根据《总则》确定监测点位、监测指标和监测频次。

4.3.2 无组织废气

对于无组织排放，主要根据各类橡胶和塑料制品工业排污单位涉及的无组织排放源提出了监测指标。由于橡胶和塑料制品工业不在《总则》要求的无组织废气排放较重的行业之列，因此要求重点排污单位的最低监测频次为半年，非重点排污单位的最低监测频次为年。具体要求分别见表 4-14、表 4-15。

表 4-14 橡胶制品工业排污单位无组织废气排放监测点位、监测指标及最低监测频次

排污单位类别	监测点位	监测指标	监测频次	
			重点排污单位	非重点排污单位
轮胎制造（除轮胎翻新外）、橡胶板管带制造、橡胶零件制造、日用及医用橡胶制品制造、运动场地用塑胶制造和其他橡胶制品制造	厂界	非甲烷总烃、甲苯、二甲苯、臭气浓度、恶臭特征污染物[a]	半年	年
轮胎翻新	厂界	非甲烷总烃、臭气浓度、恶臭特征污染物[a]	半年	年

注：1. 无组织废气排放监测应同步监测气象参数。

2. 厂区内 VOCs 无组织排放监测要求按《挥发性有机物无组织排放控制标准》（GB 37822—2019）规定执行。

[a] 恶臭特征污染物执行《恶臭污染物排放标准》（GB 14554—93），污染物种类按环境影响评价文件及其批复确定。

表 4-15 塑料制品工业排污单位无组织废气排放监测点位、监测指标及最低监测频次

类别	监测点位	监测指标	监测频次	
			重点排污单位	非重点排污单位
塑料人造革、合成革制造	厂界	二甲基甲酰胺[a]、苯[a]、甲苯[a]、二甲苯[a]、VOCs[b]、臭气浓度[c]、恶臭特征污染物[c]	半年	年
使用聚氯乙烯树脂生产的塑料制品制造（除塑料人造革、合成革制造外）	厂界	非甲烷总烃、臭气浓度[c]、恶臭特征污染物[c]	半年	年
使用除聚氯乙烯以外的树脂生产的塑料制品制造（除塑料人造革、合成革制造外）	厂界	氯化氢、苯[a]、甲苯[a]、非甲烷总烃、臭气浓度[c]、恶臭特征污染物[c]	半年	年

注：1. 无组织废气排放监测应同步监测气象参数。

2. 塑料人造革合成革制造、使用聚氯乙烯树脂生产的塑料制品制造排污单位厂区内 VOCs 无组织排放监测要求按 GB 37822 规定执行；使用除聚氯乙烯以外的树脂生产的塑料制品制造（除塑料人造革、合成革制造外）排污单位厂区内 VOCs 无组织排放监测要求按 GB 31572 规定执行。

[a] 排污单位生产过程中不使用含二甲基甲酰胺、苯、甲苯、二甲苯有机溶剂的，监测指标可不包括二甲基甲酰胺、苯、甲苯、二甲苯。

[b] 塑料人造革、合成革工业排污单位执行 GB 21902，以 VOCs 作为挥发性有机物排放的综合控制指标。

[c] 环境影响评价文件及其批复确定需要监测臭气浓度、恶臭特征污染物的，应监测臭气浓度、恶臭特征污染物，臭气浓度、恶臭特征污染物执行 GB 14554，恶臭特征污染物种类按环境影响评价文件及其批复确定。

4.4 厂界环境噪声监测

厂界环境噪声监测点位设置应遵循《总则》中的规定：根据厂内主要噪声源距厂界位置布点；根据厂界周围敏感目标布点；“厂中厂”是否需要监测由内部和外围排污单位协商确定；面临海洋、大江、大河的厂界，原则上不布点；厂界紧邻交通干线不布点；厂界紧邻另一排污单位的，在临近另一排污单位是否布点由排污单位协商确定。

对于橡胶和塑料制品工业排污单位内的噪声源，主要考虑表 4-16、表 4-17 中噪声源在厂区内的分布情况，若排污单位内还存在其他噪声源，应一并考虑，同时根据不同噪声源的强度选择对周边居民影响最大的位置开展监测。厂界环境噪声每季度至少开展一次昼、夜间噪声监测，监测指标为等效连续 A 声级，夜间有频发、偶发噪声影响时同时测量频发、偶发最大声级。夜间不生产的可不开展夜间噪声监测，周边有敏感点的，应提高监测频次。

表 4-16 橡胶制品排污单位厂界环境噪声布点应关注的主要噪声源

噪声源	主要设备
生产车间	筛选机、球磨机、炼胶机、硫化机等生产设备
污水处理	生化处理曝气设备、污泥脱水设备等
公用设备	风机、空压机等

表 4-17 塑料制品排污单位厂界环境噪声布点应关注的主要噪声源

噪声源	主要设备
生产车间	搅拌机、密炼机、压延机、挤出机等生产设备
污水处理	生化处理曝气设备、污泥脱水设备等
公用设备	风机、空压机等

监测的目的主要是促进排污单位做好降噪措施，降低对周边居民的影响，因此周边有敏感点的，应提高监测频次，具体的监测频次可由周边居民、排污单位、管理部门共同协商确定。

4.5 周边环境质量影响监测

法律法规等有明确要求的，排污单位应按要求开展相应的周边环境质量要素监测。

无明确要求的，排污单位可根据实际情况对周边地表水、海水、地下水和土壤开展监测。对于废水直接排入地表水、海水的排污单位，可按照《环境影响评价技术导则　地表水环境》（HJ 2.3—2018）、《地表水环境质量监测技术规范》（HJ 91.2—2022）、《近岸海域环境监测技术规范　第八部分　直排海污染源及对近岸海域水环境影响监测》（HJ 442.8—2020）及受纳水体环境管理要求设置监测断面和监测点位。开展周边地下水和土壤监测的排污单位，可按照《环境影响评价技术导则　地下水环境》（HJ 610—2016）、《地下水环境监测技术规范》（HJ 164—2020）、《环境影响评价技术导则　土壤环境（试行）》（HJ 964—2018）、《土壤环境监测技术规范》（HJ/T 166—2004）及地下水、土壤环境管理要求设置监测点位。监测指标及最低监测频次分别按照表4-18、表4-19执行。

表4-18　橡胶制品排污单位周边环境质量影响监测指标及最低监测频次

环境要素	监测指标	监测频次
地表水	pH、化学需氧量、氨氮、总氮、总磷、石油类、总锌[a]等	年
海水	pH、化学需氧量、溶解氧、石油类、总锌[a]等	年
地下水	pH、氨氮、总锌[a]等	年
土壤	pH、总锌[a]等	年

表4-19　塑料制品排污单位周边环境质量影响监测指标及最低监测频次

环境要素	监测指标	监测频次
地表水	pH、化学需氧量、氨氮、总氮、总磷、石油类等	年
海水	pH、化学需氧量、溶解氧、石油类等	年
地下水	pH、氨氮等	年
土壤	pH等	年

除此之外，排污单位认为有必要开展其他环境要素监测，以便更好地说清楚自身排放状况对周边环境质量影响状况的，也可参照《总则》、环境影响评价技术文件、环境质量监测技术规范开展监测。

4.6 其他要求

（1）《橡胶和塑料制品指南》中未规定的污染物指标

橡胶和塑料制品工业排污单位所持的排污许可证、所执行的污染物排放（控制）标准、环境影响评价文件及其批复［仅限 2015 年 1 月 1 日（含）后取得环境影响评价批复的排污单位］、相关生态环境管理规定明确要求监测的污染物指标，也应纳入自行监测范围内。另外，除《橡胶和塑料制品指南》中所规定的典型工艺所涉及的污染物指标外，排污单位根据生产过程的原辅用料、生产工艺、中间及最终产品类型、监测结果确定实际排放的，在有毒有害污染物或优先控制化学品相关名录中的污染物指标，或其他有毒污染物指标，也应纳入自行监测范围内。这些纳入自行监测范围的污染物指标，应参照《橡胶和塑料制品指南》中表 1～表 6，以及《总则》确定监测点位和监测频次。

（2）监测频次的确定

《橡胶和塑料制品指南》中的监测频次均为最低监测频次，橡胶和塑料制品排污单位在确保各指标的监测频次满足《橡胶和塑料制品指南》的基础上，可根据《总则》中监测频次的确定原则提高监测频次。监测频次的确定原则为：不应低于国家或地方发布的标准、规范性文件、规划、环境影响评价文件及其批复等明确规定的监测频次；主要排放口的监测频次高于非主要排放口；主要监测指标的监测频次高于其他监测指标；排向敏感地区的应适当增加监测频次；排放状况波动大的，应适当增加监测频次；历史稳定达标状况较差的需增加监测频次，达标状况良好的可以适当降低监测频次；监测成本应与排污企业自身能力相一致，尽量避免重复监测。

（3）其他要求

对于《橡胶和塑料制品指南》中未规定的内容，如内部监测点位设置及监测要求，采样方法、监测分析方法、监测质量保证与质量控制，监测方案的描述、变更等按照《总则》执行。

4.7 自行监测方案案例示例

为了便于对本章中监测方案示例的正确掌握和应用，特别强调以下两点：

第一，本书附录 5 中列出了可供参考的完整的自行监测方案模板示例，排污单位可根据示例和本单位实际情况，进行相应的调整完善，作为本单位的监测方案使用。本章重点针对附录 5 中的监测点位、监测指标、监测频次、监测方法等内容给出示例，对于共性较大的描述性内容和质量控制等相关内容，在本章中不再进行列举，但并不意味着不重要或者不需要。

第二，本书给出的排放限值仅用于示例，可能会存在与实际要求略有差异的情况，这与各地实际管理要求有关，也与案例企业的特殊情况有关，本书对此不做深入解释和说明。

4.7.1 示例 1：某轮胎生产企业（间接排放）

（1）企业基本情况

某大型轮胎生产企业位于产业园区，为重点管理排污单位，生产工序包括炼胶（母炼、终炼）、压延和硫化。废水治理后排入园区污水处理厂，废水、废气部分指标安装了自动监测设施。该企业有一座初期雨水收集池，将一次降雨过程中前 15 min 的降水导入初期雨水池，并进一步将初期雨水排入污水处理设施进行处理。

（2）自行监测方案

1）废水

针对企业废水总排放口、雨水排放口设置监测方案，见表 4-20。

表 4-20 废水排放监测方案

排放口	监测指标	排放限值	技术手段	监测频次	分析方法
废水总排放口（DW001）	流量[1]	—	自动监测	连续	—
	pH	6～9	自动监测	连续	《水质 pH 值的测定 电极法》（HJ 1147—2020）
	化学需氧量	300 mg/L	自动监测	连续	《水质 化学需氧量的测定 重铬酸盐法》（HJ 828—2017）
	氨氮	30 mg/L	自动监测	连续	《水质 氨氮的测定 纳氏试剂分光光度法》（HJ 535—2009）
	悬浮物	150 mg/L	手工监测	季度	《水质 悬浮物的测定 重量法》（GB 11901—89）
	五日生化需氧量	80 mg/L	手工监测	季度	《水质 五日生化需氧量（BOD_5）的测定 稀释与接种法》（HJ 505—2009）
	总氮	40 mg/L	手工监测	季度	《水质 总氮的测定 碱性过硫酸钾消解紫外分光光度法》（HJ 636—2012）
	总磷	1 mg/L	手工监测	季度	《水质 磷酸盐和总磷的测定 连续流动-钼酸铵分光光度法》（HJ 670—2013）
	石油类	10 mg/L	手工监测	季度	《水质 石油类和动植物油类的测定 红外分光光度法》（HJ 637—2018）
雨水排放口（DW002）	化学需氧量[1]	—	手工监测	月[2]	《水质 化学需氧量的测定 重铬酸盐法》（HJ 828—2017）
	石油类[1]	—	手工监测	月[2]	《水质 石油类和动植物油类的测定 红外分光光度法》（HJ 637—2018）

注：1. 排放限值中“—”表示该项目暂无排放标准。

2. 雨水排放口有流动水排放时按月监测。若监测一年无异常情况，可放宽至每季度开展一次监测。

2）废气

针对生产车间、污水处理设施等有组织排放源设计的监测方案，见表 4-21。

表 4-21　有组织废气排放监测方案

<table>
<tr><th colspan="2">污染源信息</th><th rowspan="2">监测点位</th><th rowspan="2">监测指标</th><th rowspan="2">排放限值</th><th rowspan="2">技术手段</th><th rowspan="2">监测频次</th><th rowspan="2">分析方法</th></tr>
<tr><th>排放口</th><th>排放源类型</th></tr>
<tr><td rowspan="3">DA001 和 DA002</td><td rowspan="3">母炼排气筒</td><td rowspan="3">烟道</td><td>颗粒物</td><td>12 mg/m³（标态）</td><td>自动监测</td><td>连续</td><td>—</td></tr>
<tr><td>非甲烷总烃</td><td>10 mg/m³（标态）</td><td>自动监测</td><td>连续</td><td>—</td></tr>
<tr><td>臭气浓度</td><td>2 000（无量纲）</td><td>手工监测</td><td>半年</td><td>《环境空气和废气　臭气的测定　三点比较式臭袋法》（HJ 1262—2022）</td></tr>
<tr><td rowspan="3">DA003 和 DA004</td><td rowspan="3">终炼排气筒</td><td rowspan="3">烟道</td><td>颗粒物</td><td>12 mg/m³（标态）</td><td>自动监测</td><td>连续</td><td>—</td></tr>
<tr><td>非甲烷总烃</td><td>10 mg/m³（标态）</td><td>自动监测</td><td>连续</td><td>—</td></tr>
<tr><td>臭气浓度</td><td>2 000（无量纲）</td><td>手工监测</td><td>半年</td><td>《环境空气和废气　臭气的测定　三点比较式臭袋法》（HJ 1262—2022）</td></tr>
<tr><td rowspan="2">DA005～DA016</td><td rowspan="2">压延排气筒</td><td rowspan="2">烟道</td><td>非甲烷总烃</td><td>10 mg/m³（标态）</td><td>手工监测</td><td>季度</td><td>《固定污染源废气　总烃、甲烷和非甲烷总烃的测定　气相色谱法》（HJ 38—2017）</td></tr>
<tr><td>臭气浓度</td><td>2 000（无量纲）</td><td>手工监测</td><td>半年</td><td>《环境空气和废气　臭气的测定　三点比较式臭袋法》（HJ 1262—2022）</td></tr>
<tr><td rowspan="2">DA017～DA056</td><td rowspan="2">硫化排气筒</td><td rowspan="2">烟道</td><td>非甲烷总烃</td><td>10 mg/m³（标态）</td><td>自动监测</td><td>连续</td><td>—</td></tr>
<tr><td>臭气浓度</td><td>2 000（无量纲）</td><td>手工监测</td><td>季度</td><td>《环境空气和废气　臭气的测定　三点比较式臭袋法》（HJ 1262—2022）</td></tr>
</table>

根据企业实际情况，在厂界设置无组织排放监测点位，具体见表 4-22。

表 4-22 无组织废气排放监测方案

监测点位	监测指标	排放限值	技术手段	监测频次	分析方法
厂界	非甲烷总烃	2 mg/m^3（标态）	手工监测	半年	《环境空气 总烃、甲烷和非甲烷总烃的测定 直接进样-气相色谱法》（HJ 604—2017）
	甲苯	0.2 mg/m^3（标态）	手工监测	半年	《固定污染源废气 挥发性有机物的测定 固相吸附-热脱附/气相色谱-质谱法》（HJ 734—2014）
	二甲苯	0.2 mg/m^3（标态）	手工监测	半年	
	臭气浓度	20（无量纲）	手工监测	半年	《环境空气和废气 臭气的测定 三点比较式臭袋法》（HJ 1262—2022）

3）厂界环境噪声

对工厂四周环境噪声开展监测，监测方案见表 4-23。

表 4-23 厂界环境噪声监测

监测点位	监测指标	排放限值/dB（A）	监测方式	监测频次	监测方法
厂界北外 1 m 处	等效连续A声级	上限：60（昼）；50（夜）	手工监测	季度	《工业企业厂界环境噪声排放标准》（GB 12348—2008）中的“5 测量方法”
厂界西外 1 m 处		上限：60（昼）；50（夜）			
厂界南外 1 m 处		上限：60（昼）；50（夜）			
厂界东外 1 m 处		上限：60（昼）；50（夜）			

4）周边环境质量影响

工厂未开展周边环境质量影响监测。

根据《橡胶和塑料制品指南》的规定，工厂可根据实际情况对周边地表水、海水、地下水和土壤开展监测，监测指标及最低监测频次可参考《橡胶和塑料制品指南》中表 7。

4.7.2　示例 2：某日用及医用橡胶制品生产企业（间接排放）

（1）企业基本情况

某中型乳胶手套生产企业，排污许可简化管理。生产废水在本厂进行生化处理后，通过废水总排放口排入下游污水处理厂处理，厂区配有 2 台 6 t/h 燃气锅炉，无在线监测设施。

（2）自行监测方案

1）废水

企业设有废水总排放口和雨水排放口，雨水排放口暂未监测，符合《橡胶和塑料制品指南》的要求。

废水总排放口监测指标、监测频次、分析方法见表 4-24。

表 4-24　废水排放监测方案

排放口	监测指标	排放限值	技术手段	监测频次	分析方法
废水总排放口（DW001）	流量	—	自动监测	连续	—
	pH	6～9	手工监测	年	《水质　pH 值的测定　电极法》（HJ 1147—2020）
	化学需氧量	300 mg/L	手工监测	年	《水质　化学需氧量的测定　重铬酸盐法》（HJ 828—2017）
	氨氮	30 mg/L	手工监测	年	《水质　氨氮的测定　纳氏试剂分光光度法》（HJ 535—2009）
	悬浮物	150 mg/L	手工监测	年	《水质　悬浮物的测定　重量法》（GB 11901—89）
	五日生化需氧量	80 mg/L	手工监测	年	《水质　五日生化需氧量（BOD_5）的测定　稀释与接种法》（HJ 505—2009）
	总氮	40 mg/L	手工监测	年	《水质　总氮的测定　碱性过硫酸钾消解紫外分光光度法》（HJ 636—2012）
	总磷	1.0 mg/L	手工监测	年	《水质　总磷的测定　钼酸铵分光光度法》（HJ 11893—89）
	石油类	10 mg/L	手工监测	年	《水质　石油类和动植物油类的测定　红外分光光度法》（HJ 637—2018）
	总锌	3.5 mg/L	手工监测	年	《水质　锌的测定　双硫腙分光光度法》（GB/T 7472—87）

2）废气

有组织废气排放监测方案见表 4-25，无组织废气排放监测方案见表 4-26。

表 4-25 有组织废气排放监测方案

污染源信息		监测点位	监测指标	排放限值	技术手段	监测频次	分析方法
排放口	排放源类型						
DA001	配料工序	烟道	氨	10 mg/m³（标态）	手工监测	年	《环境空气和废气 氨的测定 纳氏试剂分光光度法》（HJ 533—2009）
			臭气浓度	2 000（无量纲）	手工监测	年	《环境空气和废气 臭气的测定 三点比较式臭袋法》（HJ 1262—2022）
DA002	浸渍工序	烟道	氨	10 mg/m³（标态）	手工监测	年	《环境空气和废气 氨的测定 纳氏试剂分光光度法》（HJ 533—2009）
			臭气浓度	2 000（无量纲）	手工监测	年	《环境空气和废气 臭气的测定 三点比较式臭袋法》（HJ 1262—2022）
DA003	硫化工序	烟道	颗粒物	12 mg/m³（标态）	手工监测	年	《固定污染源排气中颗粒物测定与气态污染物采样方法》（GB/T 16157—1996）及修改单
			臭气浓度	2 000（无量纲）	手工监测	年	《环境空气和废气 臭气的测定 三点比较式臭袋法》（HJ 1262—2022）
DA004	清洗工序	烟道	氯化氢	100 mg/m³	手工监测	年	《环境空气和废气 氯化氢的测定 离子色谱法》（HJ 549—2016）
DA005、DA006	燃气锅炉	烟道	SO_2	50 mg/m³	手工监测	年	《固定污染源废气 二氧化硫的测定 非分散红外吸收法》（HJ 629—2011）
			NO_x	150 mg/m³	手工监测	月	《固定污染源废气 氮氧化物的测定 非分散红外吸收法》（HJ 692—2014）
			颗粒物	20 mg/m³	手工监测	年	《固定污染源废气 低浓度颗粒物的测定 重量法》（HJ 836—2017）
			林格曼黑度	1 级	手工监测	年	《固定污染源排放烟气黑度的测定 林格曼烟气黑度图法》（HJ/T 398—2007）

表 4-26　无组织废气排放监测方案

监测点位	监测指标	排放限值	技术手段	监测频次	分析方法
厂界	非甲烷总烃	4.0 mg/m^3（标态）	手工监测	年	《环境空气　总烃、甲烷和非甲烷总烃的测定　直接进样-气相色谱法》（HJ 604—2017）
	甲苯	2.4 mg/m^3	手工监测	年	《固定污染源废气　挥发性有机物的测定　固相吸附-热脱附/气相色谱-质谱法》（HJ 734—2014）
	二甲苯	1.2 mg/m^3	手工监测	年	
	臭气浓度	20（无量纲）	手工监测	年	《环境空气和废气　臭气的测定　三点比较式臭袋法》（HJ 1262—2022）

3）厂界环境噪声

厂界环境噪声监测方案见表 4-27。

表 4-27　厂界环境噪声监测方案

监测点位	监测指标	排放限值/dB（A）	监测方式	监测频次	监测方法
厂界北外 1 m 处	等效连续 A 声级	上限：60（昼）；50（夜）	手工监测	季度	《工业企业厂界环境噪声排放标准》（GB 12348—2008）
厂界西外 1 m 处		上限：60（昼）；50（夜）			
厂界南外 1 m 处		上限：60（昼）；50（夜）			
厂界东外 1 m 处		上限：60（昼）；50（夜）			

4）周边环境质量影响

工厂尚未开展周边环境质量影响监测。

根据《橡胶和塑料制品指南》的规定，工厂可根据实际情况对周边地表水、海水、地下水和土壤开展监测，监测指标及最低监测频次可参考《橡胶和塑料制品指南》中表 7。

4.7.3　示例 3：某合成革生产企业（间接排放）

（1）企业基本情况

某大型合成革企业位于合成革工业园区，为重点管理排污单位，采用湿法聚氨酯合成革生产工艺和干法聚氨酯合成革生产工艺。废水处理后排入市政管道进入所在工业园区污水处理厂。该企业有一座初期雨水收集池，将一次降雨过程中前 15 min 的降水导入初期雨水池，并进一步将初期雨水排入污水处理设施进行处理。

（2）自行监测方案

1）废水

针对企业废水总排放口、雨水排放口设置监测方案，见表 4-28。其中，废水排放执行标准为《合成革与人造革工业污染物排放标准》（GB 21902—2008）。

表 4-28　废水排放监测方案

排放口	监测指标	排放限值/（mg/L，pH、色度除外）	技术手段	监测频次	分析方法
废水总排放口（DW001）	流量	—	自动监测	连续	—
	pH	6～9	自动监测	连续	—
	化学需氧量	80	自动监测	连续	—
	氨氮	8	自动监测	连续	—
	色度	50	手工监测	1 次/季度	《水质　色度的测定　稀释倍数法》（HJ 1182—2021）
	悬浮物	40	手工监测	1 次/季度	《水质　悬浮物的测定　重量法》（GB 11901—89）
	总氮	15	手工监测	1 次/季度	《水质　总氮的测定　碱性过硫酸钾消解紫外分光光度法》（HJ 636—2012）
	总磷	1.0	手工监测	1 次/季度	《水质　磷酸盐和总磷的测定　连续流动-钼酸铵分光光度法》（HJ 670—2013）
	二甲基甲酰胺	2	手工监测	1 次/季度	《工作场所空气有毒物质测定　酰胺类化合物》（GBZ/T 160.62—2004）
雨水排放口（DW002）	化学需氧量	—	手工监测	1 次/月（1 次/季度*）	《水质　化学需氧量的测定　重铬酸盐法》（GB 828—2017）
	石油类	—	手工监测	1 次/月（1 次/季度*）	《水质　石油类和动植物油类的测定　红外分光光度法》（HJ 637—2018）

注：* 雨水排放口有流动水排放时按月监测。若监测一年无异常情况，可放宽至每季度开展一次监测。

2）废气

针对配料车间、生产线和精馏回收塔等有组织排放源设计的监测方案，见表 4-29。其中，废水排放执行标准为地方标准《工业企业挥发性有机物排放控制标准》（DB 35/1782—2018）。

表 4-29　有组织废气排放监测方案

污染源信息		监测点位	监测指标	排放浓度限值/（mg/m^3）	排放速率限值/（kg/h）	技术手段	监测频次	分析方法
排放口	排放源							
DA001	干法配料车间	排气筒	非甲烷总烃	100	3.6	手工监测	季度	《固定污染源废气　总烃、甲烷和非甲烷总烃的测定　气相色谱法》（HJ 38—2017）
			二甲基甲酰胺	30	—	手工监测	季度	《环境空气和废气　酰胺类化合物的测定　液相色谱法》（HJ 801—2016）
DA002	湿法配料车间	排气筒	非甲烷总烃	100	3.6	手工监测	季度	《固定污染源废气　总烃、甲烷和非甲烷总烃的测定　气相色谱法》（HJ 38—2017）
			二甲基甲酰胺	30	—	手工监测	季度	《环境空气和废气　酰胺类化合物的测定　液相色谱法》（HJ 801—2016）
DA003	干法生产 1 线	排气筒	非甲烷总烃	100	3.6	手工监测	季度	《固定污染源废气　总烃、甲烷和非甲烷总烃的测定　气相色谱法》（HJ 38—2017）
			二甲基甲酰胺	30	—	手工监测	季度	《环境空气和废气　酰胺类化合物的测定　液相色谱法》（HJ 801—2016）
DA004	干法生产 2 线	排气筒	非甲烷总烃	100	3.6	手工监测	季度	《固定污染源废气　总烃、甲烷和非甲烷总烃的测定　气相色谱法》（HJ 38—2017）
			二甲基甲酰胺	30	—	手工监测	季度	《环境空气和废气　酰胺类化合物的测定　液相色谱法》（HJ 801—2016）
DA005	干法生产 3 线	排气筒	非甲烷总烃	100	3.6	手工监测	季度	《固定污染源废气　总烃、甲烷和非甲烷总烃的测定　气相色谱法》（HJ 38—2017）
			二甲基甲酰胺	30	—	手工监测	季度	《环境空气和废气　酰胺类化合物的测定　液相色谱法》（HJ 801—2016）

污染源信息		监测点位	监测指标	排放浓度限值/（mg/m³）	排放速率限值/（kg/h）	技术手段	监测频次	分析方法
排放口	排放源							
DA006	湿法生产1线	排气筒	二甲基甲酰胺	30	—	手工监测	季度	《环境空气和废气　酰胺类化合物的测定　液相色谱法》（HJ 801—2016）
DA007	湿法生产2线	排气筒	二甲基甲酰胺	30	—	手工监测	季度	《环境空气和废气　酰胺类化合物的测定　液相色谱法》（HJ 801—2016）
DA008	湿法生产3线	排气筒	二甲基甲酰胺	30	—	手工监测	季度	《环境空气和废气　酰胺类化合物的测定　液相色谱法》（HJ 801—2016）
DA009	后处理生产线	排气筒	非甲烷总烃	100	3.6	手工监测	季度	《固定污染源废气　总烃、甲烷和非甲烷总烃的测定　气相色谱法》（HJ 38—2017）
DA010	精馏回收塔	排气筒	臭气浓度	—	4 000（无量纲）	手工监测	季度	《环境空气和废气　臭气的测定　三点比较式臭袋法》（HJ 1262—2022）
			二甲基甲酰胺	30	—	手工监测	季度	《环境空气和废气　酰胺类化合物的测定　液相色谱法》（HJ 801—2016）

注：《工业企业挥发性有机物排放控制标准》（DB 35/1782—2018）中以“非甲烷总烃”表征挥发性有机物。

根据企业实际情况，在厂界设置无组织排放监测点位，具体见表4-30。

表4-30　无组织废气排放监测方案

监测点位	监测指标	排放限值	技术手段	监测频次	分析方法
厂界	二甲基甲酰胺	0.4 mg/m³	手工监测	半年	《环境空气和废气　酰胺类化合物的测定　液相色谱法》（HJ 801—2016）
	臭气浓度	20（无量纲）	手工监测	半年	《环境空气和废气　臭气的测定　三点比较式臭袋法》（HJ 1262—2022）
	挥发性有机物	2.0 mg/m³	手工监测	半年	《固定污染源废气　总烃、甲烷和非甲烷总烃的测定　直接进样-气相色谱法》（HJ 604—2017）

3）厂界环境噪声

对厂界环境噪声开展监测，监测方案见表 4-31。

表 4-31　厂界环境噪声监测

监测点位	监测指标	排放限值/dB（A）	监测方式	监测频次	监测方法
东侧厂界（Z1）	等效连续 A 声级	上限：65（昼）；55（夜）	手工监测	季度	《工业企业厂界环境噪声排放标准》（GB 12348—2008）
南侧厂界（Z2）		上限：65（昼）；55（夜）			
西侧厂界（Z3）		上限：65（昼）；55（夜）			
北侧厂界（Z4）		上限：65（昼）；55（夜）			

4）周边环境质量影响

工厂尚未开展周边环境质量影响监测。

根据《橡胶和塑料制品指南》的规定，工厂可根据实际情况对周边地表水、海水、地下水和土壤开展监测，监测指标及最低监测频次可参考《橡胶和塑料制品指南》中表 7。

4.7.4　示例 4：某塑料包装制品生产企业（间接排放）

（1）企业基本情况

某中型塑料包装制品生产企业，专业生产用于食品包装的中、高档 PS、PP、PET 塑料杯、盖及片材，可广泛用于酸奶、快餐、冰激凌、饮料、调味及其他食品的储存。工厂位于工业园区，排污许可简化管理。生产工艺流程和产排污节点如图 4-1 所示。

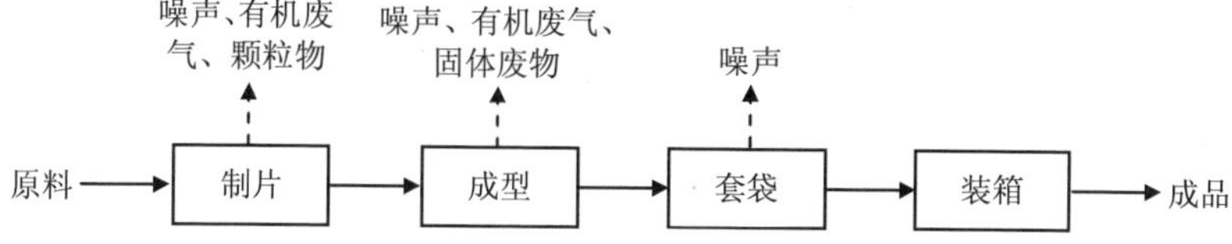

图 4-1　生产工艺流程和产排污节点

工厂在制片和成型工序产生有机废气。无生产废水，仅产生生活污水，生活污水通过化粪池处理后，通过市政管网排入园区污水处理厂处理。无在线监测设施。

（2）自行监测方案

1）废水

企业设有废水排放口（DW001）和雨水排放口（DW002）。企业无生产废水，仅产生生活污水，生活污水通过化粪池处理后，通过市政管网排入园区污水处理厂处理。依据《排污许可证申请与核发技术规范　橡胶和塑料制品工业》（HJ 1122—2020），单独排入城镇污水集中处理设施的生活污水仅说明排放去向，无须开展自行监测，因此，企业未制定废水排放口的自行监测方案，也未制定雨水排放口的自行监测方案。符合《橡胶和塑料制品指南》的要求。

2）废气

企业共有 2 个废气排放口：DA001 和 DA002，均为生产废气排放口。有组织废气排放监测方案见表 4-32，无组织废气排放监测方案见表 4-33。

表 4-32　有组织废气排放监测方案

污染源信息		监测点位	监测指标	排放浓度限值/（mg/m^3）	排放速率限值/（kg/h）	技术手段	监测频次	分析方法
排放口	排放源类型							
DA001	生产车间	排气筒	颗粒物	10	0.78	手工监测	年	《固定污染源废气　低浓度颗粒物测定　重量法》（HJ 836—2017）
			非甲烷总烃	50	3.6	手工监测	半年	《固定污染源废气　总烃、甲烷和非甲烷总烃的测定　气相色谱法》（HJ 38—2017）
			苯乙烯	20	0.036	手工监测	年	《固定污染源废气　挥发性有机物的测定　固相吸附-热脱附/气相色谱-质谱法》（HJ 734—2014）
			臭气浓度	—	2 000（无量纲）	手工监测	年	《环境空气和废气　臭气的测定　三点比较式臭袋法》（HJ 1262—2022）

污染源信息		监测点位	监测指标	排放浓度限值/（mg/m^3）	排放速率限值/（kg/h）	技术手段	监测频次	分析方法
排放口	排放源类型							
DA002	生产车间	排气筒	颗粒物	10	0.78	手工监测	年	《固定污染源废气 低浓度颗粒物测定 重量法》（HJ 836—2017）
		排气筒	非甲烷总烃	50	3.6	手工监测	半年	《固定污染源废气 总烃、甲烷和非甲烷总烃的测定 气相色谱法》（HJ 38—2017）
		排气筒	苯乙烯	20	0.036	手工监测	年	《固定污染源废气 挥发性有机物的测定 固相吸附-热脱附/气相色谱-质谱法》（HJ 734—2014）
		排气筒	臭气浓度	—	2 000（无量纲）	手工监测	年	《环境空气和废气 臭气的测定 三点比较式臭袋法》（HJ 1262—2022）

表 4-33 无组织废气排放监测方案

监测点位	监测指标	排放浓度限值	技术手段	监测频次	分析方法
厂界	非甲烷总烃	1.0 mg/m^3（标态）	手工监测	年	《环境空气 总烃、甲烷和非甲烷总烃的测定 直接进样-气相色谱法》（HJ 604—2017）
	颗粒物	0.3 mg/m^3（标态）	手工监测	年	《环境空气 总悬浮颗粒物的测定 重量法》（GB/T 15432—1995）
	臭气浓度	20	手工监测	年	《环境空气和废气 臭气的测定 三点比较式臭袋法》（HJ 1262—2022）

3）厂界环境噪声

厂界环境噪声监测方案见表 4-34。

表 4-34 厂界环境噪声监测方案

监测点位	监测指标	排放限值/dB（A）	监测方式	监测频次	监测方法
东侧厂界	等效连续 A 声级	上限：65（昼）；55（夜）	手工监测	季度	《工业企业厂界环境噪声排放标准》（GB 12348—2008）
南侧厂界		上限：65（昼）；55（夜）			
西侧厂界		上限：65（昼）；55（夜）			
北侧厂界		上限：65（昼）；55（夜）			

4）周边环境质量影响

工厂尚未开展周边环境质量影响监测。

根据《橡胶和塑料制品指南》的规定，工厂可根据实际情况对周边地表水、海水、地下水和土壤开展监测，监测指标及最低监测频次可参考《橡胶和塑料制品指南》中表 7。

第5章　监测设施设置与维护要求

监测设施是监测活动开展的重要基础，监测设施的规范性直接影响监测数据质量。我国涉及的监测设施设置与维护要求的标准规范有很多，但相对零散，且存在一定衔接不够紧密的地方。本章立足现有的标准规范，结合污染源监测实际开展情况，对监测设施的设置与维护要求进行全面梳理和总结，供开展污染源监测的相关人员参考。

5.1　基本原则和依据

5.1.1　基本原则

排污单位应当依据国家污染源监测相关标准规范、污染物排放标准、自行监测相关技术指南和其他相关规定等进行监测点位的确定和排污口规范化设置。地方颁布执行的污染源监测标准规范、污染物排放标准等对监测点位的确定和排污口规范化设置有要求时，可按照地方规范、标准从严执行。

5.1.2　相关依据

排污单位的排污口主要包括废水排放口和废气排放口。

目前，国家有关废水监测点位确定及排污口规范化设置的标准规范主要包括《污水监测技术规范》（HJ 91.1—2002）、《水污染物排放总量监测技术规范》（HJ/T 92—2002）、《固定污染源监测质量保证与质量控制技术规范》（HJ/T 373—2007）、《水污染源在线监测系统（COD_{Cr}、NH_3-N 等）安装技术规范》（HJ 353—2019）等。

废气监测点位确定及规范化设置的标准规范主要包括《固定污染源排气中颗粒物测定与气态污染物采样方法》（GB/T 16157—1996）、《固定源废气监测技术规范》（HJ/T 397—2007）、《固定污染源监测质量保证与质量控制技术规范》（HJ/T 373—2007）、《固定污染源烟气（SO_2、NO_x、颗粒物）排放连续监测技术规范》（HJ 75—2017）、《固定污染源烟气（SO_2、NO_x、颗粒物）排放连续监测系统技术要求及检测方法》（HJ 76—2017）等。

对于各类污染物排放口监测点位标志牌的规范化设置，主要依据原国家环境保护总局发布的《排放口标志牌技术规格》（环办〔2003〕95 号），以及《环境保护图形标志——排放口（源）》（GB 15562.1—1995）等执行。

此外，原国家环境保护局发布的《排污口规范化整治技术要求（试行）》（环监〔1996〕470 号）对排污口规范化整治技术提出了总体要求，部分省、自治区、直辖市、地级市也对其辖区排污口的规范化管理发布了技术规定、标准，各行业污染物排放标准以及各重点行业的排污单位自行监测的相关技术指南则对废水、废气排放口监测点位进行了进一步明确。

5.2 废水监测点位的确定及排污口规范化设置

5.2.1 废水排放口的类型及监测点位确定

排污单位的废水排放口一般包括排污单位废水总排口、车间废水排放口、雨水排放口、生活污水排放口等。

废水总排放口排放的废水一般应包括排污单位的生产废水、生活污水、初期雨水、事故废水等，开展自行监测的排污单位均须在废水总排放口设置监测点位。

对于排放一类污染物的排污单位，即排放环境中难以降解或能在动植物体内蓄积，对人体健康和生态环境产生长远不良影响，具有致癌、致畸、致突变污染物的排污单位，必须在车间废水排放口设置监测点位，对一类污染物进行监测。

考虑到排污单位生产过程中，可能会有部分污染物通过雨水排放系统排入外环境，因此排污单位还应在雨水排放口设置监测点位，并在雨水排放口有雨水排放时开展监测。

部分排污单位的生产废水和生活污水分别设置排放口，对于此类排污单位，除在生产废水排放口设置监测点位外，还应在生活污水排放口设置监测点位。

此外，排污单位还应根据各行业自行监测技术指南的相关要求设置监测点位。

5.2.2　废水排放口的规范化设置

废水排放口的设置，应满足以下要求：

①排放口应按照 GB 15562.1 的要求设置明显标志，废水排放口可以是矩形、圆形或梯形，一般使用混凝土、钢板或钢管等原料。

②排放口应满足现场采样和流量测定要求，用暗管或暗渠排污的，应设置一段能满足采样条件和流量测量的明渠。测流段水流应平直、稳定、集中，无下游水流顶托影响，上游顺直长度应大于 5 倍测流段最大水面宽度，同时测流段水深应大于 0.1 m 且不超过 1 m。

③废水排放口应能够方便安装三角堰、矩形堰、测流槽等测流装置或其他计量装置。有废水自动监测设施的排放口，还应能够满足安装污水水量自动计量装置（如超声波明渠流量计、管道式电磁流量计等）、采样取水系统、水质自动采样器等设备、设施的要求。

④排污单位应单独设置各类废水排放口，避免多家不同排污单位共用一个废水排放口。

5.2.3 采样点及监测平台的规范化设置

各类废水排放口的实际采样位置即采样点，一般应设在厂界内或厂界外不超过 10 m 范围内。压力管道式排放口应安装取样阀门；废水直接从暗渠排入市政管道的，应在企业界内或排入市政管道前设置取样口。有条件的排污单位应尽量设置一段能满足采样条件的明渠，以方便采样。

污水面在地面以下超过 1 m 的排放口，应配建取样台阶或梯架。监测平台面积应不小于 1 m^2，平台应设置不低于 1.2 m 的防护栏、高度不低于 10 cm 的脚部挡板。监测平台、梯架通道及防护栏的相关设计载荷及制造安装应符合《固定式钢梯及平台安全要求　第 3 部分：工业防护栏杆及钢平台》（GB 4053.3—2009）的要求。

应保证污水监测点位场所通风、照明正常，还应在有毒有害气体的监测场所设置强制通风系统，并安装相应的气体浓度报警装置。

5.2.4 废水自动监测设施的规范化设置

5.2.4.1 监测站房

废水自动监测站房的设置，应满足如下要求：

①应建有专用监测站房，新建监测站房面积应满足不同监测站房的功能需要，并保证水污染源在线监测系统的摆放、运转和维护，使用面积应不小于 15 m^2，站房高度应不低于 2.8 m。

②监测站房应尽量靠近采样点，与采样点的距离应小于 50 m。

③监测站房应安装空调和冬季采暖设备，空调具有来电自启动功能，具备温湿度计，保证室内清洁，环境温度、相对湿度和大气压等应符合《工业过程测量和控制装置　工作条件　第 1 部分：气候条件》（GB/T 17214.1—1998）的要求。

④监测站房内应配置安全合格的配电设备，能提供足够的电力负荷，功率≥5 kW，

站房内应配置稳压电源。

⑤监测站房内应有合格的给排水设施，使用符合实验要求的用水清洗仪器及有关装置。

⑥监测站房应有完善规范的接地装置和避雷措施、防盗和防止人为破坏的设施，接地装置安装工程的施工应满足《电气装置安装工程　接地装置施工及验收规范》（GB 50169—2016）的相关要求，建筑物防雷设计应满足《建筑物防雷设计规范》（GB 50057—2016）的相关要求。

⑦监测站房内应配备灭火器箱、手提式二氧化碳灭火器、干粉灭火器或沙桶等，并按消防相关要求布置。

⑧监测站房不应位于通信盲区，应能够实现数据传输。

⑨监测站房的设置应避免对企业安全生产和环境造成影响。

⑩监测站房内、采样口等区域应安装视频监控设施。

5.2.4.2　水质自动采样单元的设置

废水自动监测设备的水质自动采样单元设置，应满足如下要求：

①水质自动采样单元具有采集瞬时水样及混合水样，混匀及暂存水样、自动润洗及排空混匀桶，以及留样功能。

②pH 水质自动分析仪和温湿度计应原位测量或测量瞬时水样。

③COD_{Cr}、TOC、NH_3-N、TP、TN 水质自动分析仪应测量混合水样。

④水质自动采样单元的构造应保证将水样不变质地输送到各水质分析仪，应有必要的防冻和防腐设施。

⑤水质自动采样单元应设置混合水样的人工比对采样口。

⑥水质自动采样单元的管路宜设置为明管，并标注水流方向。

⑦水质自动采样单元的管材应采用优质的聚氯乙烯（PVC）、三丙聚丙烯（PPR）等不影响分析结果的硬管。

⑧采用明渠流量计测量流量时，水质自动采样单元的采水口应设置在堰槽前

方，合流后充分混合的场所，并尽量设在流量监测单元标准化计量堰（槽）取水口头部的流路中央，采水口朝向与水流的方向一致，减少采水部前端的堵塞。采水装置宜设置成可随水面的涨落而上下移动的形式。

⑨采样泵应根据采样流量、水质自动采样单元的水头损失及水位差合理选择。应使用寿命长、易维护，并且对水质参数没有影响的采样泵，安装位置应便于采样泵的维护。

5.2.4.3 水污染源在线监测仪器安装要求

水污染源在线监测仪器的安装，应达到如下要求：

①水污染源在线监测仪器的各种电缆和管路应加保护管，保护管应在地下铺设或空中架设，空中架设的电缆应附着在牢固的桥架上，并在电缆、管路以及电缆和管路的两端设立明显标志。电缆线路的施工应满足《电气装置安装工程 电缆线路施工及验收标准》（GB 50168—2018）的相关要求。

②各仪器应落地或壁挂式安装，有必要的防震措施，保证设备安装牢固稳定。在仪器周围应留有足够空间，方便仪器维护。其他要求参照仪器相应说明书相关内容，应满足《自动化仪表工程施工及质量验收规范》（GB 50093—2013）的相关要求。

③必要时（如南方的雷电多发区），仪器和电源也应设置防雷设施。

5.2.4.4 流量计的安装要求

流量计的安装，应满足如下要求：

①采用明渠流量计测定流量，应按照《明渠堰槽流量计（试行）》（JJG 711—1990）、《城市排水流量堰槽测量标准 三角形薄壁堰》（CJ/T 3008.1—1993）、《城市排水流量堰槽测量标准 矩形薄壁堰》（CJ/T 3008.2—1993）、《城市排水流量堰槽测量标准 巴歇尔量水槽》（CJ/T 3008.3—1993）等技术要求修建或安装标准化计量堰（槽），并通过计量部门检定。主要流量堰（槽）的安装规范见 HJ 353—2019 附录 D。

②应根据测量流量范围选择合适的标准化计量堰（槽），根据计量堰（槽）的类型确定明渠流量计的安装点位，具体要求见表 5-1。

表 5-1　明渠流量计的安装点位

序号	堰（槽）类型	测量流量范围/（m^3/s）	流量计安装位置
1	巴歇尔槽	0.1×10^{-3}～93	应位于堰（槽）入口段（收缩段）1/3 处
2	三角形薄壁堰	0.2×10^{-3}～1.8	应位于堰板上游 3～4 倍最大液位处
3	矩形薄壁堰	1.4×10^{-3}～49	应位于堰板上游 3～4 倍最大液位处

③采用管道电磁流量计测定流量，应按照《环境保护产品技术要求　电磁管道流量计》（HJ/T 367—2007）等进行选型、设计和安装，并通过计量部门检定。

④电磁流量计在垂直管道上安装时，被测流体的流向应自下而上，在水平管道上安装时，两个测量电极不应在管道的正上方和正下方位置。流量计上游直管段长度和安装支撑方式应符合设计文件要求。管道设计应保证流量计测量部分管道水流时刻满管。

⑤流量计应安装牢固稳定，有必要的防震措施。仪器周围应留有足够空间，方便仪器维护与比对。

5.3　废气监测点位的确定及规范化设置

5.3.1　废气排放口类型及监测点位的确定

排污单位的废气排放口一般包括生产设施工艺废气排放口、自备火力发电机组（厂）或配套动力锅炉废气排放口、污染处理设施排放口（如自备危险废物焚烧炉废气排放口、污水处理设施废气排放口）等。

排气筒（烟道）是目前排污单位废气有组织排放的主要排放口，因此，有组织废气的监测点位通常设置在排气筒（烟道）的横截面（监测断面）上，并通过监测断面上的监测孔完成废气污染物的采样监测及流速、流量等废气参数的测量。

废气排放口监测点位的确定包括监测断面的设置及监测孔的设置两部分。排污单位应按照相关技术规范、标准的规定，根据监测的污染物类别、监测技术手段的不同要求，先确定具体的废气排放口监测断面位置，再确定监测断面上监测孔的位置、数量。

5.3.2 监测断面规范化设置

5.3.2.1 基本要求

废气排放口监测断面包括手工监测断面和自动监测断面，监测断面设置应满足以下基本要求：

①监测断面应避开对测试人员操作有危险的场所，并在满足相关监测技术规范、标准规定的前提下，尽量选择方便监测人员操作、设备运输、安装的位置进行设置。

②若一个固定污染源排放的废气先通过多个烟道或管道后进入该固定污染源的总排气管，应尽可能将废气监测断面设置在总排气管上，不得只在其中的一个烟道或管道上设置监测断面开展监测并将测定值作为该源的排放结果，但允许在每个烟道或管道上均设置监测断面并同步开展废气污染物排放监测。

③监测断面一般优先选择设置在烟道垂直管段和负压区域，应避开烟道弯头和断面急剧变化的部位，确保所采集样品的代表性。

5.3.2.2 手工监测断面设置的具体要求

对于废气手工监测断面，在满足 5.3.2.1 中基本要求的同时，还应按照以下具体规定进行设置：

（1）颗粒态污染物及流速、流量监测断面

①监测断面的流速应不小于 5 m/s；

②监测断面位置应位于在距弯头、阀门、变径管下游方向不小于 6 倍直径（当量直径）和距上述部件上游方向不小于 3 倍直径（当量直径）处；

对矩形烟道，其当量直径按式（5-1）计算：

$$D=\frac{2AB}{A+B} \tag{5-1}$$

式中，A、B——边长。

③现场空间位置有限，很难满足②中要求时，可选择比较适宜的管段采样。手工监测位置与弯头、阀门、变径管等的距离至少是烟道直径的 1.5 倍，并应适当增加测点的数量和采样频次。

（2）气态污染物监测断面

手工监测时若需要同步监测颗粒态污染物及流速、流量，则监测断面应按照 5.3.2.2（1）中相关要求设置；否则，可不按上述要求设置，但要避开涡流区。

5.3.2.3　自动监测断面设置的具体要求

对于废气自动监测断面，在满足 5.3.2.1 中基本要求的同时，还应按照以下具体规定进行设置：

（1）一般要求

①位于固定污染源排放控制设备的下游和比对监测断面、比对采样监测孔的上游，且便于用参比方法进行校验；

②不受环境光线和电磁辐射的影响；

③烟道振动幅度尽可能小；

④安装位置应尽量避开烟气中水滴和水雾的干扰，如不能避开，应选用能够适用的检测探头及仪器；

⑤安装位置不漏风；

⑥固定污染源烟气净化设备设置有旁路烟道时，应在旁路烟道内安装自动监测设备采样和分析探头。

（2）颗粒态污染物及流速、流量监测断面

①监测断面的流速应不小于 5 m/s。

②用于颗粒物及流速自动监测设备采样和分析探头安装的监测断面位置，应设置在距弯头、阀门、变径管下游方向不小于 4 倍烟道直径，以及距上述部件上游方向不小于 2 倍烟道直径处。矩形烟道当量直径可按照式（5-1）计算。

③无法满足②中要求时，颗粒物及流速自动监测设备采样和分析探头的安装位置尽可能选择在气流稳定的断面，并采取相应措施保证监测断面烟气分布相对均匀，断面无紊流。对烟气分布均匀程度的判定采用相对均方根 σ_r 法，当 $\sigma_r \leqslant 0.15$ 时视为烟气分布均匀，σ_r 按式（5-2）计算：

$$\sigma_r = \sqrt{\frac{\sum_{i=1}^{n}(v_i - \bar{v})^2}{(n-1) \times \bar{v}^2}} \tag{5-2}$$

式中，v_i——测点烟气流速，m/s；

$\bar{v}$——截面烟气平均流速，m/s；

n——截面上的速度测点数目，测点的选择按照《固定污染源排气中颗粒物测定与气态污染物采样方法》（GB/T 16157—1996）执行。

（3）气态污染物监测断面

①气态污染物自动监测设备采样和分析探头的安装位置，应设置在距弯头、阀门、变径管下游方向不小于 2 倍烟道直径，以及距上述部件上游方向不小于 0.5 倍烟道直径处。矩形烟道当量直径可按照式（5-1）计算。

②无法满足①中要求时，应按照 5.3.2.3（2）③中的相关要求及公式计算，设置监测断面。

③同步进行颗粒态污染物及流速、流量监测的，应优先满足颗粒态污染物及流速、流量监测断面的设置条件，监测断面的流速应不小于 5 m/s。

5.3.3　监测孔的规范化设置

5.3.3.1　监测孔规范化设置的基本要求

监测孔一般包括用于废气污染物排放监测的手工监测孔、用于废气自动监测设备校验的参比方法采样监测孔。

监测孔的设置应满足以下基本要求：

①监测孔位置应便于人员开展监测工作，应设置在规则的圆形或矩形烟道上，不宜设置在烟道的顶层。

②对于输送高温或有毒有害气体的烟道，监测孔应开在烟道的负压段；若负压段满足不了开孔需求，对正压下输送高温和有毒气体的烟道应安装带有闸板阀的密封监测孔。

③监测孔的内径一般不小于 80 mm，新建或改建污染源废气排放口监测孔的内径应不小于 90 mm；监测孔管长不大于 50 mm（安装闸板阀的监测孔管除外）。监测孔在不使用时用盖板或管帽封闭，在监测使用时应易开合（图 5-1）。

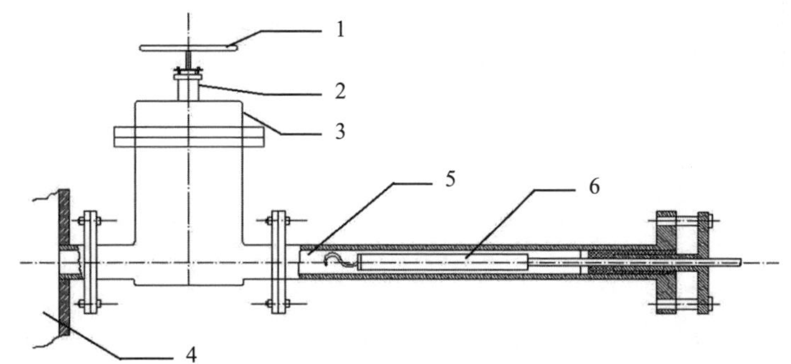

1—闸板阀手轮；2—闸板阀阀杆；3—闸板阀阀体；4—烟道；5—监测孔管；6—采样枪。

图 5-1　带有闸板阀的密封监测孔

5.3.3.2 手工监测开孔的具体要求

在确定的监测断面上设置手工监测的监测孔时，应在满足 5.3.3.1 中基本要求的同时，按照以下具体规定设置：

①若监测断面为圆形的烟道，监测孔应设在包括各测点在内的互相垂直的直径线上，其中，断面直径小于 3 m 时，应设置相互垂直的 2 个监测孔；断面直径大于 3 m时，应尽量设置相互垂直的 4 个监测孔，见图 5-2。

②若监测断面为矩形的烟道，监测孔应设在包括各测点在内的延长线上，其中，监测断面宽度大于 3 m 时，应尽量在烟道两侧对开监测孔，具体监测孔数量按照《固定污染源排气中颗粒物测定与气态污染物采样方法》（GB/T 16157—1996）的要求确定，见图 5-3。

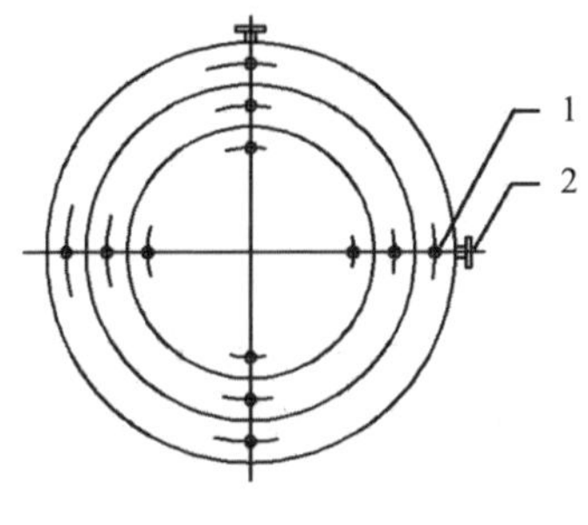

1—测点；2—监测孔。

图 5-2 圆形断面测点与监测孔

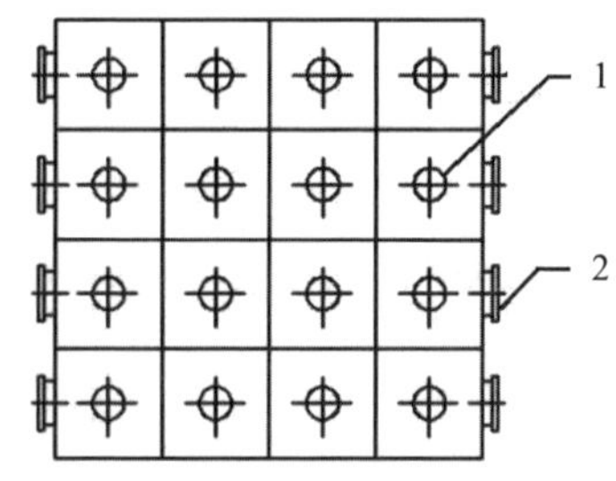

1—测点；2—监测孔。

图 5-3 矩形断面测点与监测孔

5.3.3.3 自动监测设备参比方法采样监测开孔的具体要求

废气自动监测设备参比方法采样监测孔的设置，在满足 5.3.3.1 中基本要求的同时，还应按照以下具体规定设置：

①应在自动监测断面下游预留参比方法采样监测孔，在互不影响测量的前提下，参比方法采样监测孔应尽可能靠近废气自动监测断面，距离约 0.5 m 为宜。

②若监测断面为圆形的烟道，参比方法采样监测孔应设在包括各测点在内的互相垂直的直径线上，其中，断面直径小于 4 m 时，应设置相互垂直的 2 个监测孔；断面直径大于 4 m 时，应尽量设置相互垂直的 4 个监测孔。

③若监测断面为矩形的烟道，参比方法采样监测孔应设在包括各测点在内的延长线上，监测断面宽度大于 4 m 时，应尽量在烟道两侧对开监测孔，具体监测孔数量按照《固定污染源排气中颗粒物测定与气态污染物采样方法》（GB/T 16157—1996）的要求确定。

5.3.4　监测平台的规范化设置

监测平台应设置在监测孔的正下方 1.2～1.3 m 处，应安全、便于开展监测活动，必要时应设置多层平台以满足与监测孔距离的要求。

仅用于手工监测的平台可操作面积至少应大于 1.5 m^2（长度、宽度均不小于 1.2 m），最好应在 2 m^2 以上。用于安装废气自动监测设备和进行参比方法采样监测的平台面积至少在 4 m^2 以上（长度、宽度均不小于 2 m），或不小于采样枪长度外延 1 m。

监测平台应易于人员和监测仪器到达。应根据平台高度，按照《固定式钢梯及平台安全要求　第 1 部分：钢直梯》（GB 4053.1—2009）、《固定式钢梯及平台安全要求　第 2 部分：钢斜梯》（GB 4053.2—2009）的要求，设置直梯或斜梯。当监测平台距离地面或其他坠落面距离超过 2 m 时，不应设置直梯，应有通往平台的斜梯、旋梯或通过升降梯、电梯到达，斜梯、旋梯宽度应不小于 0.9 m，梯子倾角不超过 45°，其他具体指标详见 GB 4053.1—2009 和 GB 4053.2—2009。监测平台距离地面或其他坠落面距离超过 20 m 时，应有通往平台的升降梯（图 5-4）。

监测平台、通道的防护栏杆的高度应不低于 1.2 m，踢脚板不低于 10 cm。监测平台、通道、防护栏的设计载荷、制造安装、材料、结构及防护要求应符合《固定式钢梯及平台安全要求　第 3 部分：工业防护栏杆及钢平台》（GB 4053.3—2009）的要求（图 5-5）。

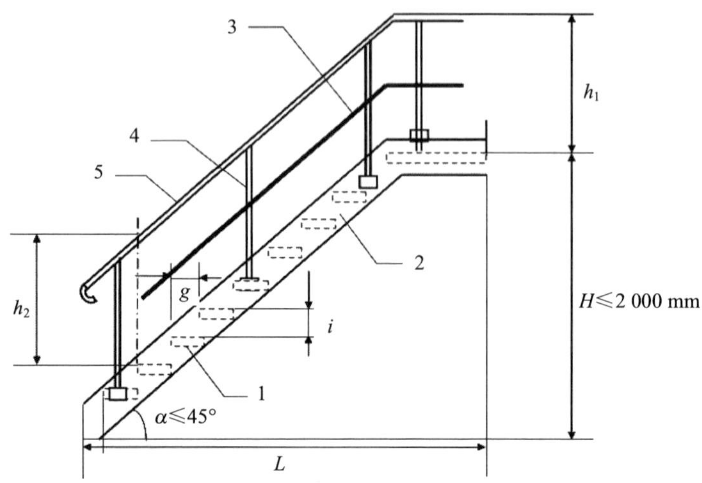

1—踏板；2—梯梁；3—中间栏杆；4—立柱；5—扶手；H—梯高；L—梯跨；

h_1—栏杆高；h_2—扶手高；α—梯子倾角；i—踏步高；g—踏步宽。

图 5-4　固定式钢斜梯

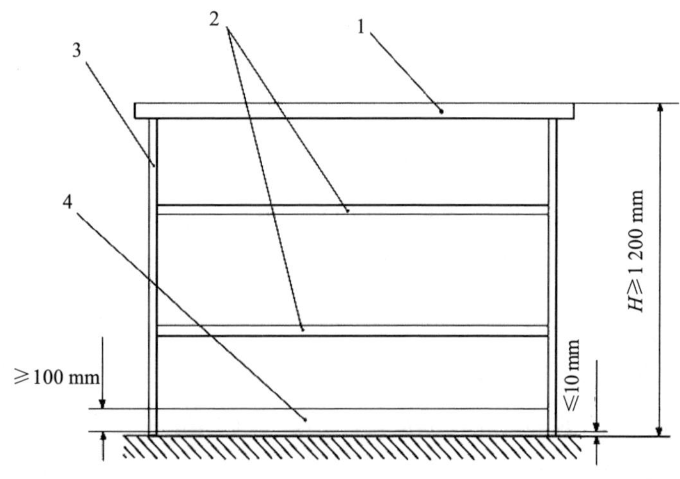

1—扶手（顶部栏杆）；2—中间栏杆；3—立柱；4—踢脚板；H—栏杆高度。

图 5-5　防护栏杆

监测平台应设置一个防水低压配电箱，内设漏电保护器、不少于 2 个 16 A 插座及 2 个 10 A 插座，保证监测设备所需电力。

监测平台附近有造成人体机械伤害、灼烫、腐蚀、触电等危险源的，应在平台相应位置设置防护装置。监测平台上方有坠落物体隐患时，应在监测平台上方高处设置防护装置。防护装置的设计与制造应符合《机械安全　防护装置　固定式和活动式防护装置的设计与制造一般要求》（GB/T 8196—2018）的要求。

排放剧毒、致癌物及对人体有严重危害物质的监测点位应储备相应安全防护装备。

5.3.5　废气自动监测设施的规范化设置

5.3.5.1　监测站房的设置

废气自动监测站房的设置，应满足如下要求：

①应为室外的 CEMS 提供独立站房，监测站房与采样点之间的距离应尽可能近，原则上不超过 70 m。

②监测站房的地面使用荷载≥20 kN/m^2。若站房内仅放置单台机柜，面积应≥2.5 m×2.5 m。若同一站房放置多套分析仪表的，每增加 1 台机柜，站房面积应至少增加 3 m^2，以便开展运维操作。站房空间高度应≥2.8 m，站房建在标高≥0 m 处。

③监测站房内应安装空调和采暖设备，室内温度应保持在 15～30℃，相对湿度应≤60%，空调应具有来电自动重启功能，站房内应安装排风扇或其他通风设施。

④监测站房内配电功率能够满足仪表实际要求，功率不少于 8 kW，至少预留三孔插座 5 个、稳压电源 1 个、UPS 电源 1 个。

⑤监测站房内应配备不同浓度的有证标准气体，且在有效期内。标准气体应当包含零气（含二氧化硫、氮氧化物浓度均≤0.1 μmol/mol 的标准气体，一般为高纯氮气，纯度≥99.999%；当测量烟气中二氧化碳时，零气中二氧化碳≤400 μmol/mol，含有其他气体的浓度不得干扰仪器的读数）和 CEMS 测量的各种气体（SO_2、NO_x、

O_2）的量程标气，以满足日常零点、量程校准、校验的需要。低浓度标准气体可由高浓度标准气体通过经校准合格的等比例稀释设备获得（精密度≤1%），也可单独配备。

⑥监测站房应有必要的防水、防潮、隔热、保温措施，在特定场合还应具备防爆功能。

⑦监测站房应具有能够满足废气自动监测系统数据传输要求的通信条件。

5.3.5.2 自动监测设备的安装施工要求

（1）废气自动监测系统安装施工应符合《自动化仪表工程施工及质量验收规范》（GB 50093—2013）、《电气装置安装工程 电缆线路施工及验收标准》（GB 50168—2018）的规定。

（2）施工单位应熟悉废气自动监测系统的原理、结构、性能，应编制施工方案、施工技术流程图、设备技术文件、设计图样、监测设备及配件货物清单交接明细表、施工安全细则等有关文件。

（3）设备技术文件应包括资料清单、产品合格证、机械结构、电气、仪表安装的技术说明书、装箱清单、配套件、外购件检验合格证和使用说明书等。

（4）设计图样应符合技术制图、机械制图、电气制图、建筑结构制图等标准的规定。

（5）设备安装前的清理、检查及保养应符合以下要求：

①按交货清单和安装图样明细表清点检查设备及零部件，缺损件应及时处理，更换补齐；

②运转部件如取样泵、压缩机、监测仪器等，滑动部位均须清洗、注油润滑防护；

③因运输造成变形的仪器、设备的结构件应校正，并重新涂刷防锈漆及表面油漆，保养完毕后应恢复原标记。

（6）现场端连接材料（垫片、螺母、螺栓、短管、法兰等）为焊件组对成焊时，壁（板）的错边量应符合以下要求：

①管子或管件对口、内壁齐平，最大错边量≤1 mm；

②采样孔的法兰与连接法兰几何尺寸极限偏差不超过±5 mm，法兰端面的垂直度极限偏差≤0.2%；

③采用透射法原理颗粒物监测仪器发射单元和颗粒物监测仪反射单元，测量光束从发射孔的中心出射到对面中心线相叠合的极限偏差≤0.2%。

（7）从探头到分析仪的整条采样管线的铺设应采用桥架或穿管等方式，保证整条管线具有良好的支撑。管线倾斜度≥5º，防止管线内积水，在每隔 4～5 m 处装线卡箍。当使用伴热管线时应具备稳定、均匀加热和保温的功能；其设置加热温度≥120℃，且应高于烟气露点温度 10℃以上，其实际温度值应能够在机柜或系统软件中显示查询。

（8）电缆桥架安装应满足最大直径电缆的最小弯曲半径要求。电缆桥架的连接应采用连接片。配电套管应采用钢管和 PVC 管材质配线管，其弯曲半径应满足最小弯曲半径要求。

（9）应将动力与信号电缆分开敷设，保证电缆通路及电缆保护管的密封，自控电缆应符合输入和输出分开、数字信号和模拟信号分开配线和敷设的要求。

（10）安装精度和连接部件坐标尺寸应符合技术文件和图样规定。监测站房仪器应排列整齐，监测仪器顶平直度和平面度应不大于 5 mm，监测仪器牢固固定，可靠接地。二次接线正确、牢固可靠，配导线的端部应标明回路编号。配线工艺整齐，绑扎牢固，绝缘性好。

（11）各连接管路、法兰、阀门封口垫圈应牢固完整，均不得有漏气、漏水现象。保持所有管路畅通，保证气路阀门、排水系统安装后应畅通和启闭灵活。自动监测系统空载运行 24 h 后，管路不得出现脱落、渗漏、振动强烈的现象。

（12）反吹气应为干燥清洁气体，反吹系统应进行耐压强度试验，试验压力为常用工作压力的 1.5 倍。

（13）电气控制和电气负载设备的外壳防护应符合《外壳防护等级（IP 代码）》

（GB 4208—2017）的技术要求，户内达到防护等级 IP24 级，户外达到防护等级 IP54 级。

（14）防雷、绝缘要求：

①系统仪器设备的工作电源应有良好的接地措施，接地电缆应采用大于 4 mm^2 的独芯护套电缆，接地电阻小于 4 Ω，且不能和避雷接地线共用。

②平台、监测站房、交流电源设备、机柜、仪表和设备金属外壳、管缆屏蔽层和套管的防雷接地，可利用厂内区域保护接地网，采用多点接地方式。厂区内不能提供接地线或提供的接地线达不到要求的，应在子站附近重做接地装置。

③监测站房的防雷系统应符合《建筑物防雷设计规范》（GB 50057—2016）的规定，电源线和信号线设防雷装置。

④电源线、信号线与避雷线的平行净距离≥1 m，交叉净距离≥0.3 m（图 5-6）。

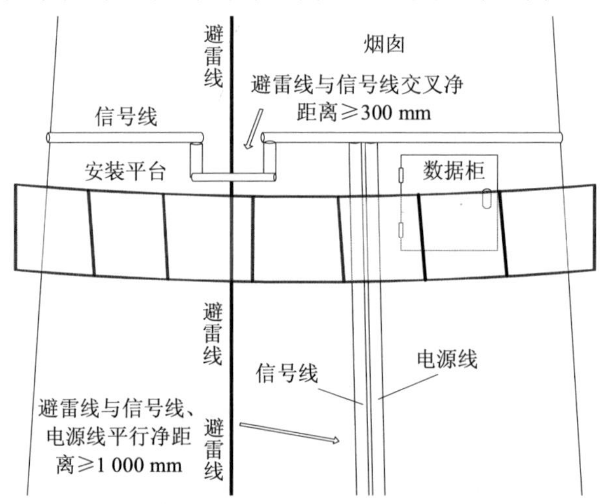

图 5-6 电源线、信号线与避雷线距离

⑤由烟囱或主烟道上数据柜引出的数据信号线要经过避雷器引入监测站房，应将避雷器接地端同站房保护地线可靠连接。

⑥信号线为屏蔽电缆线，屏蔽层应有良好绝缘，不可与机架、柜体发生摩擦、打火，屏蔽层两端及中间均须做接地连接（图 5-7）。

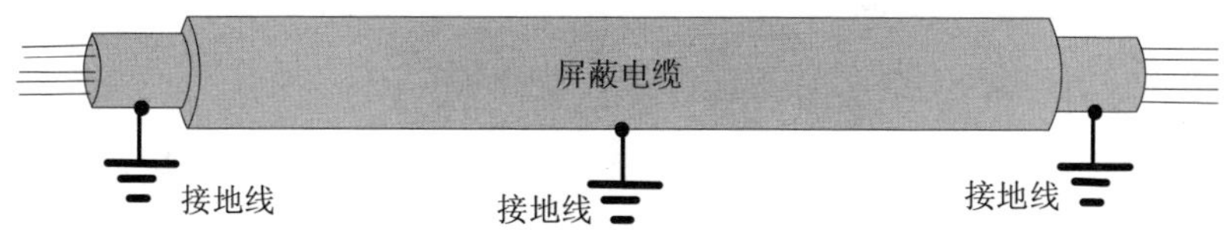

图 5-7　信号线接地示意图

5.4　排污口标志牌的规范化设置

5.4.1　标志牌设置的基本要求

排污单位应在排污口及监测点位设置标志牌，标志牌分为提示性标志牌和警告性标志牌两种。提示性标志牌用于向人们提供某种环境信息，警告性标志牌用于提醒人们注意污染物排放可能会造成危害。

一般性污染物排放口及监测点位应设置提示性标志牌。排放剧毒、致癌物及对人体有严重危害物质的排放口及监测点位应设置警告性标志牌，警告标志图案应设置于警告性标志牌的下方。标志牌应设置在距污染物排放口及监测点位较近且醒目处，并能长久保留。排污单位可根据监测点位情况，设置立式或平面固定式标志牌。

5.4.2　标志牌技术规格

5.4.2.1　环保图形标志

（1）环保图形标志必须符合原国家环境保护局和原国家技术监督局联合发布的《环境保护图形标志——排放口（源）》（GB 15562.1—1995）。

（2）图形颜色及装置颜色：

①提示标志：底和立柱为绿色，图案、边框、支架和文字为白色；

②警告标志：底和立柱为黄色，图案、边框、支架和文字为黑色。

（3）辅助标志内容。

①排放口标志名称；

②单位名称；

③排放口编号；

④污染物种类；

⑤××生态环境局监制；

⑥排放口经纬度坐标、排放去向、执行的污染物排放标准、标志牌设置依据的技术标准等。

（4）辅助标志字型为黑体字。

（5）标志牌尺寸。

①平面固定式标志牌外形尺寸：提示标志牌为 480 mm×300 mm；警告标志牌边长为 420 mm；

②立式固定式标志牌外形尺寸：提示标志牌为 420 mm×420 mm；警告标志牌边长为 560 mm；高度为标志牌最上端距地面 2 m。

5.4.2.2 其他要求

（1）标志牌材料

①标志牌采用 1.5～2 mm 冷轧钢板；

②立柱采用 38×4 无缝钢管；

③表面采用搪瓷或者反光贴膜。

（2）标志牌的表面处理

①搪瓷处理或贴膜处理；

②标志牌的端面及立柱要经过防腐处理。

（3）标志牌的外观质量要求

①标志牌、立柱无明显变形；

②标志牌表面无气泡，膜或搪瓷无脱落；

③图案清晰，色泽一致，不得有明显缺损；

④标志牌的表面不应有开裂、脱落及其他破损。

5.5　排污口规范化的日常管理与档案记录

排污单位应将排污口规范化建设纳入企业生产运行的管理体系中，制定相应的管理办法和规章制度，选派专职人员对排污口及监测点位进行日常管理和维护，并保存相关管理记录。

排污单位应建立排污口及监测点位档案。档案内容除包括排污口及监测点位的位置、编号、污染物种类、排放去向、排放规律、执行的排放标准等基本信息外，还应包括相关日常管理的记录，如标志牌的内容是否清晰完整，监测平台、各类梯架、监测孔、自动监测设施等是否能够正常使用，废水排放口是否损坏、排气筒有无漏风、破损现象等方面的检查记录，以及相应的维护、维修记录。

排污口及监测点位一经确认，排污单位不得随意变动。监测点位位置、排污口排放的污染物发生变化的，或排污口须拆除、增加、调整、改造或更新的，应按相关要求及时向生态环境主管部门报备，并及时设立新的标志牌或更换标志牌相应内容。

第 6 章　废水手工监测技术要点

废水手工监测是一个全面性、系统性的工作。为了规范手工监测活动的开展，我国发布了一系列监测技术规范和方法标准。总体来说，废水手工监测要按照相关的技术规范和方法标准开展。为了便于理解和应用，本章立足现有的技术规范和标准，结合日常工作经验，分别对流量监测、现场手工监测和实验室分析 3 个方面归纳总结了常见的方法和操作要求，以及方法使用过程中的重点注意事项。对于一些虽然适用，但不够便捷，目前实际应用很少的方法，本书中未进行列举，若排污单位根据实际情况，确实需要采用这类方法的，应严格按照方法的适用条件和要求开展相关监测活动。

6.1　流量

流量是排污单位排污总量核算的重要指标，在废水排放监测和管理中有着重要的地位。流量测量最初始于水文水利领域对天然河流、人工运河、引水渠道等的流量监测。对于工业废水的流量监测，目前常用的方法有自动测量和手工测量两种方式。

6.1.1　自动测量

自动测量是采用污水流量计测量渠道内和管道内废水（或污水）的体积流量，

通常包括明渠流量计和管道流量计。

（1）明渠流量计

利用明渠流量计进行自动测量时，采用超声波液位计和巴歇尔量水槽（以下简称巴氏槽）配合使用进行流量测定，并根据不同尺寸巴氏槽的经验公式计算出流量。需要注意的事项如下：

①巴氏槽安装前，应测算废水排放量并充分考虑污水处理设施的远期扩容，确保巴氏槽能满足最大流量下的测量。巴氏槽的材质要根据污水性质考虑防腐蚀。

②巴氏槽应安装于顺直平坦的渠道段，该段渠道长度不小于槽宽的 10 倍，下游渠道应无阻塞、不壅水，确保巴氏槽的水流处于自由出流状态。渠道应保持清洁，底部无障碍物，水槽应保持牢固可靠、不受损坏，凡有漏水部位应及时修补，每年应校验一次液位计的精度和水头零点。详细的安装和维护要求见《城市排水流量堰槽测量标准　巴歇尔量水槽》（CJ/T 3008.3—93）。

③与巴氏槽配合使用的超声波液位计应注意日常维护，确保稳定运行，出现故障应及时更换。

（2）管道流量计

利用管道流量计测量时，可选择电磁流量计或超声流量计，宜优先选择电磁流量计。需要注意的事项如下：

①电磁流量计的选型应充分考虑测量精度、污水性质、流量范围、排水规律等。流量计的口径通常与管道相同，也可以根据设计流量、流速范围来选择流量计和配套管道，管道中的流速通常以 2～4 m/s 为宜。

②电磁流量计选型时，应充分考虑废水的电导率、最大流量、常用流量、最小流量、工艺管径、管内温度、压力，以及是否有负压存在等信息。

③电磁流量计一定要安装在管路的最低点或者管路的垂直段且务必保证管内满流，若安装在垂直管线，要求水流自下而上，尽量不要自上而下，否则容易出现非满流，使读数波动变化较大。流量计前后应避免有阀门、弯头、三通等结构

存在，以防产生涡流或气泡，影响测流。

④电磁流量计安装的外部环境应避免安装在温度变化很大或受到设备高温辐射的场所，若必须安装时，须有隔热、通风的措施；电磁流量计最好安装在室内，若必须安装于室外，应避免雨水淋浇、积水受淹及太阳暴晒，须有防潮和防晒的措施；避免安装在含有腐蚀性气体的环境中，必须安装时，须有通风的措施；为了安装、维护、保养方便，在电磁流量计周围需有充裕的空间；避免有磁场及强振动源，如管道振动大，在电磁流量计两边应有固定管道的支座。

⑤应对电磁流量计进行周期性检查，定期扫除尘垢确保无沾污，检查接线是否良好。

6.1.2 手工测量

手工测量方法是相对于自动测量方法而言的，这种方法操作复杂、准确度较低，仅建议作为在不满足自动测量条件或自动测量设施损坏时的临时补救措施，不建议用作长期自行监测手段。常用的测量方法有明渠流速仪、便携式超声波管道测流仪和容积法。

（1）明渠流速仪

明渠流速仪（图 6-1）适用于明渠排水流量的测量，它是通过流速仪测量过水断面不同位置的流速，计算平均流速，再乘以断面面积即得测量时刻的瞬时流量。

用这种方法测量流量时，排污截面底部需硬质平滑，截面形状为规则的几何形，排污口处应有不小于 3 m 的平直过流水段，且水位高度不小于 0.1 m。在明渠流量计自动测量断电或损坏时，可用此法临时测量排水流量。

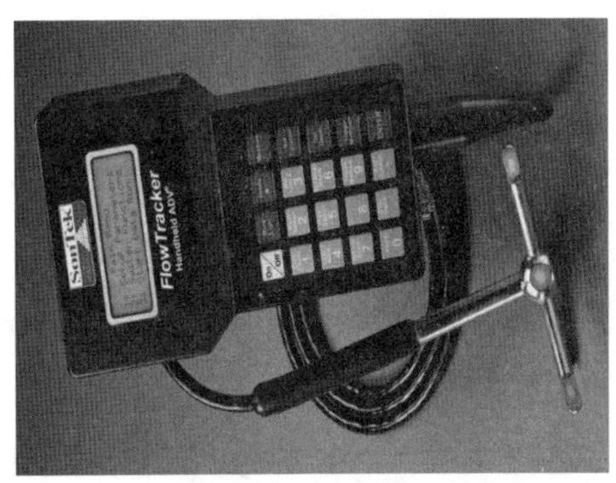

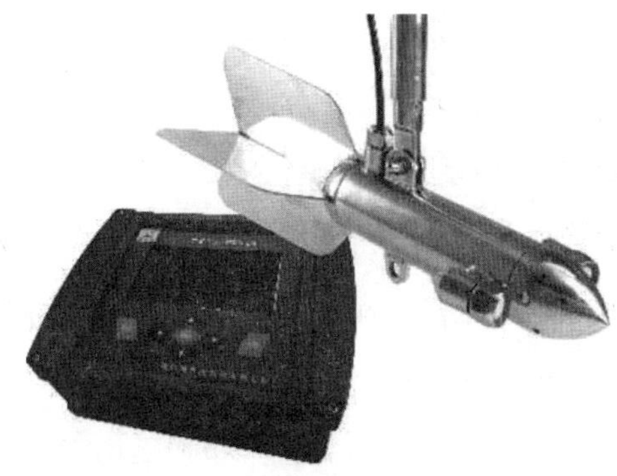

便携式超声波流速仪

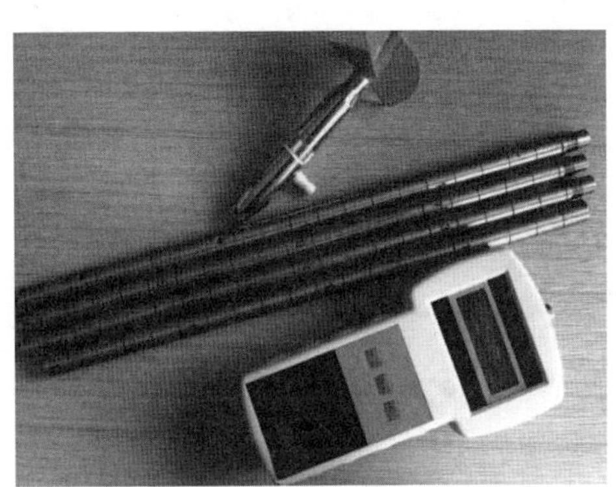

便携式旋桨流速仪

便携式旋杯流速仪

图 6-1　明渠流速仪

（2）便携式超声波管道测流仪

便携式超声波管道测流仪（图 6-2）的使用条件与电磁式自动测流仪一致，适用于顺直管道的满流测量。测量时，沿着管道的流向，将两个传感器分别贴合于管道，错开一定距离，通过两个传感器的时差测量流速，再乘以管道截面积，最终得出流量。测量的管壁应为能传导超声波的密实介质，如铸铁、碳钢、不锈钢、玻璃钢、PVC 等。测点应避开弯头、阀门等，确保流态稳定，无气泡和涡流。测点应避开大功率变频器和强磁场设备，以免产生干扰。在电磁流量计断电或损坏时，可用此法临时测量排水流量。

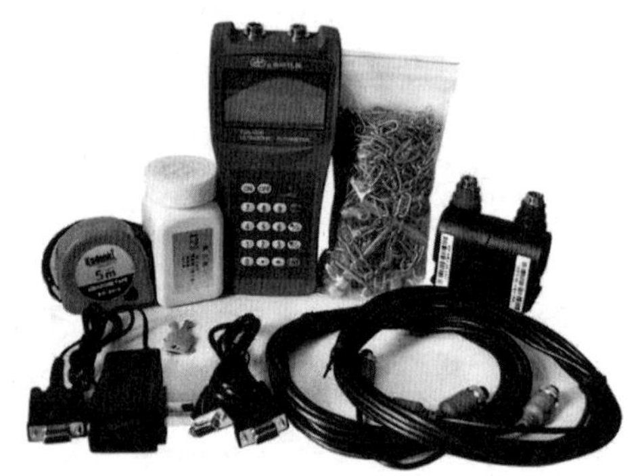
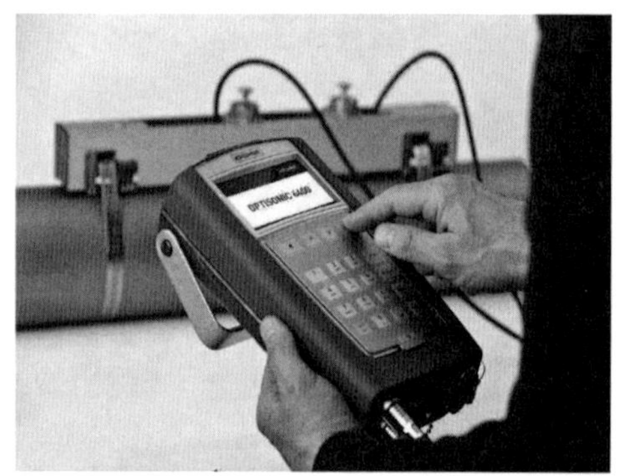

图 6-2　便携式超声波管道测流仪

（3）容积法

容积法是将废水纳入已知容量的容器中，测定其充满容器所需要的时间，从而计算水量的方法。该方法简单易行，适用于计量污水量较小的连续或间歇排放的污水。用此方法测量流量时，溢流口与受纳水体应有适当的落差或能用导水管形成落差。

用手工测量时，一般遵循如下原则：

①如果排放污水的“流量-时间”排放曲线波动较小，即用瞬时流量代表平均流量所引起的误差小于 10%，则在某一时段内的任意时间测得的瞬时流量乘以该时间，即为该时段的流量；

②如果排放污水的“流量-时间”排放曲线虽有明显波动，但其波动有固定的规律，可以用该时段中几个等时间间隔的瞬时流量来计算出平均流量，然后再乘以时间得到流量；

③如果排放污水的“流量-时间”排放曲线既有明显波动又无规律可循，则必须连续测定流量，流量对时间的积分即为总量。

6.2　现场采样

采样前要根据采样任务确定监测点位、各监测点位的监测指标、各监测指标需要使用的采样容器、采样要求和保存运输要求等。

6.2.1　采样点位

《橡胶和塑料制品指南》中明确规定，橡胶和塑料制品工业排污单位均应在废水总排放口（厂区综合废水总排放口）设置监测点位，生活污水单独排入外环境的应在生活污水排放口设置监测点位，重点排污单位应在雨水排放口设置监测点位。

如果排污单位设置内部监测点位时，根据实际情况在便于采样的地方进行布点采样。

如果排污单位需要考核污水处理设施处理效率时，采样点位的布设如下：

（1）对整体污水处理设施效率监测时，在各类进入污水处理设施污水的入口和污水设施的总排放口设置采样点；

（2）对各污水处理单元效率监测时，在各类进入处理设施单元污水的入口和设施单元的排放口设置采样点。

6.2.2　采样方法

废水的监测项目根据行业类型有不同的要求，橡胶和塑料制品工业排污单位根据《橡胶和塑料制品指南》的要求设置。采集样品时应设在废水混合均匀处，避免引入其他干扰。

在分时间单元采集样品时，测定 pH、化学需氧量、五日生化需氧量、硫化物、动植物油和悬浮物，不能混合，只能单独采样。

根据监测项目选择不同的采样器，主要包括不锈钢采水器、有机玻璃水质采样器、油类采样器及用采样容器直接采样。有需求和条件的排污单位可配备水质自动采样装置进行时间比例采样和流量比例采样。当污水排放量较稳定时可采用时间比例采样，否则必须采用流量比例采样。所用自动采样器必须符合生态环境部颁布的污水采样器技术要求。不同的采样器见图 6-3。

不锈钢采水器

有机玻璃水质采样器

油类采样器

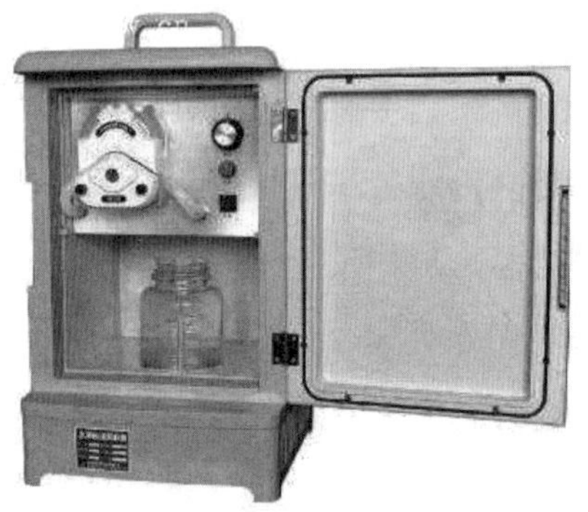

水质自动采样装置

图 6-3　不同的采样器

样品采集时应针对具体的监测项目注意以下事项：

①采样时应去除表面的杂物、垃圾等漂浮物，不可搅动水底的沉积物；

②采样前先用水样荡涤采样容器和样品容器 2～3 次（动植物油类、石油类、挥发性有机物不可涤荡）；

③部分监测项目在不同时间采集的水样不能混合，如水温、pH、色度、动植物油类、石油类、生化需氧量、挥发性有机物等；

④部分监测项目须单独采集储存，如动植物油类、石油类等；

⑤部分监测项目采集时须注满容器，如生化需氧量、挥发性有机物等；

⑥采样结束后，应核对采样计划、记录与水样，如有错误或遗漏，应立即补采或重采。如采样现场水体很不均匀，无法采到有代表性的样品，则应详细记录不均匀的情况和实际采样情况，供使用该数据者参考；

⑦对于 pH 和流量需现场监测的项目，应进行现场监测；

⑧采样时应认真填写“污水采样记录表”，表中应有以下内容：采样点位、采样口位置、采样时间、监测项目、样品编号、样品类别、样品表观、采样口流量、采样人等。具体格式可由各排污单位制定，见表 6-1。

表 6-1　污水采样记录表

采样点位	采样口位置（车间或总排放口）	采样时间	监测项目	样品编号	样品类别	样品表观	采样口流量/（m^3/s）	采样人

6.2.3　采样容器

当前市面上常见的采样容器按材质主要分为硬质玻璃瓶和聚乙烯瓶，在表 6-2 中分别用 G、P 表示，硬质玻璃瓶有透明和棕色两种。硬质玻璃瓶适用于化学需氧量、总有机碳、氨氮、总氮、总磷、动植物油、硫化物等监测项目的样品采集。硫化物采集时，应用棕色玻璃瓶，以降低光敏作用。五日生化需氧量采集时应用专门的溶氧瓶采集。聚乙烯瓶则适用于总铜、总锌、总镍、总镉等金属元素的样品采集。氨氮、总磷、总氮等项目两种材质的瓶子均可使用。关于采样容器选择分析方法中已有要求的按照分析方法来处理，没有明确要求的可按照表 6-2 执行。

表 6-2　样品保存和容器洗涤

项目	采样容器	保存剂及用量	保存期	采样量/mL	容器洗涤
色度*	G		12 h	250	Ⅰ
pH*	G、P		12 h	250	Ⅰ
悬浮物**	G、P		14 h	500	Ⅰ
化学需氧量	G	加 H_2SO_4，pH≤2	2 d	500	Ⅰ
	P	–20℃冷冻	30 d	100	
五日生化需氧量**	溶解氧瓶		12 h	250	Ⅰ
	P	–20℃冷冻	30 d	1 000	
总有机碳	G	加 H_2SO_4，pH≤2	7 d	250	Ⅰ
可吸附有机卤化物	G	水样充满容器，用 HNO_3 酸化，pH 1～2；1～5℃避光保存	5 d	1 000	Ⅰ
总磷	G、P	HCl，H_2SO_4，pH≤2	24 h	250	Ⅳ
氨氮	G、P	加 H_2SO_4，pH≤2	24 h	250	Ⅰ
总氮	G、P	加 H_2SO_4，pH≤2	7 d	250	Ⅰ
总锌	P	HNO_3，1 L 水样中加浓 HNO_3 10 mL	14 d	250	Ⅲ
动植物油	G	加入 HCl 至 pH≤2	3 d	500	Ⅱ
石油类	G	加入 HCl 至 pH≤2	3 d	500	Ⅱ
二甲基甲酰胺	G	水样充满容器，使用具聚四氟乙烯衬垫螺旋盖的 1 个玻璃样品瓶，4℃左右，避光保存	5 d	100	Ⅱ
挥发酚**	G	用 H_3PO_4 调至 pH=2，用 0.01～0.02 g 抗坏血酸除去余氯	24 h	1 000	Ⅰ

注：1. *表示应尽量做现场测定，**表示低温（0～4℃）避光保存。

2. G 为硬质玻璃瓶，P 为聚乙烯瓶。

3. Ⅰ、Ⅱ、Ⅲ、Ⅳ表示 4 种洗涤方法，分别为：

Ⅰ：洗涤剂洗 1 次，自来水洗 3 次；

Ⅱ：洗涤剂洗 1 次，自来水洗 2 次，1+3 HNO_3（硝酸和水的体积比为 1∶3）荡洗 1 次，自来水洗 3 次；

Ⅲ：洗涤剂洗 1 次，自来水洗 2 次，1+3 HNO_3 荡洗 1 次，自来水洗 3 次；

Ⅳ：铬酸洗液洗 1 次，自来水洗 3 次。

使用除聚氯乙烯以外的树脂生产的塑料制品制造（除塑料人造革、合成革制造外），监测指标包括特征污染物，污染物种类按使用的合成树脂类型确定。特征污染物中苯、甲苯、乙苯、苯乙烯参照《水质　样品的保存和管理技术规定》（HJ 493—2009）中的单环芳香烃，双酚 A 参照酚类，环氧氯丙烷参照挥发性有机物，二氯甲烷参照挥发性卤代烃的有关样品容器选择、保存剂用量等有关规定。乙醛的样品采集相关规定参照《水质　丙烯醛、丙烯腈和乙醛的测定　吹扫捕集》（SL 748—2017），二甲基甲酰胺的测定参考《环境空气和废气　酰胺类化合物的测定　液相色谱法》（HJ 801—2016）中的有关要求。

在采样之前，采样容器应经过相应的清洗和处理，采样之后要对其进行适当的封存。排污单位可根据监测项目自行选择采样容器并按照合适的方法进行清洗和处理。常用的采样容器见图 6-4。

图 6-4　采样容器（透明硬质玻璃瓶、棕色硬质玻璃瓶和聚乙烯瓶）

采样容器选择时一般遵守以下原则：

①最大限度防止容器及瓶塞对样品的污染。由于一般的玻璃瓶在贮存水样时可溶出钠、钙、镁、硅、硼等元素，在测定这些项目时应避免使用玻璃容器，以防止新的污染。一些有色瓶塞也会含有大量的重金属，因此采集金属项目时最好选用聚乙烯瓶。

②容器壁应易于清洗和处理，以减少如重金属对容器的表面污染。

③容器或容器塞的化学和生物性质应该是惰性的，以防止容器与样品组分发生反应。

④防止容器吸收或吸附待测组分，引起待测组分浓度的变化。微量金属易受这些因素的影响。

⑤选用深色玻璃能降低光敏作用。

采样容器准备时，应遵循以下原则：

①所有的采样容器准备都应确保不发生正负干扰。

②尽可能使用专用容器。如不能使用专用容器，那么最好准备一套容器进行特定污染物的测定，以减少交叉污染。同时应注意防止以前采集高浓度分析物的容器因洗涤不彻底污染随后采集的低浓度污染物的样品。

③对于新容器，一般应先用洗涤剂清洗，再用纯水彻底清洗。但是，用于清洁的清洁剂和溶剂可能引起干扰，所用的洗涤剂类型和选用的容器材质要随待测组分来确定。例如，测总磷的容器不能使用含磷洗涤剂；测重金属的玻璃容器及聚乙烯容器通常用盐酸或硝酸（c=1 mol/L）洗净并浸泡 1～2 d 后用蒸馏水或去离子水冲洗。

采样容器清洗时，应注意：

①用清洁剂清洗塑料或玻璃容器：用自来水和清洗剂的混合稀释溶液清洗容器和容器帽；用实验室用自来水清洗两次；控干水并盖好容器帽。

②用溶剂洗涤玻璃容器：用自来水和清洗剂的混合稀释溶液清洗容器和容器帽；用自来水彻底清洗；用实验室用水清洗两次；用丙酮清洗并干燥；用与分析方法匹配的溶剂清洗并立即盖好容器帽。

③用酸洗玻璃或塑料容器：用自来水和清洗剂的混合稀释溶液清洗容器和容器帽；用自来水彻底清洗；用 10%硝酸溶液清洗；控干后，注满 10%硝酸溶液；密封，贮存至少 24 h；用实验室用水清洗，并立即盖好容器帽。

6.2.4　样品保存与运输

6.2.4.1　样品保存

水样采集后应尽快送到实验室进行分析，样品如果长时间放置，易受生物、化学、物理等因素影响，某些组分的浓度可能会发生变化。一般可通过冷藏、冷冻、添加保存剂等方式对样品进行保存。

（1）样品的冷藏、冷冻

在大多数情况下，从采集样品到运输最后到实验室期间，样品在 0～5℃冷藏并暗处保存就足够了，−20℃的冷冻温度一般能延长贮存期，但冷冻需要掌握冷冻和融化技术，以使样品在融化时能迅速地、均匀地恢复其原始状态，用干冰快速冷冻是令人满意的方法。一般选用聚氯乙烯或聚乙烯等塑料容器。

（2）添加保存剂

添加的保存剂一般包括酸、碱、抑制剂、氧化剂和还原剂，样品保存剂如酸、碱或其他试剂在采样前应进行空白试验，其纯度和等级必须达到分析的要求。

1）加入酸和碱：控制溶液 pH，测定金属离子的水样常用硝酸酸化至 pH 为 1～2，这样既可以防止重金属的水解沉淀，又可以防止金属在器壁表面上的吸附，同时在 pH 为 1～2 的酸性介质中还能抑制生物的活动。用此法保存，大多数金属可稳定数周或数月。测定氰化物的水样须加氢氧化钠调至 pH 为 12。测定六价铬的水样应加氢氧化钠调至 pH 为 8，因在酸性介质中，六价铬的氧化电位高，易被还原。

2）加入氧化剂：水样中痕量汞易被还原，引起汞的挥发性损失，加入硝酸-重铬酸钾溶液可使汞维持在高氧化态，汞的稳定性大为改善。

3）加入还原剂：测定硫化物的水样，加入抗坏血酸对保存有利。含余氯水样能氧化氢离子，可使酚类等物质氯化生成相应的衍生物，在采样时加入适当的硫代硫酸钠予以还原，可去除余氯干扰。

加入一些化学试剂可固定水样中的某些待测组分，保存剂可事先加入空瓶中，也可在采样后立即加入水样中。所加入的保存剂不能干扰待测成分的测定，如有疑义应先做必要的试验。

当加入保存剂的样品经过稀释后，在分析计算结果时要充分考虑。但如果加入足够浓的保存剂，若加入体积很小，可以忽略其稀释影响。固体保存剂因为会引起局部过热，反而影响样品，所以应该避免使用。

所加入的保存剂有可能改变水中组分的化学性质或物理性质，因此选用保存剂时一定要考虑到对测定项目的影响。如待测项目是溶解态物质，酸化会引起胶体组分和固体的溶解，则必须在过滤后酸化保存。

必须要做保存剂空白试验，特别是对微量元素的检测。要充分考虑加入保存剂所引起待测元素数量的变化。例如，酸类会增加砷、铅、汞的含量。因此，样品中加入保存剂后，应保留做空白试验。

针对技术指南中涉及的不同的监测项目应选用的容器材质、保存剂及其加入量、保存期、采样体积和容器洗涤的方法见表 6-2。

6.2.4.2 样品运输

水样采集后必须立即送回实验室。若采样地点与实验室距离较远，应根据采样点的地理位置和每个项目分析前最长可保存时间，选用适当的运输方式，在现场工作开始之前，就要安排好水样的运输工作，以防延误。

水样运输前应将容器的外（内）盖盖紧。装箱时应使用泡沫塑料等分隔，以防破损。同一采样点的样品应装在同一包装箱内，如需分装在两个或几个箱子中时，则需在每个箱内放入相同的现场采样记录表。运输前应检查现场记录上的所有水样是否全部装箱。要用醒目的色彩在包装箱顶部和侧面标上“切勿倒置”的标记。每个水样瓶均需贴上标签，内容有采样点位编号、采样日期和时间、测定项目。

装有水样的容器必须加以妥善保存和密封，并装在包装箱内固定，以防在运输途中破损。除防震、避免日光照射和低温运输外，还要防止新的污染物进入容器或沾污瓶口使水样变质。

在水样运输过程中，应有押运人员，每个水样都要附有一张样品交接单。在转交水样时，转交人和接收人都必须清点和检查水样并在样品交接单上签字，注明日期和时间。样品交接单是水样在运输过程中的文件，应防止差错并妥善保管以备查。

6.2.5　留样

有污染物排放异常等特殊情况要留样分析时，应针对具体项目的分析用量同时采集留样样品，并填写“留样记录表”，表中应涵盖以下内容：污染源名称、监测项目、采样点位、采样时间、样品编号、污水性质、污水流量、采样人姓名、留样时间、留样人姓名、固定剂添加情况、保存时间、保存条件及其他有关事项。

6.3　监测指标测试

6.3.1　测试方法概述

橡胶制品工业排污单位监测指标包括流量、pH、化学需氧量、氨氮、悬浮物、五日生化需氧量、总氮、总磷、石油类、总锌、动植物油等。塑料制品工业排污单位监测指标包括流量、pH、化学需氧量、氨氮、色度、悬浮物、五日生化需氧量、总氮、总磷、甲苯、二甲基甲酰胺、总有机碳、可吸附有机卤化物、特征污染物、石油类、动植物油等。其中，特征污染物来源于使用除聚氯乙烯以外的树脂生产的塑料制品制造（除塑料人造革、合成革制造外）排污单位，特征污染物执行《合成树脂工业污染物排放标准》（GB 31572—2015），污染物种类按使用的合成树脂类型确定。

这些监测项目所涉及的分析方法主要包括重量法、分光光度法、容量分析法、原子吸收分光光度法、电感耦合等离子体发射光谱法、电感耦合等离子体质谱法、离子色谱法、原子荧光法、气相色谱法和气相色谱-质谱法等。

（1）重量法

重量法是将被测组分从试样中分离出来，经过精确称量来确定待测组分含量的分析方法。它是分析方法中最直接的测定方法，可以直接称量得到分析结果，不需标准试样或基准物质进行比较，具有精确度高等特点。图 6-5 为重量法所用的分析天平。

（2）分光光度法

分光光度法测定样品的基本原理是利用朗伯-比尔定律，根据不同浓度样品溶液对光信号具有不同的吸光度，对待测组分进行定量测定。分光光度法是环境监测中常用的方法，具有灵敏度高、准确度高、适用范围广、操作简便和快速及价格低廉等特点。图 6-6 为分光光度法所用的分光光度计。

图 6-5　分析天平

图 6-6　分光光度计

（3）容量分析法

容量分析法是将一种已知准确浓度的标准溶液滴加到被测物质的溶液中，直到所加的标准溶液与被测物质按化学计量定量反应为止，然后根据标准溶液的浓度和用量计算被测物质的含量。按反应的性质，容量分析法可分为酸碱滴定法、氧化还原滴定法、络合滴定法和沉淀滴定法。容量分析法具有操作简便、快速、比较准确和仪器普通易得等特点。图 6-7 为滴定时所使用的套件。

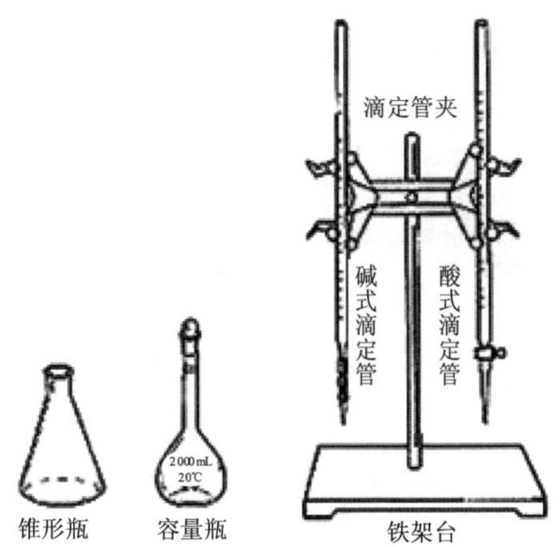

图 6-7　滴定套件

适合容量分析的化学反应应具备的条件有以下几种：

①反应必须定量进行而且进行完全；

②反应速度要快；

③有比较简便可靠的方法确定理论终点（或滴定终点）；

④共存物质不干扰滴定反应，采用掩蔽剂等方法能予以消除。

（4）原子吸收分光光度法

原子吸收分光光度法的测量对象是呈原子状态的金属元素和部分非金属元素，是由待测元素灯发出的特征谱线通过供试品经原子化产生的原子蒸气时，被蒸气中待测元素的基态原子吸收，通过测定辐射光强度减弱的程度，求出供试品中待测元素的含量，并能够灵敏可靠地测定微量或痕量元素。原子吸收分光光度法由光源、原子化器（分为火焰原子化器、石墨炉原子化器、氢化物发生原子化器及冷蒸气发生原子化器 4 种）、单色器、背景校正系统、自动进样系统和检测系统等组成。根据原子化器的不同，其又可分为火焰原子吸收分光光度法、石墨炉原子吸收分光光度法、氢化物发生原子吸收分光光度法、冷原子吸收分光光度法。图 6-8 为原子吸收分光光度法所用的一种仪器设备。

图 6-8　原子吸收分光光度法所用的火焰原子吸收光谱仪

①火焰原子吸收分光光度法是最常用的技术，非常适合含有目标分析物的液体或溶解样品，非常适用于 mg/L 级的痕量元素检测。缺点是原子化效率低，灵敏度不够高，一般不能直接分析固体样品。

②石墨炉原子吸收分光光度法能够分析低体积的液体样品，适用于实验室处理日常工作中的复杂基质，可高效去除干扰，敏感度高于火焰原子吸收分光光度法分析数个数量级，可以检测低至μg/L 级的痕量元素。缺点是试样组成不均匀性的影响较大，共存化合物的干扰比火焰原子分光光度法大，干扰背景比较严重，一般都需要校正背景。

③冷原子吸收分光光度法由汞蒸气发生器和原子吸收池组成，专门用于汞的测定。

（5）电感耦合等离子体发射光谱法

电感耦合等离子体发射光谱法是指以电感耦合等离子体作为激发光源，根据处于激发态的待测元素原子回到基态时发射的特征谱线对待测元素进行分析的仪器。具有检出限低、准确度及精密度高、分析速度快等优点。图 6-9 为电感耦合等离子体光谱仪。

（6）电感耦合等离子体质谱法

电感耦合等离子体质谱法是以独特的接口技术将电感耦合等离子体的高温电离特性与质谱检测器的灵敏快速扫描的优点相结合而形成一种高灵敏度的分析技术。水样经预处理后，采用电感耦合等离子体质谱进行检测，根据元素的质谱图或特征离子进行定性，内标法定量。其具有灵敏度高、速度快，可在几分钟内完成几十个元素的定量测定的优点，常用于测定地下水中微量、痕量和超痕量的金属元素，及某些卤素元素、非金属元素。图 6-10 为电感耦合等离子体质谱仪。

图 6-9　电感耦合等离子体光谱仪

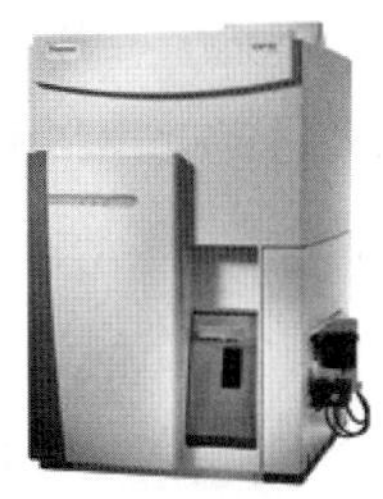

图 6-10　电感耦合等离子体质谱仪

（7）离子色谱法

离子色谱法是以低交换容量的离子交换树脂为固定相对离子性物质进行分离，用电导检测器连续检测流出物电导变化的一种色谱方法。其主要用于环境样品的分析，包括地表水、饮用水、雨水、生活污水和工业废水、酸沉降物和大气颗粒物等样品中的阴离子、阳离子，与微电子工业有关的水和试剂中痕量杂质的分析。图 6-11 为离子色谱仪。

（8）原子荧光法

原子荧光法是根据测量待测元素的原子蒸气在一定波长的辐射下能激发发射的荧光强度进行定量分析的方法，是测定微量砷、锑、铋、汞、硒、碲、锗等元素最成功的分析方法之一。图 6-12 为原子荧光光谱仪。

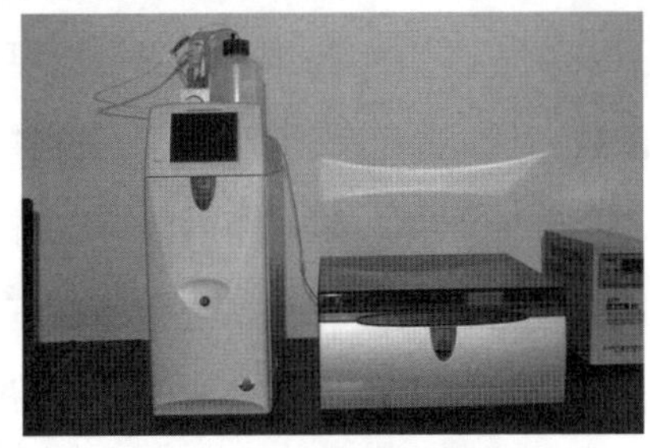

图 6-11　离子色谱仪

图 6-12　原子荧光光谱仪

（9）气相色谱法

气相色谱法其原理主要是利用物质的沸点、极性及吸附性质的差异实现混合物的分离，然后利用检测器依次检测已分离出来的组分。其具有快速、有效、灵敏度高等优点，能直接用于气相色谱分析的样品必须是气体或液体，常用的前处理方法有索氏提取法、超声提取法、振荡提取法、微波提取法等。图 6-13 为气相色谱仪。

（10）气相色谱-质谱法

气相色谱-质谱法中气相色谱对有机化合物具有有效的分离、分辨能力，而质谱则是准确鉴定化合物的有效手段。由两者结合构成的色谱-质谱联用技术，是分离和检测复杂化合物最有力的工具，可实现复杂体系中有机物的定性及定量测定。气相色谱-质谱法分析虽然结果准确可靠，但相对于光谱分析等方法其预处理、分析步骤较为复杂。图 6-14 为气相色谱-质谱联用仪。

图 6-13　气相色谱仪

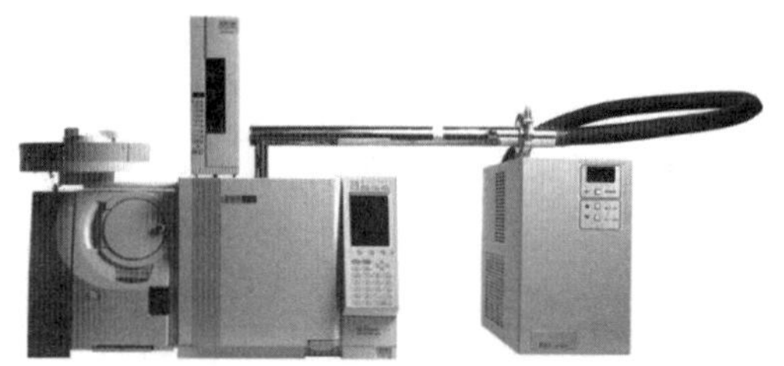

图 6-14　气相色谱-质谱联用仪

（11）液相色谱

液相色谱是一类分离与分析技术，其特点是以液体作为流动相，固定相可以有多种形式，如纸、薄板和填充床等。在色谱技术发展的过程中，为了区分各种方法，根据固定相的形式产生了各自的命名，如纸色谱、薄层色谱和柱液相色谱。

经典液相色谱的流动相是依靠重力缓慢地流过色谱柱，因此固定相的粒度不可能太小（100～150 μm）。分离后的样品是被分级收集后再进行分析的，使得经典液相色谱不仅分离效率低、分析速度慢，而且操作也比较复杂。直到 20 世纪

60 年代，发展出粒度小于 10 μm 的高效固定相，并使用了高压输液泵和自动记录的检测器，克服了经典液相色谱的缺点，发展成高效液相色谱，也称高压液相色谱。液相色谱按其分离机理，可分为 4 种类型，分别为吸附色谱法、分配色谱法、离子交换色谱法、凝胶色谱法。图 6-15 为液相色谱仪。

图 6-15　液相色谱仪

6.3.2　指标测定

通过对《橡胶和塑料制品指南》废水监测项目的梳理，除现场测量的流量在前面已有介绍外，本节将对其余的 14 项监测指标的常用监测分析方法和注意事项分别进行介绍，排污单位根据行业排放污染物的特征及单位实验室实际情况选择适合的监测方法开展自行监测。若有其他适用的方法，经过开展相关验证也可以使用。

6.3.2.1　pH

（1）常用方法

pH 是水中氢离子活度的负对数，$pH = -\ln a_{H^+}$。pH 是环境监测中常用和重要的检验项目之一，可间接表示水的酸碱程度，测量常用的分析方法有《水质　pH 值的测定　玻璃电极法》（GB 6920—86）、《水质　pH 值的测定　电极法》（HJ 1147—2020）和便携式 pH 计法［《水和废水监测分析方法》（第四版）］。

（2）注意事项

①最好能够现场测定，否则样品采集后，应保持在 0～5℃，并在 2 h 内进行测定。当 pH 大于 12 或 pH 小于 2 时，不宜使用便携式 pH 计方法，以免损伤电极。

②便携式 pH 计由不同的复合电极构成，其浸泡方式会有所不同，有些电极要用蒸馏水浸泡，有些则严禁用蒸馏水浸泡，应当严格遵守操作手册，以免损伤电极。

③玻璃电极在使用前先放入蒸馏水中浸泡 24 h 以上。用完后冲洗干净，浸泡在纯水中。

④测定 pH 时，玻璃电极的球泡应全部浸入溶液中，并使其稍高于甘汞电极的陶瓷芯端，以免搅拌时碰坏。

⑤必须注意玻璃电极的内电极与球泡之间、甘汞电极的内电极和陶瓷芯之间不得有气泡，以防短路。

⑥测定 pH 时，为减少空气和水样中二氧化碳的溶入或挥发，在测水样之前，不应提前打开水样瓶。

⑦玻璃电极表面受到污染时，需进行处理。如果附着无机盐结垢，可用温稀盐酸溶解；对钙镁等难溶性结垢，可用 EDTA 二钠溶液溶解；沾有油污时，可用丙酮清洗。电极按上述方法处理后，应在蒸馏水中浸泡一昼夜再使用。注意忌用无水乙醇、脱水性洗涤剂处理电极。

6.3.2.2 悬浮物

（1）常用方法

水质中的悬浮物是指水样通过孔径为 0.45 μm 的滤膜，截留在滤膜上并以 103～105℃烘干至恒重的物质。悬浮物的测定常用方法见《水质　悬浮物的测定　重量法》（GB 11901—89）。

（2）注意事项

①所用聚乙烯瓶或硬质玻璃瓶要用洗涤剂清洗，再依次用自来水和蒸馏水冲

洗干净。采样前用即将采集的水样清洗 3 次。采集 500～1 000 mL 样品，盖严瓶塞。

②采样时漂浮或浸没的不均匀固体物质不属于悬浮物，应从水样中去除。

③样品应尽快分析，如需放置，应贮存在 4℃冷藏箱中，但最长不得超过 7 d。采样时不能加任何保存剂，以防破坏物质在固、液间的分配平衡。

④滤膜上截留过多的悬浮物可能夹带过多的水分，除延长干燥时间外，还可能造成过滤困难，遇此情况，可酌情少取试样。

⑤滤膜上的悬浮物过少，则会增大称量误差，影响测定精度，必要时可增大试样体积，一般以 5～100 mg 悬浮物量作为量取试样体积的使用范围。

6.3.2.3　化学需氧量

（1）常用方法

化学需氧量（COD_{Cr}）是指在强酸并加热条件下，用重铬酸钾作为氧化剂处理水样时所消耗氧化剂的量。常用分析方法见《水质　化学需氧量的测定　重铬酸盐法》（HJ 828—2017）、《水质　化学需氧量的测定　快速消解分光光度法》（HJ/T 399—2007）和《高氯废水　化学需氧量的测定　氯气校正法》（HJ/T 70—2001）。

（2）注意事项

①实验试剂硫酸汞剧毒，实验人员应避免与其直接接触。样品前处理过程应在通风橱中进行。该方法的主要干扰物为氯化物，可加入硫酸汞溶液去除。经回流后，氯离子可与硫酸汞结合成可溶性的氯汞配合物。硫酸汞溶液的用量可根据水样中氯离子的含量，按质量比 $m[HgSO_4]:m[Cl^-]\geqslant 20:1$ 的比例加入，最大加入量为 2 mL（按照氯离子最大允许浓度 1 000 mg/L 计）。水样中氯离子的含量可采用《水质　氯化物的测定　硝酸银滴定法》（GB 11896—89）或《水质　化学需氧量的测定　重铬酸盐法》（HJ 828—2017）附录 A 进行测定或粗略判定。

②采集水样的体积不得少于 100 mL，采集的水样应置于玻璃瓶中，并尽快分析。如不能立即分析时，应加入硫酸使 pH＜2，置于 4℃以下保存，保存时间不能超过 5 d。

③对于污染严重的水样，可选取所需体积 1/10 的水样放入硬质玻璃管，加入 1/10 的试剂，摇匀后加热沸腾数分钟，观察溶液是否变成蓝绿色。若呈蓝绿色，应再适当少取水样，直至溶液不变蓝绿色为止，从而可以确定待测水样的稀释倍数。

④消解时应使溶液缓慢沸腾，不宜暴沸。如出现暴沸，说明溶液中出现局部过热，会导致测定结果有误。暴沸的原因可能是加热过于激烈，或是防暴沸玻璃珠的效果不好。

6.3.2.4 五日生化需氧量

（1）常用方法

水体中所含的有机物成分复杂，难以一一测定其成分。人们常常利用水中有机物在一定条件下所消耗的氧来间接表示水体中有机物的含量，生化需氧量即属于这类的重要指标之一。常用分析方法见《水质 五日生化需氧量（BOD_5）的测定 稀释与接种法》（HJ 505—2009）。

（2）注意事项

①丙烯基硫脲属于有毒化合物，操作时应按规定要求佩戴防护器具，避免接触皮肤和衣物；标准溶液的配制应在通风橱内操作；检测后的残渣废液应做妥善的安全处理。

②采集的样品应充满并密封于棕色玻璃瓶中，样品量不小于 1 000 mL，在 0～4℃的暗处运输保存，并于 24 h 内尽快分析。24 h 内不能分析，可冷冻保存（冷冻保存时避免样品瓶破裂），冷冻样品分析前须解冻、均质化和接种。

③若样品中的有机物含量较多，BOD_5 的质量浓度大于 6 mg/L，样品需适当稀释后测定。

④对不含或含微生物少的工业废水，如酸性废水、碱性废水、高温废水、冷冻保存的废水或经过氯化处理等的废水，在测定 BOD_5 时应进行接种，以引进能分解废水中有机物的微生物。

⑤当废水中存在难以被一般生活污水中的微生物以正常的速度降解的有机物或含有剧毒物质时，应将驯化后的微生物引入水样中进行接种。

⑥每一批样品做两个分析空白试样，稀释空白试样的测定结果不能超过 0.5 mg/L，非稀释接种法和稀释接种法空白试样的测定结果不能超过 1.5 mg/L，否则应检查可能的污染来源。

6.3.2.5 氨氮

（1）常用方法

氨氮（NH_3-N）以游离氨（NH_3）或铵盐（NH_4^+）形式存在于水中。氨氮常用测定方法有《水质 氨氮的测定 蒸馏-中和滴定法》（HJ 537—2009）、《水质 氨氮的测定 气相分子吸收光谱法》（HJ 195—2023）、《水质 氨氮的测定 纳氏试剂分光光度法》（HJ 535—2009）、《水质 氨氮的测定 水杨酸分光光度法》（HJ 536—2009）、《水质 氨氮的测定 连续流动-水杨酸分光光度法》（HJ 665—2013）和《水质 氨氮的测定 流动注射-水杨酸分光光度法》（HJ 666—2013）。

（2）注意事项

①水样采集在聚乙烯或玻璃瓶内，要尽快分析。如需保存，应加硫酸使水样酸化至 pH＜2，2～5℃下可保存 7 d。

②水样中含有悬浮物、余氯、钙镁等金属离子、硫化物和有机物时会产生干扰，含有此类物质时要做适当处理，以消除对测定的影响。

③如果水样的颜色过深、含盐量过多，酒石酸钾盐对水样中的金属离子掩蔽能力不够，或水样中存在高浓度的钙、镁和氯化物时，需要预蒸馏。

④试剂和环境温度会影响分析结果，冰箱贮存的试剂需放置到室温后再分析，分析过程中室温波动不超过±5℃。

⑤当同批分析的样品浓度波动较大时，可在样品与样品之间插入空白当试样分析，以减小高浓度样品对低浓度样品的影响。

⑥标定盐酸标准滴定溶液时，至少平行滴定 3 次，平行滴定的最大允许偏差

不大于 0.05 mL。

⑦分析过程中发现检测峰峰型异常，一般情况下平峰为超量程，双峰为基体干扰，不出峰为泵管堵塞或试剂失效。

⑧每天分析完毕后，用纯水对分析管路进行清洗，并及时将流动检测池中的滤光片取下放入干燥器中，防尘防湿。

6.3.2.6 总氮

（1）常用方法

总氮是指能测定的样品中溶解态氮及悬浮物中氮的总和，包括亚硝酸盐氮、硝酸盐氮、无机铵盐、溶解态氮及大部分有机含氮化合物中的氮。常用测定方法有《水质 总氮的测定 碱性过硫酸钾消解紫外分光光度法》（HJ 636—2012）、《水质 总氮的测定 连续流动-盐酸萘乙二胺分光光度法》（HJ 667—2013）、《水质 总氮的测定 流动注射-盐酸萘乙二胺分光光度法》（HJ 668—2013）和《水质 总氮的测定 气相分子吸收光谱法》（HJ 199—2023）。

（2）注意事项

①将采集好的样品贮存在聚乙烯瓶或硬质玻璃瓶中，用浓硫酸调节 pH 至 1～2，常温下可保存 7 d。贮存在聚乙烯瓶中，−20℃冷冻，可保存 30 d。

②某些含氮有机物在本标准规定的测定条件下不能完全转化为硝酸盐。

③测定应在无氨的实验室环境中进行，避免环境交叉污染对测定结果产生影响。

④实验所用的器皿和高压蒸汽灭菌器等均应无氮污染。实验中所用的玻璃器皿应用盐酸溶液或硫酸溶液浸泡，用自来水冲洗后再用无氨水冲洗数次，洗净后立即使用。高压蒸汽灭菌器应每周清洗。

⑤在碱性过硫酸钾溶液配制过程中，温度过高会导致过硫酸钾分解失效，因此要控制水浴温度在 60℃以下，而且应待氢氧化钠溶液温度冷却至室温后，再将其与过硫酸钾溶液混合、定容。

⑥使用高压蒸汽灭菌器时，应定期检定压力表，并检查橡胶密封圈密封情况，避免因漏气而减压。

⑦当同批分析的样品浓度波动大时，可在样品与样品之间插入空白当试样分析，以减小高浓度样品对低浓度样品的影响。

6.3.2.7　总磷

（1）常用方法

总磷的常用测定方法有《水质　总磷的测定　钼酸铵分光光度法》（GB 11893—89）、《水质　磷酸盐和总磷的测定　连续流动-钼酸铵分光光度法》（HJ 670—2013）和《水质　总磷的测定　流动注射-钼酸铵分光光度法》（HJ 671—2013）。

（2）注意事项

①用硝酸-高氯酸消解需要在通风橱中进行。高氯酸和有机物的混合物经加热易发生危险，需将试样先用硝酸消解，然后再加入高氯酸消解。

②在采样前，用水冲洗所有接触样品的器皿，样品采集于清洗过的聚乙烯或玻璃瓶中。用于测定磷酸盐的水样，取样后于 0～4℃暗处保存，可稳定 24 h。用于测定总磷的水样，采集后应立即加入硫酸至 pH≤2，常温可保存 24 h；于−20℃冷冻，可保存 30 d。

③对于磷酸含量较少的样品（磷酸盐或总磷浓度≤0.1 mg/L），不可用聚乙烯瓶保存，冷冻保存状态除外。

④绝不可把消解的试样蒸干。

⑤如消解后有残渣时，用滤纸过滤于具塞比色管中。

⑥水样中的有机物用过硫酸钾氧化不能完全破坏时，可用此法消解。

⑦当同批分析的样品浓度波动大时，可在样品与样品之间插入空白当试样分析，以减小高浓度样品对低浓度样品的影响。

⑧每次分析完毕后，用纯水对分析管路进行清洗，并及时将流动检测池中的滤光片取下放入干燥器中，防尘防湿。

6.3.2.8 总锌

（1）常用方法

水质中的总锌是指未经过滤的水样，经消解后测得的锌。常用的测定方法主要有《水质 铜、锌、铅、镉的测定 原子吸收分光光度法》（GB 7475—87）、《水质 锌的测定 双硫腙分光光度法》（GB 7472—87）、《水质 65 种元素的测定 电感耦合等离子体质谱法》（HJ 700—2014）和《水质 32 种元素的测定 电感耦合等离子体发射光谱法》（HJ 776—2015）。

（2）注意事项

①用聚乙烯塑料瓶采集样品。采样瓶先用洗涤剂洗净，再在硝酸溶液中浸泡 24 h，使用前用无锌水冲洗干净。

②采样后，每 1 000 mL 水样立即加入 2.0 mL 硝酸酸化至 pH 约为 1.5。

③所用玻璃器皿均先后用 1+1 硫酸和无锌水浸泡和洗净。

6.3.2.9 石油类

（1）常用方法

水质中的石油类是指在 pH≤2 的条件下，能够被四氯乙烯萃取且不被硅酸镁吸附的物质。常用的测定方法有《水质 石油类和动植物油类的测定 红外分光光度法》（HJ 637—2018）、《水质 石油类的测定 紫外分光光度法（试行）》（HJ 970—2018）。

（2）注意事项

①用采样瓶采集约 500 mL 水样后，加入盐酸溶液酸化至 pH≤2。

②如样品不能在 24 h 内测定，应在 0～4℃冷藏保存，3 d 内测定。

③试验中使用的四氯乙烯须符合品质相关要求，避光保存。

④同一批样品测定所使用的四氯乙烯应来自同一瓶，如样品数量多，可将多瓶四氯乙烯混合均匀后使用。

⑤所有使用完的器皿置于通风橱内挥发完后清洗。

⑥四氯乙烯废液应集中存放于密闭容器中，并做好相应标识，委托有资质的单位处理。

6.3.2.10　动植物油类

（1）常用方法

水质中动植物油类是指在 pH≤2 的条件下，能够被四氯乙烯萃取且被硅酸镁吸收的物质。常用的测定方法有《水质　石油类和动植物油类的测定　红外分光光度法》（HJ 637—2018）。

（2）注意事项

①用采样瓶采集约 500 mL 水样后，加入盐酸溶液酸化至 pH≤2。

②如样品不能在 24 h 内测定，应在 0～4℃冷藏保存，3 d 内测定。

③试验中使用的四氯乙烯须符合品质相关要求，避光保存。

④同一批样品测定所使用的四氯乙烯应来自同一瓶，如样品数量多，可将多瓶四氯乙烯混合均匀后使用。

⑤所有使用完的器皿置于通风橱内挥发完后清洗。

⑥四氯乙烯废液应集中存放于密闭容器中，并做好相应标识，委托有资质的单位处理。

⑦对于动植物油类含量＞130 mg/L 的废水，萃取液需稀释后再制备试样。

6.3.2.11　色度

（1）常用方法

色度常用的测定方法见《水质　色度的测定》（GB 11903—89）。

（2）注意事项

①pH 对颜色有较大影响，在测定颜色时应同时测定 pH。

②铂钴比色法适用于清洁水、轻度污染并略带黄色调的水，比较清洁的地面水、地下水和饮用水等。稀释倍数法适用于污染较严重的地面水和工业废水。两

种方法应独立使用，一般没有可比性。

③所用与样品接触的玻璃器皿都要用盐酸或表面活性剂溶液加以清洗，最后用蒸馏水或去离子水洗净、沥干。

④将样品采集在容积至少为 1 L 的玻璃瓶内，在采样后要尽早进行测定。如果需要贮存，则将样品贮存于暗处。有些情况下还要避免与空气接触。同时要避免温度的变化。

6.3.2.12 总有机碳

（1）常用方法

总有机碳是指溶解或悬浮在水中有机物的含碳量（以质量浓度表示），是以含碳量表示水体中有机物总量的综合指标。常用的测定方法见《水质　总有机碳的测定　燃烧氧化-非分散红外吸收法》（HJ 501—2009）。

（2）注意事项

①水样应采集在棕色玻璃瓶中并应充满采样瓶，不留顶空。水样采集后应在 24 h 内测定。否则应加入硫酸将水样酸化至 pH≤2，在 4℃条件下可保存 7 d。

②水中常见的共存离子超过下列质量浓度时：SO_4^{2-} 400 mg/L、Cl^- 400 mg/L、NO_3^- 100 mg/L、PO_4^{3-} 100 mg/L、S^{2-} 100 mg/L，可用无二氧化碳水稀释水样，至上述共存离子质量浓度低于其干扰允许质量浓度后，再进行分析。

③所用试剂均应为符合国家标准的分析纯试剂。所用水均为无二氧化碳水。

④无二氧化碳水：将重蒸馏水在烧杯中煮沸蒸发（蒸发量 10%），冷却后备用。也可使用纯水机制备的纯水或超纯水。无二氧化碳水应临用现制，并经检验 TOC 质量浓度不超过 0.5 mg/L。

6.3.2.13 可吸附有机卤化物

（1）常用方法

可吸附有机卤化物是指在标准规定的测试条件下，可吸附在活性炭上能被微库仑法测定的有机化合物中的氯、溴、碘（不包含有机氟化物）的等效总量，结果以氯计。常用的测定方法有《水质　可吸附有机卤素（AOX）的测定　微库仑法》（HJ 1214—2021）和《水质　可吸附有机卤素（AOX）的测定　离子色谱法》（HJ/T 83—2001）。

（2）注意事项

①水样中的游离氯可导致 AOX 的测定结果偏高，采样后应立即加入亚硫酸钠溶液以消除干扰。

②样品中无机氯化物浓度大于 1 g/L 时，应稀释后测定；样品 AOX 值较低的样品中含有 1 g/L 以上的氯离子，可能导致测定结果偏高，在实验室空白样品中添加相同浓度的氯离子（如 NaCl），可消除干扰。

③水样中的无机溴化物、碘化物，会导致测定结果偏高。

④样品中溶解性有机碳（DOC）超过 10 mg/L 时，应稀释后测定。

⑤样品中的有机溴化物和有机碘化物在燃烧过程中生成溴和碘的高价态氧化物，这部分 AOX 不能被测定，会导致测定结果偏低。

⑥醇类、芳香化合物以及羟酸会导致测定结果偏低。

⑦含有活细胞（如微生物、藻类等）的样品，由于其自身含有氯化物从而导致测定结果偏高，可加入硝酸酸化水样，破坏藻类和微生物细胞，使其含有的氯化物溶于水样后经洗脱步骤消除干扰。

⑧分析时均使用符合国家标准的分析纯试剂。实验用水为不含 AOX 的蒸馏水或纯水。

⑨水样的采样、运输和贮存均应使用玻璃器皿，采样体积应≥500 mL。为避免样品中含有游离氯等氧化剂，采样后应立即在每升水样中加入 10 mL 亚硫酸钠溶液。

⑩采样后在每升水中加入 2 mL 硝酸，使 pH＜2，如达不到，可适量多加。玻璃瓶中应装满水样，不留气泡。如存在微生物，应放置 8 h 后再进行测定。

⑪如采样后不能尽快分析，应用硝酸酸化水样使 pH＜2，在 4℃以下冷藏可保存 3 d。

6.3.2.14 二甲基甲酰胺

（1）常用方法

二甲基甲酰胺是塑料人造革、合成革生产过程中产生的特征污染物，废水中的二甲基甲酰胺测定，按照《合成革与人造革工业污染物排放标准》（GB 21092—2008）中的要求进行。标准中参照的测定方法为《工作场所空气有毒物质测定 酰胺类化合物》（GBZ/T 160.62—2004），并提出待国家发布相应的方法标准并实施后，停止使用，改用国家新颁布的相应测定方法。2016 年，环境保护部颁布了《环境空气和废气 酰胺类化合物的测定 液相色谱法》（HJ 801—2016），可作为废水中二甲基甲酰胺测定的参照方法。

上述两项测试方法均为针对环境空气和固定污染源废气中酰胺类化合物的测定方法，包括甲酰胺、*N*,*N*-二甲基甲酰胺、*N*,*N*-二甲基乙酰胺和丙烯酰胺的测定。测定废水中的酰胺类物质，可参照执行。实际测试中免去了测试方法中吸收液吸收的环节，直接对水样预处理后进样测定。

（2）注意事项

①每次采样时应至少有一个空白样品。

②分析时均使用符合国家标准的分析纯化学试剂。化学用水为新制备的不含有机物的水。

③样品采集后，需要冷藏运输和保存，若不能及时测定，应于 4℃以下冷藏、避光和密封保存，5 d 内完成分析测定。

④测定过程中其他有机物可能会产生干扰，可采用不同辅助波长下的吸光度比值、紫外光谱图或质谱图定性。根据干扰物的性质，采用合适的方法去除干扰。

第 7 章　废水自动监测技术要点

近年来，为加强地区排污的监控力度和满足排污许可的要求，全国各级生态环境部门大力推进废水自动监测系统的建设。废水自动监测系统也称水污染源在线监测系统，通常是由水污染源在线监测设备和水污染源在线监测站房组成。随着全国废水自动监测系统的逐年攀升，做好系统的建设、验收及运行维护管理工作成为影响数据质量的关键环节。本章基于《水污染源在线监测系统（COD_{Cr}、NH_3-N 等）安装技术规范》（HJ 353—2019）、《水污染源在线监测系统（COD_{Cr}、NH_3-N 等）验收技术规范》（HJ 354—2019）、《水污染源在线监测系统（COD_{Cr}、NH_3-N 等）运行技术规范》（HJ 355—2019）、《水污染源在线监测系统（COD_{Cr}、NH_3-N 等）数据有效性判别技术规范》（HJ 356—2019）等标准，对废水自动监测系统的建设、验收、运行维护等应注意的技术要点进行了梳理。

7.1　水污染源在线监测系统组成

水污染源在线监测系统通常包括流量监测单元、水质自动采样单元、水污染源在线监测仪器、数据控制单元以及相应的建筑设施等。

①流量监测单元通常包括明渠流量计或管道流量计。采用超声波明渠流量计测定流量，应按技术规范要求修建堰槽；管道流量计可选择电磁流量计。

②水质自动采样单元通常是指采样管路、采样泵以及水质自动采样器。采样

管路应根据废水水质选择优质的聚氯乙烯（PVC）、三丙聚丙烯（PPR）等不影响分析结果的硬管，配有必要的防冻和防腐设施。采样泵应根据水样流量、废水水质、水质自动采样器的水头损失及水位差合理选择采样泵。采样管路宜设置为明管，并标注水流方向。根据 HJ 353—2019 的最新要求，水质自动采样单元应具有采集瞬时水样和混合水样、混匀及暂存水样、自动润洗及排空混匀桶，以及留样功能。

③水污染源在线监测仪器是指在现场用于监控、监测污染物排放的化学需氧量（COD_{Cr}）的在线自动监测仪、pH 水质自动分析仪、氨氮水质自动分析仪、总磷水质自动分析仪、污水流量计、水质自动采样器和数据采集传输仪等仪器仪表。

COD_{Cr} 在线自动监测仪的测定方法多采用重铬酸钾法测定，对于高氯废水也可考虑采用总有机碳（TOC），但必须与重铬酸钾法做对照实验，做出相关系数，换算成重铬酸钾法监测数据输出。

pH 水质自动分析仪采用玻璃电极法测定。

氨氮水质自动分析仪的测定方法有纳氏试剂光度法、氨气敏电极法、水杨酸-次氯酸盐比色法等。

总磷在线自动监测仪的测定多采用钼锑抗分光光度法。

总氮在线自动监测仪的测定多采用连续流动-盐酸萘乙二胺分光光度法和碱性过硫酸钾消解紫外分光光度法。

数据采集设备主要是对各种监测设备测量的数据进行采集、存储及处理，并将有关的数据存储和输出。

数据传输设备是指把采集的各种监测数据传输至生态环境主管部门，目前，数据的传输有多种方式，包括 GPRS 方式、GSM 短消息方式、局域网方式等。

④数据控制单元指实现控制整个水污染源在线监测系统内部仪器设备联动，自动完成水污染源在线监测仪器的数据采集、整理、输出及上传至监控中心平台，接受监控中心平台命令控制水污染源在线监测仪器运行等功能的单元。根据 HJ 353—2019 的最新要求，数据控制单元可控制水质自动采样单元采样、送样及

留样等操作。

⑤总体要求。排污单位在安装自动监测设备时，应当根据国家对每个监测设备的具体技术要求进行选型安装。选型安装在线监测仪器时，应根据污染物浓度和排放标准，选择检测范围与之匹配的在线监测仪器，监测仪器满足国家对应仪器的技术要求。如《化学需氧量（COD_{Cr}）水质在线自动监测仪技术要求及监测方法》（HJ 377—2019）、《氨氮水质在线自动监测仪技术要求及检测方法》（HJ 101—2019）、《总氮水质自动分析仪技术要求》（HJ/T 102—2003）、《总磷水质自动分析仪技术要求》（HJ/T 103—2003）、《pH 水质自动分析仪技术要求》（HJ/T 96—2003）等。选型安装数据传输设备时，应按照《污染物在线监控（监测）系统数据传输标准》（HJ 212—2017）和《污染源在线自动监控（监测）数据采集传输仪技术要求》（HJ 477—2009）规范要求设置，不得添加其他可能干扰监测数据存储、处理、传输的软件或设备。

在污染源自动监测设备建设、联网和管理过程中，如果当地管理部门有相关规定的，应同时参考地方的规定要求。如上海市环保局于 2017 年发布的《上海市固定污染源自动监测建设、联网、运维和管理有关规定》。

7.2　现场安装要求

废水自动监测系统现场安装主要涉及现场监测站房建设、排放口规范化整治、采样点位选取等内容，其中监测站房的建筑设计应作为在线监控的专室专用，远离腐蚀性气体的地点，并满足所处位置的气候、生态、地质、安全等要求，站房内应安装空调和冬季采暖设备，空调具有来电自启动功能，具备温湿度计；排放口应满足生态环境主管部门规定的排放口规范化设置要求；监测站房内、采样口等区域应安装视频监控设备；采样点位应避开有腐蚀性气体、有较强的电磁干扰和振动的地方，应易于到达，且保证采样管路不超过 50 m，同时应有足够的工作空间和安全措施，便于采样和维护操作。具体要求详见 5.2.4。

7.3 调试检测

废水污染源自动监测设备现场安装完成后，需对其进行调试、试运行，以验证设备是否能够符合连续稳定运行的技术要求。

7.3.1 调试

调试是指对流量计、水质自动采样器、水质自动分析仪运行初期进行校准、校验的初期检查，并按照标准规范要求编制调试报告。具体要求如下：

①明渠流量计应进行流量比对误差和液位比对误差测试。

②水质自动采样器应进行采样量误差和温度控制误差测试。

③水质自动分析仪应根据排污企业排放浓度选择量程，并在该量程下进行 24 h 漂移、重复性、示值误差以及实际水样比对测试。

④各水污染源在线监测仪器指标符合相关技术要求的调试效果，TOC 水质自动分析仪参照 COD_{Cr} 水质自动分析仪执行。

7.3.2 试运行

设备调试完成后，进入试运行阶段，根据实际水污染源排放特点及建设情况，编制水污染源在线监测系统运行与维护方案以及相应的记录表格，最终形成试运行报告。具体要求如下：

①试运行期间应保持对水污染源在线监测系统进行连续供电，连续正常运行 30 d。

②可设定任一时间（时间间隔不小于 24 h），由水污染源在线系统自动调节零点和校准量程值。

③因排放源故障或在线监测系统故障造成试运行中断，在排放源或在线监测系统恢复正常后，重新开始试运行。

④试运行期间数据传输率应不小于 90%。

⑤数据控制系统已经和水污染源在线监测仪器正确连接，并开始向监控中心平台发送数据。

7.4　验收要求

自动监测设备完成安装、调试及试运行并与生态环境主管部门联网后，同时符合下列要求后，建设方方可组织仪器供应商、管理部门等相关方实施技术验收工作，并编制在线验收报告。验收报告主要内容应包括建设验收、仪器设备验收、联网验收及运行与维护方案验收。验收前自动监测设备应满足以下几个方面的条件。

①提供水污染源在线监测系统的选型、工程设计、施工、安装调试及性能等相关技术资料。

②水污染源在线监测系统已完成调试与试运行，并提交运行调试报告与试运行报告。

③提供流量计、标准计量堰（槽）的检定证书，水污染源在线监测仪器符合 HJ 353—2019 中表 1 技术要求的证明材料。

④水污染源在线监测系统所采用基础通信网络和基础通信协议应符合 HJ 212—2017 的相关要求，对通信规范的各项内容做出响应，并提供相关的自检报告。同时提供生态环境主管部门出具的联网证明。

⑤水质自动采样单元已稳定运行 30 d，可采集瞬时水样和具有代表性的混合水样供水污染源在线监测仪器分析使用，可进行留样并报警。

⑥验收过程供电不间断。

⑦数据控制单元已稳定运行 30 d，向监控中心平台及时发送数据，其间设备运转率应大于 90%，数据传输率应大于 90%。

7.4.1　建设验收要求

建设验收主要是对污染源排放口、流量监测单元、监测站房、水质自动采样单元、数据控制单元进行验收，主要内容如下：

①污染源排放口应符合相关技术规范要求，具备便于水质自动采样单元和流量监测单元安装条件的采样口，并设置人工采样口。

②流量计安装处设置有对超声波探头检修和比对的工作平台，可方便实现对流量计的检修和比对工作。

③监测站房专室专用，新建监测站房面积应不小于 15 m^2，站房高度应不低于 2.8 m。

④水质自动采样单元应实现采集瞬时水样和混合水样、混匀及暂存水样、自动润洗及排空混匀桶的功能；实现混合水样和瞬时水样的留样功能；实现 pH 水质自动分析仪、温度计原位测量或测量瞬时水样功能；COD_{Cr}、TOC、NH_3-N、TP、TN 水质自动分析仪应实现测量混合水样功能。

⑤数据控制单元可协调统一运行水污染源在线监测系统，采集、储存、显示监测数据及运行日志，向监控中心平台上传污染源监测数据。

7.4.2 在线监测仪器验收要求

7.4.2.1 基本验收要求

①水污染源在线监测仪器验收包括对 COD_{Cr} 在线自动监测仪、TOC 水质自动分析仪、pH 水质自动分析仪、氨氮水质自动分析仪、总磷水质自动分析仪、总氮水质自动分析仪、超声波明渠污水流量计、水质自动采样器等技术指标的验收。

②性能验收内容包括液位比对误差、流量比对误差、采样量误差、温度控制误差、24 h 漂移、准确度以及实际水样比对测试。

7.4.2.2 性能验收

①COD_{Cr} 在线自动监测仪、TOC 水质自动分析仪、pH 水质自动分析仪、氨氮水质自动分析仪和总磷水质自动分析仪、总氮水质自动分析仪验收应包括 24 h

漂移、准确度、实际水样比对。验收指标要求见《水污染源在线监测系统（COD_{Cr}、NH_3-N 等）验收技术规范》（HJ 354—2019）表 2。

②超声波流量计验收应包括液位比对误差、流量比对误差。验收指标要求见《水污染源在线监测系统（COD_{Cr}、NH_3-N 等）验收技术规范》（HJ 354—2019）表 2。

③水质自动采样器验收应包括采样量误差、温度控制误差。验收指标要求见《水污染源在线监测系统（COD_{Cr}、NH_3-N 等）验收技术规范》（HJ 354—2019）表 2。

7.4.3 联网验收

联网验收由通信验收、数据传输正确性验收、联网稳定性验收、现场故障模拟恢复试验、生成统计报表等内容组成。

7.4.3.1 通信验收

通信验收包括通信稳定性、数据传输安全性、通信协议正确性 3 部分内容。

①通信稳定性：数据控制单元和监控中心平台之间通信稳定，不应出现经常性的通信连接中断、数据丢失、数据不完整等通信问题。数据控制单元在线率为90%以上，正常情况下，掉线后应在 5 min 之内重新上线。数据采集传输仪每日掉线次数在 5 次以内。数据传输稳定性在 99%以上，当出现数据错误或丢失时，启动纠错逻辑，要求数据采集传输仪重新发送数据。

②数据传输安全性：数据采集传输仪在需要时可按照 HJ 212—2017 中规定的加密方法进行加密处理传输，保证数据传输的安全性。

③通信协议正确性：采用的通信协议应完全符合 HJ 212—2017 的相关要求。

7.4.3.2 数据传输正确性验收

①系统稳定运行 30 d 后，任取其中不少于连续 7 d 的数据进行检查，要求监

控中心平台接收的数据和数据控制单元采集和存储的数据完全一致。

②同时检查水污染源在线连续自动分析仪器存储的测定值、数据控制单元所采集并存储的数据和监控中心平台接收的数据，要求这3个环节的实时数据误差小于1%。

7.4.3.3 联网稳定性验收

在连续30天内，系统能稳定运行，不出现通信稳定性、通信协议正确性、数据传输正确性以外的其他联网问题。

7.4.3.4 其他要求

①验收过程中应进行现场故障模拟恢复试验，人为模拟现场断电、断水和断气等故障，在恢复供电等外部条件后，水污染源在线连续自动监测系统应能正常自启动和远程控制启动。在数据控制单元中保存好在故障前完整的分析结果，并在故障过程中不丢失。数据控制系统应完整记录所有故障信息。

②在线监测系统能够按照规定自动生成日统计表、月统计表和年统计表。

7.4.4 运行与维护方案验收

运行与维护方案应包含水污染源在线监测系统情况说明、运行与维护作业指导书及记录表格，并形成书面文件进行有效管理。

①水污染源在线监测系统情况说明应至少包括如下内容：排污单位基本情况，水污染在线监测系统构成图，水质自动采样系统流路图，数据控制系统构成图，所安装的水污染源在线监测仪器方法原理、选定量程、主要参数、所用试剂，以及按照HJ 355—2019中规定建立的各组成部分的维护要点及维护程序。

②运行与维护作业指导书应至少包括如下内容：水污染在线监测系统各组成部分的维护方法，所安装的水污染源在线监测仪器的操作方法、试剂配制方法、维护方法，流量监测单元、水样自动采集单元及数据控制单元维护方法。

③记录表格应满足运行与维护作业指导书中的设定要求。

7.4.5　验收报告要求

依据上述验收内容，编制验收报告［格式详见《水污染源在线监测系统（COD_{Cr}、NH_3-N 等）验收技术规范》（HJ 354—2019）附录 A］。验收报告后应附验收比对监测报告、联网证明和安装调试报告。验收报告内容全部合格或符合后，方可通过验收。

7.5　运行管理要求

污染源自动监测设备通过验收后，自动监测设备即被认定为已处于正常运行状态，设备运行维护单位应按照相关技术规范的要求做好日常运行管理。

7.5.1　总体要求

水污染源在线监测设备运维单位应根据相关技术规范及仪器使用说明书进行运行管理工作，并制定完善的水污染源自动监测设备运行维护管理制度，确定系统运行操作人员和管理维护人员的工作职责。运维人员应具备相关专业知识，通过相应的培训教育和能力确认/考核等活动，熟练掌握水污染源在线监测设备的原理、使用和维护方法。

设备验收完成后应对设备相关参数进行备案，备案参数应与设备参数保持一致，如需修改相关参数，应提交情况说明，重新备案。

7.5.2　运维单位

运维单位应在服务省（区、市）无不良运行维护记录，未出现过故意干扰在线监测仪器、在线监测数据弄虚作假的不良行为。运维单位应严格按照技术规范开展日常运行维护工作，建立完善的运行维护管理制度及档案资料备查制度，应备有所运行在线监测仪器的备用仪器，同时应配备相应仪器参比方法实际水样比对试验装置。能够提供驻地运行维护服务，在设备出现故障12 h内到达现场及时处理，能与在线监测仪器建设单位保持良好沟通，确保在最短时间内修复故障。

7.5.3 管理制度

运维单位应建立水污染源自动监测设备运行维护管理制度，主要包括仪器设备运行与维护的作业指导书，日常巡检制度及巡检内容，定期维护制度及定期维护内容，定期校验和校准制度及内容，易损、易耗品的定期检查和更换制度，废药剂的收集处置制度，设备故障及应急处理制度，运行维护记录内容等一系列管理制度。

7.5.4 日常维护总体要求

运维单位应按照相关技术规范及仪器使用说明书建立日常巡检制度，开展日常巡检工作并做好记录。日常巡检内容主要包括每日通过远程检查或现场查看的方式检查仪器运行状态、数据传输系统以及视频监控系统是否正常，当设备出现故障时应第一时间处理解决；除日常维护工作外，应按照相关要求和设备说明书完成每周、每月、每季度检查维护内容。每日数据传输情况、定期的设备检查及保养情况应记录并归档。每次在进行备件或材料更换时，更换的备件或材料的品名、规格、数量等应记录并归档。例如，在更换标准物质或标准样品时，还需记录标准物质或标准样品的浓度、配制时间、更换时间、有效期等信息。对日常巡检或维护保养中发现的故障或问题，系统管理维护人员应及时进行处理并记录。

7.5.5 运行技术总体要求

运维单位应按照相关技术规范要求定期进行自动标样核查和自动校准，同时定期进行实际水样比对试验。

7.6　质量保证要求

7.6.1　总体要求

水污染源自动监测设备日常运行质量保证是保障设备正常稳定运行、持续提供有质量保证监测数据的必要手段。操作维护人员应每日远程检查或现场查看检测设备运行状态，如发现异常，应立即前往；操作维护人员应每周至少一次对设备进行现场维护，包括试剂添加、设备状态检查、采样系统维护、供电系统检查等；操作维护人员应每月一次对现场设备进行保养，包括检查和保养易损耗件、测量部件和对设备外壳进行清洗；应每季度检查及更换易损耗件，用专用容器回收仪器设备产生的废液；操作维护人员应每月至少进行一次实际水样比对试验，定期对设备进行自动标样核查和自动校准。当设备出现因故障或维护原因不能正常运行时，应在 24 h 内报告当地生态环境主管部门。以月为周期，每月设备有效数据率不得小于 90%，以保证监测数据的数量要求。

有效数据率=仪器实际获得的有效数据个数/应获得的有效数据个数×100%

7.6.2　日常检查维护

7.6.2.1　运行和日常维护

1）每日远程检查或现场查看仪器运行状态，检查数据传输系统以及视频监控系统是否正常，如发现数据有持续异常情况，应立即前往站点进行检查。

2）每周至少一次对监测系统进行现场维护，现场维护内容包括：

检查自来水供应、泵取水情况；检查内部管路是否通畅、仪器自动清洗装置运行是否正常；检查各自动分析仪的进样水管和排水管是否清洁，必要时进行清洗；定期清洗水泵和过滤网。

检查站房内电路系统、通信系统是否正常。

对于用电极法测量的仪器，检查标准溶液和电极填充液，清洗电极探头。

若部分站点使用气体钢瓶，应检查载气气路系统是否密封、气压是否满足使用要求。

检查各仪器标准溶液和试剂是否在有效使用期内，按相关要求定期更换标准溶液和分析试剂。

观察数据采集传输仪运行情况，并检查连接处有无损坏，对数据进行抽样检查，对比自动分析仪、数据采集传输仪及监控中心平台接收到的数据是否一致。

检查水质自动采样系统管路是否清洁，采样泵、采样桶和留样系统是否正常工作，留样保存温度是否正常。

3）每月现场维护内容：

水质自动采样系统：根据情况更换蠕动泵管、清洗混合采样瓶等。

TOC 水质自动分析仪：检查 TOC-COD_{Cr} 转换系数是否适用，必要时进行修正。检查 TOC 水质自动分析仪的泵、管、加热炉温度等，检查试剂余量（必要时进行添加或更换），检查卤素洗涤器、冷凝器水封容器、增湿器，必要时添加蒸馏水。

COD_{Cr} 水质在线自动监测仪：检查内部试管是否污染，必要时进行清洗。

氨氮水质自动分析仪：检查气敏电极表面是否清洁，对仪器管路进行保养、清洁。

流量计：检查超声波流量计液位传感器高度是否发生变化，检查超声波探头与水面之间是否有干扰测量的物体，对堰体内影响流量计测定的干扰物进行清理；检查管道电磁流量计的检定证书是否在有效期内。

pH 水质自动分析仪：用酸液清洗一次电极，检查 pH 电极是否钝化，必要时进行校准或更换。

温度计：每月至少进行一次现场水温比对试验，必要时进行校准或更换。

每月的现场维护应包括对水污染源在线监测仪器进行一次保养，对仪器分析系统进行维护；对数据存储或控制系统工作状态进行一次检查；检查监测仪器接地情况，检查监测站房防雷措施。检查和保养仪器易损耗件，必要时进行更换；检查及清洗取样单元、消解单元、检测单元、计量单元等。

4）每季度现场维护内容：

检查及更换仪器易损耗件，检查关键零部件的可靠性，如计量单元准确性、反应室密封性等，必要时进行更换。对于水污染源在线监测仪器所产生的废液应使用专用容器予以回收，交由有危险废物处理资质的单位进行处理，不得随意排放或回流入污水排放口。

5）其他预防性维护：

保证监测站房的安全性，进出监测站房应进行登记，包括出入时间、人员、出入原因等内容，应设置视频监控系统。

保持监测站房的清洁，保持设备的清洁，保证监测站房内的温度、湿度满足仪器正常运行的需求。

保持各仪器管路通畅，出水正常，无漏液。

对电源控制器、空调、排风扇、供暖、消防设备等辅助设备要进行经常性的检查。

此处未提及的维护内容，按相关仪器说明书的要求进行仪器维护保养、进行易耗品的定期更换工作。

7.6.2.2　维护记录

操作人员应详细了解水污染源在线监测系统的基本情况，填写相关记录表格。在对系统进行日常维护时，应做好巡检维护记录，巡检维护记录应包括日志检查、耗材检查、辅助设备检查、采样系统检查、水污染源在线监测仪器检查、数据采集传输系统检查等必检项目和记录，以及仪器使用说明书中规定的其他检查项目和仪器参数设置记录、标样核查及校准结果记录、检修记录、易耗品更换记录、标准样品更换记录和实际水样比对试验结果记录。

7.6.3 运行技术要求

运行技术要求包括自动标样核查和自动校准、实际水样比对试验。

7.6.3.1 自动标样核查和自动校准

选用浓度约为现场工作量程上限值0.5倍的标准样品定期进行自动标样核查。如果自动标样核查结果不满足《水污染源在线监测系统（COD_{Cr}、NH_3-N 等）运行技术规范》（HJ 355—2019）表 1（以下简称表 1）的规定，则应对仪器进行自动校准。仪器自动校准完后应使用标准溶液进行验证（可使用自动标样核查代替该操作），验证结果应符合表 1 的规定，如不符合则应重新进行一次校准和验证，如 6 h 内仍不符合表 1 的规定，则应进入人工维护状态。

在线监测仪器自动校准及验证时间如果超过 6 h，则应采取人工监测的方法向相应生态环境主管部门报送数据，数据报送每天不少于 4 次，间隔不得超过 6 h。

自动标样核查周期最长间隔不得超过 24 h，校准周期最长间隔不得超过 7 d。

7.6.3.2 实际水样比对试验

除流量外，运维人员每月应对每个站点所有自动分析仪至少进行一次实际水样比对试验；对于超声波明渠流量计每季度至少用便携式明渠流量计比对装置进行一次比对试验，试验结果均应满足表 1 规定的要求。

（1）COD_{Cr}、TOC、NH_3-N、TP、TN 水质自动分析仪

每月至少进行一次实际水样比对试验，采用水质自动分析仪与国家环境监测分析方法标准分别对相同的水样进行分析，两者测量结果组成一个测定数据对，至少获得三个测定数据对，计算实际水样比对试验的绝对误差或相对误差。

当实际水样比对试验的结果不满足标准规定的性能指标要求时，应对仪器进行校准和标准溶液验证后再次进行实际水样比对试验。如第二次实际水样比对试验结果仍不符合性能指标要求时，仪器应进入维护状态，同时此次实际水样比对

试验至上次仪器自动校准或自动标样核查期间所有的数据均判断为无效数据。

仪器维护时间超过 6 h 时，应采取人工监测的方法向相应生态环境主管部门报送数据，数据报送每天不少于 4 次，间隔不得超过 6 h。

（2）pH 水质自动分析仪和温度计

每月至少进行一次实际水样比对试验，采用 pH 水质自动分析仪和温度计与国家环境监测分析方法标准分别对相同的水样进行分析，计算仪器测量值与国家环境监测分析方法标准测定值的绝对误差。

如果比对结果不符合标准规定的性能指标要求时，应对 pH 水质自动分析仪和温度计进行校准，校准完成后需再次进行比对，直至合格。

（3）超声波明渠流量计

每季度至少用便携式明渠流量计比对装置对现场安装使用的超声波明渠流量计进行一次比对试验（比对前应对便携式明渠流量计进行校准），如比对结果不符合标准规定的性能指标要求时，应对超声波明渠流量计进行校准，校准完成后需再次进行比对，直至合格。

1）液位比对：分别用便携式明渠流量计比对装置（液位测量精度≤1 mm）和超声波明渠流量计测量同一水位观测断面处的液位值，进行比对试验，每 2 min 读取一次数据，连续读取 6 次，计算每一组数据的误差值，选取最大的一组误差值作为流量计的液位误差。

2）流量比对：分别用便携式明渠流量计比对装置和超声波明渠流量计测量同一水位观测断面处的瞬时流量，进行比对试验，待数据稳定后，开始计时，计时 10 min，分别读取明渠流量比对装置该时段内的累积流量和超声波明渠流量计该时段内的累积流量，最终计算出流量比对误差。

7.6.3.3　有效数据率

以月为周期，计算每个周期内水污染源在线监测仪实际获得的有效数据的个数占应获得的有效数据的个数的百分比不得小于 90%，有效数据的判定参见

HJ 356—2019 的相关规定。

7.6.4 检修和故障处理要求

污染源自动监测设备发生故障后，应该严格按照相关技术规范及管理要求进行设备检修，具体情况如下：

1）水污染源在线监测系统需维修的，应在维修前报相应生态环境主管部门备案；需停运、拆除、更换、重新运行的，应经相应生态环境主管部门批准同意。

2）因不可抗力和突发性原因致使水污染源在线监测系统停止运行或不能正常运行时，应当在 24 h 内报告相应生态环境主管部门并书面报告停运原因和设备情况。

3）运维单位发现故障或接到故障通知，应在规定的时间内赶到现场进行处理并排除故障，无法及时进行处理的应安装备用仪器。

4）水污染源在线监测仪器经过维修后，在正常使用和运行之前应确保其维修全部完成并通过校准和比对试验。若对在线监测仪器进行了更换，在正常使用和运行之前，确保其性能指标满足表 1 的要求。维修和更换的仪器，可由第三方或运行单位自行出具比对检测报告。

5）数据采集传输仪发生故障，应在相应生态环境主管部门规定的时间内进行修复或更换，并能保证已采集的数据不丢失。

6）运维单位应备有足够的备品备件及备用仪器，对其使用情况进行定期清点，并根据实际需要进行增购。

7）当水污染源在线监测仪器因故障或维护等原因不能正常工作时，应及时向相应生态环境主管部门报告，必要时采取人工监测，监测周期间隔不大于 6 h，数据报送每天不少于 4 次，监测技术要求参照《污水监测技术规范》（HJ 91.1—2019）执行。

7.6.5 运行比对监测要求

7.6.5.1 在线监测系统采样管理

比对监测时，应记录水污染源在线监测系统是否按照 HJ 353—2019 进行采样并在报告中说明有关情况。比对监测应及时正确地做好原始记录，并及时正确地粘贴样品标签，以免混淆。

7.6.5.2 仪器质量控制要求

比对监测时，应核查水污染源在线监测仪器参数设置情况，必要时进行标准溶液抽查，核查标准溶液是否符合相关规定的要求，在记录和报告中说明有关情况；比对监测所使用的标准样品和实际水样应符合现场安装仪器的量程；比对监测期间，不允许对在线监测仪器进行任何调试。

7.6.5.3 比对监测仪器性能要求

比对监测期间应对水污染源在线监测仪器进行比对试验，并符合表 1 的要求。

7.6.6 运行档案与记录

1）水污染源在线监测系统运行的技术档案包括仪器的说明书、HJ 353—2019 要求的系统安装记录和 HJ 354—2019 要求的验收记录、仪器的检测报告以及各类运行记录表格。

2）运行记录应清晰、完整，现场记录应在现场及时填写。可从记录中查阅和了解仪器设备的使用、维修和性能检验等全部历史资料，以对运行的各台仪器设备做出正确评价。与仪器相关的记录可放置在现场并妥善保存。

3）运行记录表格主要包括水污染源在线监测系统基本情况、巡检维护记录表、水污染源在线监测仪器参数设置记录表、标样核查及校准结果记录表、检修记录表、易耗品更换记录表、标准样品更换记录表、实际水样比对试验结果记录表、水污染源在线监测系统运行比对监测报告、运行工作检查表等（表格样式详见 HJ 355—2019），运维单位可根据实际需求及管理需要及时调整及增加不同的表格。

7.6.7 数据有效性判别流程

水污染源在线监测系统的运行状态分为正常采样监测时段和非正常采样监测时段。数据有效性判别流程见图 7-1。

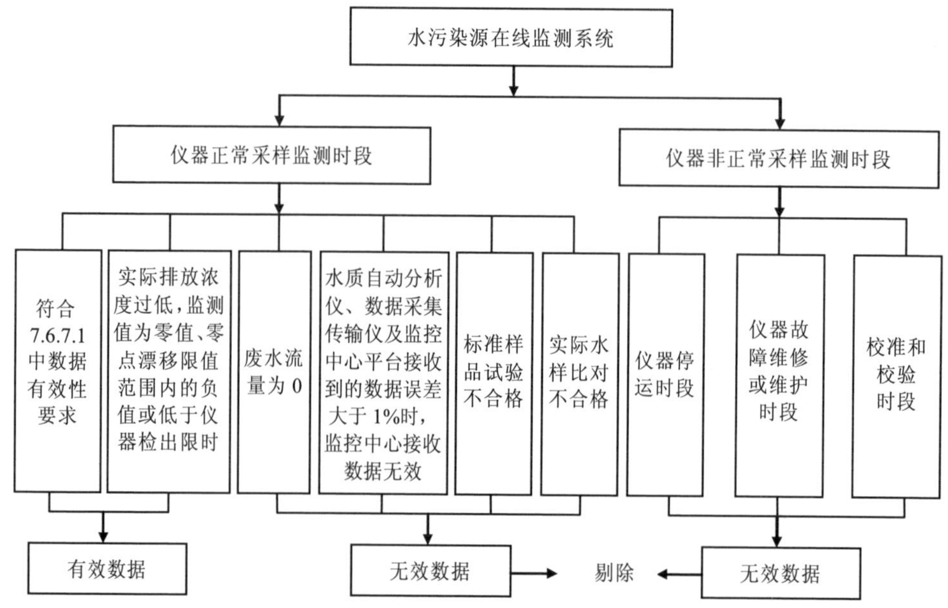

图 7-1 水污染源在线监测系统数据有效性判别流程

7.6.7.1 数据有效性判别指标

（1）实际水样比对试验误差

1）COD_{Cr}、TOC、NH_3-N、TP、TN 水质自动分析仪

对每个站点安装的 COD_{Cr}、TOC、NH_3-N、TP、TN 水质自动分析仪进行自

动监测方法与 HJ 356—2019 表 1 中规定的国家环境监测分析方法标准的比对试验，两者测量结果组成一个测定数据对，至少获得三个测定数据对。比对过程中应尽可能保证比对样品均匀一致，实际水样比对试验结果应满足表 1 的要求。

2）pH 水质自动分析仪与温度计

对每个站点安装的 pH 水质自动分析仪、温度计进行自动监测方法与 HJ 356—2019 表 1 中规定的国家环境监测分析方法标准的比对试验，两者测量结果组成一个测定数据对，比对过程中应尽可能保证比对样品均匀一致，实际水样比对试验结果应满足表 1 的要求。

（2）标准样品试验误差

标准样品试验包括自动标样核查、标准溶液验证。

对每个站点安装的 COD_{Cr}、TOC、NH_3-N、TP、TN 水质自动分析仪，采用有证标准样品作为质控考核样品，以浓度约为现场工作量程上限值 0.5 倍的标准样品进行自动标样核查试验，试验结果应满足表 1 的要求，否则应对仪器进行自动校准，仪器自动校准完成后应使用标准溶液进行验证（可使用自动标样核查代替该操作），验证结果应满足表 1 的要求。

（3）超声波明渠流量计比对试验误差

对每个站点安装的超声波明渠流量计进行自动监测方法与手工监测方法的比对试验，比对试验的方法按照 7.6.3.2 的相关规定进行，比对试验结果应满足表 1 的要求。

7.6.7.2　数据有效性判别方法

（1）有效数据判别

1）排污单位可以利用具备自动标记功能的自动监测设备在自动监测设备现场端进行自动标记，也可以授权有关责任人在自动监控系统企业服务端进行人工标记。鼓励排污单位优先进行自动标记，提高标记准确度，减少人工标记工作量。当同一时段同时存在人工标记和自动标记时，以人工标记为准。排污单位完成标记即为审核确认自动监测数据的有效性。

2）自动标记即时生成，各项自动监测数据由自动监测设备同步按照相关标准规范分别计算。一般情况下，每日 12 时前完成前一日数据的人工标记，各项自动监测数据由自动监控系统企业服务端计算；如因通信中断数据未上传、系统升级维护等导致无法人工标记时，应当在数据上传后或标记功能恢复后 24 h 内完成人工标记。逾期不进行人工标记，视为对自动监测数据的有效性无异议。

3）自动监测日均值数据的有效性，依据自动监测小时均值数据标记情况进行自动判断。

4）正常采样监测时段获取的监测数据，满足 7.6.7.1 的数据有效性判别标准，可判别为有效数据。

5）当监测值为零值、零点漂移限值范围内的负值或低于仪器检出限时，需要通过现场检查、实际水样比对试验、标准样品试验等质控手段来进行识别，对于因实际排放浓度过低而产生的上述数据，仍判断为有效数据。

6）监测值如出现急剧升高、急剧下降或连续不变等情况，则需要通过现场检查、实际水样比对试验、标准样品试验等质控手段来进行识别，再做判别和处理。

7）水污染源在线监测系统的运维记录中应当记载运行过程中报警、故障维修、日常维护、校准等内容，运维记录可作为数据有效性判别的证据。

8）水污染源在线监测系统应可调阅和查看详细的日志，日志记录可作为数据有效性判别的证据。

（2）无效数据判别

1）当自动监测数据不能真实、准确、完整地反映污染物排放实际状况时，排污单位按要求如实标记的，视为自动监测数据无效。

2）当流量为 0 时，在线监测系统输出的监测值为无效数据。

3）当水质自动分析仪、数据采集传输仪以及监控中心平台接收到的数据误差大于 1%时，则监控中心平台接收到的数据为无效数据。

4）当发现标准样品试验不合格、实际水样比对试验不合格时，从此次不合格时刻至上次校准校验（自动校准、自动标样核查、实际水样比对试验中的任何一项）合格时刻期间的在线监测数据均判断为无效数据；从此次不合格时刻起至再次校准校验合格时刻期间的数据，作为非正常采样监测时段数据，判断为无效数据。

5）水质自动分析仪停运期间、因故障维修或维护期间、有计划（质量保证和质量控制）的维护保养期间、校准和校验等非正常采样监测时间段内输出的监测值为无效数据，但对该时段数据做标记，作为监测仪器检查和校准的依据予以保留。判断为无效的数据应注明原因，并保留原始记录。

7.6.7.3　有效均值的计算

（1）数据统计

正常采样监测时段获取的有效数据，应全部参与统计。

当监测值为零值、零点漂移限值范围内的负值或低于仪器检出限，并判断为有效数据时，应采用修正后的值参与统计。修正规则：COD_{Cr} 修正值为 2 mg/L、NH_3-N 修正值为 0.01 mg/L、TP 修正值为 0.005 mg/L、TN 修正值为 0.025 mg/L。

（2）有效日均值

有效日均值是对应于以每日为一个监测周期内获得的某个污染物（COD_{Cr}、NH_3-N、TP、TN）的所有有效监测数据的平均值，参与统计的有效监测数据数量应不少于当日应获得数据数量的 75%。有效日均值是以流量为权的某个污染物的有效监测数据的加权平均值。

（3）有效月均值

有效月均值是对应于以每月为一个监测周期内获得的某个污染物（COD_{Cr}、NH_3-N、TP、TN）的所有有效日均值的算术平均值，参与统计的有效日均值数量应不少于当月应获得数据数量的 75%。

7.6.7.4　无效数据的处理

正常采样监测时段，当 COD_{Cr}、NH_3-N、TP 和 TN 监测值判断为无效数据，且无法计算有效日均值时，其污染物日排放量可以用上次校准校验合格时刻前 30 个有效日排放量中的最大值进行替代，污染物浓度和流量不进行替代。在非正常采样监测时段，当 COD_{Cr}、NH_3-N、TP 和 TN 监测值判断为无效数据，且无法计算有效日均值时，应优先使用人工监测数据进行替代，每天获取的人工监测数据应不少于 4 次，替代数据包括污染物日均浓度、污染物日排放量。如无人工监测数据替代，其污染物日排放量可以用上次校准校验合格时刻前 30 个有效日排放量中的最大值进行替代，污染物浓度和流量不进行替代。

流量为 0 时的无效数据不进行替代。

第 8 章　废气手工监测技术要点

与废水手工监测类似，废气手工监测也是一个全面性、系统性的工作。我国同样有一系列监测技术规范和方法标准用于指导和规范废气手工监测。本章立足现有的技术规范和标准，结合日常工作经验，分别针对有组织废气、无组织废气归纳总结了常见的方法和操作要求，以及方法使用过程中的重点注意事项。对于一些虽然适用，但不够便捷，目前实际应用很少的方法，本书中未列举。若排污单位根据实际情况，确实需要采用这类方法的，应严格按照方法的适用条件和要求开展相关监测活动。

8.1　有组织废气监测

8.1.1　监测方式

有组织废气监测主要是针对排污单位通过排气筒排放的污染物排放浓度、排放速率、排气参数等开展的监测，主要的监测方式有现场测试和现场采样+实验室分析两种。

1）现场测试：指采用便携式仪器在污染源现场直接采集气态样品，通过预处理后进行即时分析，现场得到污染物的相关排放信息。目前，采用现场测试的主要指标包括二氧化硫、氮氧化物、排气参数（温度、氧含量、含湿量、流速）等，测试方法主要包括定电位电解法、非分散红外法、紫外吸收法、傅里叶变换红外吸收法、皮托管法、热电偶法、干湿球法等。

2）现场采样+实验室分析：指采用特定仪器采集一定量的污染源废气并妥善保存带回实验室进行分析。目前我国多数污染物指标仍采用这种监测方式，主要的采样方式包括直接采样法（如气袋、注射器、真空瓶等）和富集（浓缩）采样法（如活性炭吸附、滤筒、滤膜捕集、吸收液吸收等），主要的分析方法包括重量法、色谱法、质谱法、分光光度法等。

8.1.2 现场采样

8.1.2.1 采样点位

根据《橡胶和塑料制品指南》的规定，根据不同橡胶制品、塑料制品的生产工艺特征，确定不同的监测点位。橡胶制品和塑料制品工业排污单位有组织废气排放采样点位分别见表 8-1、表 8-2。

表 8-1 橡胶制品工业排污单位有组织废气排放采样点位

排污单位类别	采样点位
轮胎制造、橡胶板管带制造、橡胶零件制造、运动场地用塑胶制造和其他橡胶制品制造	炼胶排气筒
	硫化排气筒
	胶浆制备、浸浆、胶浆喷涂和涂胶排气筒
	热/冷翻排气筒
日用及医用橡胶制品制造	配料排气筒
	浸渍排气筒
	硫化排气筒
轮胎制造、橡胶板管带制造、橡胶零件制造、日用及医用橡胶制品制造、运动场地用塑胶制造和其他橡胶制品制造	有机废气治理设施（燃烧法）排气筒
	综合废水处理站排气筒

表 8-2　塑料制品工业排污单位有组织废气排放采样点位

排污单位类别	采样点位
塑料合成革制造（干法工艺）	配料、涂刮、贴合、烘干排气筒
塑料合成革制造（湿法工艺）	配料、含浸、涂刮、凝固、水洗、烘干、冷却排气筒
塑料合成革制造（超细纤维工艺）	配料、含浸、凝固、水洗、抽出、干燥排气筒
塑料人造革、合成革制造	二甲基甲酰胺回收精馏塔排气筒
	后处理排气筒
使用聚氯乙烯树脂生产的塑料薄膜制造	混料、挤出、吹膜、成型排气筒
使用除聚氯乙烯以外的树脂生产的塑料薄膜制造	
使用聚氯乙烯树脂生产的塑料板管型材制造	混料、挤出、成型排气筒
使用除聚氯乙烯以外的树脂生产的塑料板管型材制造	
使用除聚氯乙烯以外的树脂生产的塑料丝绳及编织品制造	混料、挤出、喷丝排气筒
使用聚氯乙烯树脂生产的泡沫塑料制造	配料、涂覆、发泡、挤出、成型、熟化排气筒
使用除聚氯乙烯以外的树脂生产的泡沫塑料制造	
使用除聚氯乙烯以外的树脂生产的塑料包装箱及容器制造	塑化、成型排气筒
使用聚氯乙烯树脂生产的日用塑料制品制造	塑化、成型、模压排气筒
使用除聚氯乙烯以外的树脂生产的日用塑料制品制造	
使用除聚氯乙烯以外的树脂生产的人造草坪制造	挤出、喷丝、背胶、烘干排气筒
使用聚氯乙烯树脂生产的塑料零件及其他塑料制品制造	配料、塑化、成型、浸渍、烘干、层压排气筒
使用除聚氯乙烯以外的树脂生产的塑料零件及其他塑料制品制造	
所有类别的塑料制品制造	印刷排气筒
	有机废气治理设施（燃烧法）排气筒
	综合废水处理站排气筒

在实际运行中，企业可以将同类排气筒进行合并，通常以一条生产线或一个车间为单位设置一个污染治理设施，将所有工序的同类废气进行合并处理后排放，其监测点位可以为生产线废气排气筒或车间废气排气筒。

8.1.2.2 现场采样方式

（1）现场直接采样

现场直接采样包括注射器采样、气袋采样、采样管采样和真空瓶（管）采样。现场进行采样时，应按照《固定污染源排气中颗粒物测定与气态污染物采样方法》（GB/T 16157—1996）的规定配备相应的采样系统采样。

1）注射器采样

常用 100 mL 注射器采集样品。进行采样时，先用现场气体抽洗 2～3 次，然后抽取 100 mL，密封进气口，带回实验室分析。样品应尽快分析，放置时间不超过 8 h。

气相色谱分析法常采用此法取样。取样后，应将注射器进气口朝下，垂直放置，以使注射器内压略大于外压，避光保存。

2）气袋采样

应选用不吸附、不渗漏，也不与样气中污染组分发生化学反应的气袋，如聚四氟乙烯袋、聚乙烯袋、聚氯乙烯袋和聚酯袋等，还有用金属薄膜作衬里（如衬银、衬铝）的气袋。

进行采样时，先用待测废气冲洗 2～3 次，再充满样气，夹封进气口，带回实验室尽快分析。

3）采样管采样

进行采样时，打开两端旋塞，用抽气泵接在采样管的一端，迅速抽进比采样管容积大 6～10 倍的待测气体，使采样管中原有气体被完全置换出，关上旋塞，采样管体积即为采气体积。

4）真空瓶采样

真空瓶是一种具有活塞的耐压玻璃瓶。进行采样前，先用抽真空装置把真空瓶内的气体抽走，抽气减压到绝对压力为 1.33 kPa。采样时，打开旋塞采样，采完关闭旋塞，则采样体积即为真空瓶体积。

（2）富集（浓缩）采样法

主要包括溶液吸收法、填充柱阻留法和滤料阻留法等。

1）溶液吸收法

原理：进行采样时，用抽气装置将待测废气以一定流量抽入装有吸收液的吸收瓶采集一段时间。采样结束后，送实验室进行测定。

常用吸收液：酸碱溶液、有机溶剂等。

吸收液选用应遵循的原则：

①反应快，溶解度大；

②稳定时间长；

③吸收后利于分析；

④毒性小，价格低，易回收。

2）填充柱阻留法

原理：填充柱是用一根长 6～10 cm、内径 3～5 mm 的玻璃管或塑料管，内装颗粒状填充剂制成。进行采样时，让气样以一定流速通过填充柱，待测组分因吸附、溶解或化学反应等作用被阻留在填充剂上，达到浓缩采样的目的。采样后，通过解吸或溶剂洗脱，使被测组分从填充剂上释放出来进行测定。

填充剂的主要类型：

①吸附型：活性炭、硅胶、分子筛、高分子多孔微球等；

②分配型：涂高沸点有机溶剂的惰性多孔颗粒物；

③反应型：惰性多孔颗粒物、纤维状物表面能与被测组分发生化学反应。

3）滤料阻留法

原理：该方法是将过滤材料（如滤筒、滤膜等）放在采样装置内，用抽气装置抽气，废气中的待测物质被阻留在过滤材料上，根据相应的分析方法测定出待测物质的含量。

常用的过滤材料：玻璃纤维滤筒、石英滤筒、刚玉滤筒、玻璃纤维滤膜、过氯乙烯滤膜、聚苯乙烯滤膜、微孔滤膜、核孔滤膜等。

8.1.2.3 现场采样技术要点

进行有组织废气排放监测时，采样点位布设、采样频次、时间、监测分析方法以及质量保证等均应符合《固定污染源排气中颗粒物测定与气态污染物采样方法》（GB/T 16157—1996）和《固定源废气监测技术规范》（HJ/T 397—2007）的规定。

（1）采样位置

1）采样位置应避开对测试人员操作有危险的场所。

2）采样位置应优先选择在垂直管段，避开烟道弯头和断面急剧变化的部位。采样位置应设置在距弯头、阀门、变径管下游方向不小于 6 倍直径和距上述部件上游方向不小于 3 倍直径处。采样断面的气流速度最好在 5 m/s 以上。采样孔内径应不小于 80 mm，宜选用 90～120 mm 内径的采样孔。

3）当测试现场空间位置有限，很难满足上述要求时，可选择比较适宜的管段进行采样，但采样断面与弯头等的距离至少是烟道直径的 1.5 倍，并应适当增加测点的数量和采样频次。

4）对于气态污染物，由于混合比较均匀，其采样位置可不受上述规定限制，但应避开涡流区。

5）采样平台应有足够的工作面积使工作人员安全、方便操作。监测平台长度应≥2 m、宽度≥2 m 或不小于采样枪长度外延 1 m，周围设置 1.2 m 以上的安全护栏，有牢固并符合要求的安全措施；当采样平台设置在离地面高度≥2 m 的位置时，应有通往平台的斜梯（或 Z 字形梯、旋梯），宽度应≥0.9 m；当采样平台设置在离地面高度≥20 m 的位置时，应有通往平台的升降梯。

6）进行颗粒物和废气流量测量时，根据采样位置尺寸进行多点分布采样测量；排气参数（温度、含湿量、氧含量）和气态污染物一般情况下在管道中心位置测定。

（2）排气参数的测定

1）温度的测定：常用测定方法为热电偶法或电阻温度计法。一般情况下可在靠近烟道中心的一点测定，封闭测孔，待温度计读数稳定后读取数据。

2）含湿量的测定：常用测定方法为干湿球法。在靠近烟道中心的一点测定，封闭测孔，使气体在一定的速度下流经干球、湿球温度计，根据干球、湿球温度计的读数和测点处排气的压力，计算出排气的水分含量。

3）氧含量的测定：常用测定方法为电化学法或氧化锆氧分仪法。在靠近烟道中心的一点测定，封闭测孔，待氧含量读数稳定后读取数据。

4）流速、流量的测定：常用测定方法为皮托管法。根据测得的某点处的动压、静压及温度、断面截面积等参数计算出排气流速和流量。

（3）采样频次和采样时间

采样频次和采样时间确定的主要依据：相关标准和规范的规定和要求；实施监测的目的和要求；被测污染源污染物排放特点、排放方式及排放规律，生产设施和治理设施的运行状况；被测污染源污染物排放浓度的高低和所采用的监测分析方法的检出限。

具体要求如下：

1）相关标准中对采样频次和采样时间有规定的，按相关标准的规定执行。

2）相关标准中没有明确规定的，排气筒中废气的采样以连续 1 h 的采样获取平均值，或在 1 h 内，以等时间间隔采集 3～4 个样品，并计算平均值。

3）特殊情况下，若某排气筒的排放为间断性排放，排放时间小于 1 h，应在排放时段内实行连续采样，或在排放时段内等间隔采集 2～4 个样品，并计算平均值；若某排气筒的排放为间断性排放，排放时间大于 1 h，则应在排放时段内按 2）的要求进行采样。

（4）监测分析方法选择

进行监测分析方法选择时，应遵循以下原则：

1）监测分析方法的选用应充分考虑相关排放标准的规定、被测污染源排放特点、污染物排放浓度的高低、所采用监测分析方法的检出限和干扰等因素。

2）当相关排放标准中有监测分析方法的规定时，应采用标准中规定的方法。

3）对相关排放标准未规定监测分析方法的污染物项目，应选用国家环境保护标准、环境保护行业标准规定的方法。

4）在某些项目的监测中，尚无方法标准的，可采用国际标准化组织（ISO）或其他国家的等效方法标准，但应经过验证合格，其检出限、准确度和精密度应能达到质量控制要求。

（5）质量保证要求

1）属于国家强制检定目录内的工作计量器具，必须按期送至计量部门进行检定，检定合格，取得检定证书后方可用于监测工作。

2）排气温度、氧含量、含湿量、流速测定、烟气、烟尘测定等仪器应根据要求定期进行校准，对一些仪器使用的电化学传感器应根据使用情况及时进行更换。

3）在采样系统采样前应进行气密性检查，防止系统漏气。检查采样嘴、皮托管等是否变形或损坏。

4）滤筒、滤料等外观应无裂纹、空隙或破损，无挂毛或碎屑，能耐受一定的高温和机械强度。采样管、连接管、滤筒、滤料等应不被腐蚀、不与待测组分发生化学反应。

5）样品采集后注意样品的保存要求，应尽快送至实验室进行分析。

8.1.3 指标测定

各监测指标除应遵循 8.1.1 监测方式和 8.1.2 现场采样的相关要求外，还应遵循各自的具体要求。

8.1.3.1 颗粒物

（1）常用方法

颗粒物的监测一般使用重量法，采用现场采样+实验室分析的监测方式，利用等速采样原理，抽取一定量的含颗粒物的废气，根据所捕集到的颗粒物质量和同时抽取的废气体积，计算出废气中颗粒物的浓度。

目前颗粒物监测方法标准主要有《固定污染源排气中颗粒物测定与气态污染物采样方法》（GB/T 16157—1996）及修改单和《固定污染源废气　低浓度颗粒物的测定　重量法》（HJ 836—2017）。根据环境保护部的相关规定，在测定有组织废气中颗粒物浓度时，应遵循表 8-3 中的规定选择合适的监测方法标准。

表 8-3　常用颗粒物监测标准方法的适用范围

序号	废气中颗粒物浓度范围	适用的标准方法
1	≤20 mg/m^3	《固定污染源废气　低浓度颗粒物的测定　重量法》（HJ 836—2017）
2	＞20 mg/m^3 且≤50 mg/m^3	《固定污染源废气　低浓度颗粒物的测定　重量法》（HJ 836—2017）、《固定污染源排气中颗粒物测定与气态污染物采样方法》（GB/T 16157—1996），均适用
3	＞50 mg/m^3	《固定污染源排气中颗粒物测定与气态污染物采样方法》（GB/T 16157—1996）

依据《固定污染源排气中颗粒物测定与气态污染物采样方法》（GB/T 16157—1996）进行颗粒物监测时，仅将滤筒作为样品，进行采样前、后的分析称量，依据《固定污染源废气　低浓度颗粒物的测定　重量法》（HJ 836—2017）进行低浓度颗粒物监测时，需要将装有滤膜的采样头作为样品，进行采样前、后的整体称量。

（2）注意事项

1）进行样品采集时，采样嘴应对准气流方向，与气流方向的偏差不得大于 10°；不同于气态污染物，颗粒物在排气筒监测断面（横截面）上的分布是不均匀的，须多点等速、等时长进行采样，且每个点采样时间不少于 3 min。

2）应选择在气流平稳的工况下进行采样。采样前后，排气筒内气流流速变化不应大于 10%，否则应重新测量。

3）每次在开展低浓度颗粒物监测时，每批次应采集全程序空白样品。实际监测样品的增重若低于全程序空白样品的增重，则认定该实际监测样品无效，当低浓度颗粒物样品采样体积为 1 m^3 时，方法检出限为 1.0 mg/m^3。

4）任何低于全程序空白增重的样品均无效。

5）全程序空白的增重除以对应测量系列的平均体积不超过排放标准的 10%。

6）当颗粒物浓度低于检出限时，对应的全程序空白增重和失重均不应超过 0.5 mg。

7）采样前、后及平衡及称量的环境温度和湿度应保持一致，避免静电对称量的影响。

8）保证同一称量部件在采样前、后为同一人员和同一台天平。

8.1.3.2 非甲烷总烃

（1）常用方法

进行废气中非甲烷总烃监测时，主要依据为《固定污染源废气　总烃、甲烷和非甲烷总烃的测定　气相色谱法》（HJ 38—2017）。采用气袋或玻璃注射器进行现场采集样品，之后送至实验室将气体样品直接注入具氢火焰离子化检测器的气相色谱仪，分别在总烃柱和甲烷柱上测定总烃和甲烷的含量，两者之差即为非甲烷总烃的含量。同时以除烃空气代替样品，测定氧在总烃柱上的响应值，以排除样品中的氧对总烃测定的干扰。

（2）注意事项

1）用气袋进行采样时，连接采样装置，开启加热采样管电源，将采样管加热并保持在（120±5）℃（有防爆安全要求的除外），气袋须用样品气清洗至少 3 次，结束采样后样品应立即放入样品保存箱内保存，直至进行样品分析时取出。用玻璃注射器进行采样时，除遵循上述规定外，采集样品的玻璃注射器用惰性密封头密封。

2）样品采集时应采集全程序空白，将注入除烃空气的采样容器带至采样现场，与同批次采集的样品一起送回实验室进行分析。

3）采集样品的玻璃注射器应小心轻放，防止破损，保持针头端向下状态放入样品保存箱内保存和运送。样品常温避光保存，采样后尽快完成分析。玻璃注射器保存的样品，放置时间不应超过 8 h；气袋保存的样品，放置时间不应超过 48 h，如仅测定甲烷，应在 7 d 内完成。

4）分析高沸点组分样品后，可通过提高柱温等方式去除分析系统残留的影响，并通过分析除烃空气予以确认。

8.1.3.3 苯、甲苯、二甲苯

（1）常用方法

进行废气中苯、甲苯、二甲苯监测时，主要依据为《固定污染源废气 苯系物的测定 气袋采样/直接进样-气相色谱法》（HJ 1261—2022）。

用气袋采集固定污染源废气中的苯系物，取一定体积的样品直接注入带有氢火焰离子化检测器（FID）的气相色谱仪中分离测定分析。根据保留时间定性，外标法定量。

（2）注意事项

1）测定样品时环境温度宜保持在 20℃以上，并尽量使环境温度保持恒定。

2）进行高浓度样品与低浓度样品、标准样品与低浓度样品交替分析时，会发生交叉污染，应及时清洗手动进样设备或六通进样阀。

3）将采样气袋在 60～80℃下加热 30 min，可提高清洗效率；当样品的浓度高于 200 mg/m^3 时，会有残留影响，不宜继续使用。

4）当样品有液体凝结需要加热时，建立工作曲线的标准系列也应在相同的条件下加热。

8.1.3.4 二氧化硫（SO_2）

（1）常用方法

二氧化硫（SO_2）是有组织废气排放的主要常规污染物之一，目前主要的监测方法有定电位电解法、非分散红外吸收法、便携式紫外吸收法、便携式傅里叶变换红外光谱法 4 种现场测试方法，标准监测方法见表 8-4。

表 8-4 常用二氧化硫监测标准方法

序号	标准方法	原理及特点
1	《固定污染源废气 二氧化硫的测定 定电位电解法》（HJ 57—2017）	（1）废气被抽入主要由电解槽、电解液和电极组成的传感器中，二氧化硫通过渗透膜扩散到电极表面，发生氧化反应，产生的极限电流大小与二氧化硫浓度成正比。 （2）需要配备除湿性能较好的预处理器，以去除水分对监测的影响。 （3）测定时，易受一氧化碳干扰
2	《固定污染源废气 二氧化硫的测定 非分散红外吸收法》（HJ 629—2011）	（1）二氧化硫气体在 6.82～9 μm 红外光谱波长具有选择性吸收。当一束恒定波长为 7.3 μm 的红外光通过二氧化硫气体时，其光通量的衰减与二氧化硫的浓度符合朗伯-比尔定律定量。 （2）需要配备除湿性能较好的预处理器，以排除水分对监测结果的影响
3	《固定污染源废气 二氧化硫的测定 便携式紫外吸收法》（HJ 1131—2020）	（1）二氧化硫对紫外光区内 190～230 nm 或 280～320 nm 特征波长光具有选择性吸收。根据朗伯-比尔定律定量测定废气中二氧化硫的浓度。 （2）需要配备除湿性能较好的预处理器，以消除或减少排出水分对监测结果的影响。 （3）应通过高效过滤除尘等方法消除或减少废气中颗粒物对仪器的污染
4	《固定污染源废气 气态污染物（SO_2、NO、NO_2、CO、CO_2）的测定 便携式傅里叶变换红外光谱法》（HJ 1240—2021）	（1）在一定条件下，红外吸收光谱中目标化合物的特征吸收峰强度与其浓度遵循朗伯-比尔定律，根据吸收峰强度可对目标化合物进行定量分析。 （2）需要配备除湿性能较好的预处理器，以消除或减少排出水分对监测结果的影响。 （3）应通过高效过滤除尘等方法消除或减少废气中颗粒物对仪器的污染

（2）注意事项

1）水分对二氧化硫测定影响较大。废气中的高含水量和水蒸气会对测定结果造成负干扰，还会对仪器检测器/检测室造成损坏和污染，因此在进行监测时，特别是在废气含湿量较高的情况下，应使用除湿性能较好的预处理设备，及时排空除湿装置的冷凝水，防止影响测定结果。

2）对于定电位电解法而言，一氧化碳对二氧化硫监测会存在一定程度的干扰。监测仪器应具有一氧化碳测试功能，当一氧化碳浓度高于 50 μmol/mol 时，应根据《固定污染源废气 二氧化硫的测定 定电位电解法》（HJ 57—2017）中的附录 A 进行一氧化碳干扰试验，确定仪器的适用范围，根据一氧化碳、二氧化硫浓度是否超出了干扰试验允许的范围，从而对二氧化硫数据是否有效进行判定。

3）监测结果一般应在校准量程的 20%～100%，特别是应注意不能超过校准量程，因此在监测活动正式开展前，应根据历史监测资料，预判二氧化硫可能的浓度范围，从而选择合适的标准气体进行校准，确定校准量程。

4）在监测活动开展全过程中，仪器不得关机。

5）在定电位电解法仪器测定二氧化硫的传感器更换后，应重新开展干扰试验。对于未开展一氧化碳干扰试验的定电位电解法仪器，在有组织废气监测过程中，当一氧化碳浓度高于 50 μmol/mol 时，同步测得的二氧化硫数据应作为无效数据予以剔除。

8.1.3.5　氮氧化物（NO_x）

（1）常用方法

有组织废气中的氮氧化物（NO_x）包括以一氧化氮（NO）和二氧化氮（NO_2）两种形式存在的氮的氧化物，因此对有组织废气中氮氧化物（NO_x）的监测实际上是通过对一氧化氮（NO）和二氧化氮（NO_2）的监测实现的。

表 8-5 给出了有组织废气中氮氧化物监测标准方法的原理及特点。

表 8-5　常用氮氧化物监测标准方法

序号	标准方法	原理及特点
1	《固定污染源废气　氮氧化物的测定　定电位电解法》（HJ 693—2014）	（1）废气被抽入主要由电解槽、电解液和电极组成的传感器中，一氧化氮或二氧化氮通过渗透膜扩散到电极表面，发生氧化还原反应，产生的极限电流大小与一氧化氮或二氧化氮浓度成正比。 （2）两个不同的传感器分别测定一氧化氮（以 NO_2 计）和二氧化氮，两者测定之和为氮氧化物（以 NO_2 计）
2	《固定污染源废气　氮氧化物的测定　非分散红外吸收法》（HJ 692—2014）	（1）利用 NO 对红外光谱区，特别是对 5.3 μm 波长光的选择性吸收，由朗伯-比尔定律定量 NO 和废气中 NO_2 通过转换器还原为 NO 后的浓度。 （2）一般先将废气通入转换器，将废气中的二氧化氮还原为一氧化氮，再将废气通入非分散红外吸收法仪器进行监测，此时，由二氧化氮转化而来的一氧化氮，将和废气中原有的一氧化氮一起经过分析测试，测得结果为总的氮氧化物（以 NO_2 计）

序号	标准方法	原理及特点
3	《固定污染源废气　氮氧化物的测定　便携式紫外吸收法》（HJ 1132—2020）	（1）一氧化氮对紫外光区内 200～235 nm 特征波长光，二氧化氮对紫外光区内 220～250 nm 或 350～500 nm 特征波长光具有选择性吸收。根据朗伯-比尔定律定量测定废气中一氧化氮和二氧化氮的浓度。 （2）需要配备除湿性能较好的预处理器，以消除或减少排出水分对监测结果的影响。 （3）应通过高效过滤除尘等方法消除或减少废气中颗粒物对仪器的污染
4	《固定污染源废气　气态污染物（SO_2、NO、NO_2、CO、CO_2）的测定　便携式傅里叶变换红外光谱法》（HJ 1240—2021）	（1）在一定条件下，红外吸收光谱中目标化合物的特征吸收峰强度与其浓度遵循朗伯-比尔定律，根据吸收峰强度可对目标化合物进行定量分析。 （2）需要配备除湿性能较好的预处理器，以消除或减少排出水分对监测结果的影响。 （3）应通过高效过滤除尘等方法消除或减少废气中颗粒物对仪器的污染

从表 8-5 中可以看出，常用的有组织废气中氮氧化物（NO_x）的监测方法主要包括定电位电解法、非分散红外吸收法、便携式紫外吸收法、便携式傅里叶变换红外光谱法 4 种现场测试方法，这 4 种方法实现氮氧化物测定的过程方式是不同的，但最终监测结果均以 NO_2 计。

（2）注意事项

1）测定结果一般应在校准量程的 20%～100%，特别是应注意不能超过校准量程（当检测结果小于测定下限时不受本条限制）。

2）在开展监测活动全过程中，仪器不得关机。

3）采用非分散红外吸收法测定氮氧化物时，应注意至少每半年做一次 NO_2 的转化效率的测定，转化效率不能低于 85%，否则应更换还原剂；在监测活动中，进入转换器的 NO_2 浓度不能大于 200 μmol/mol。

8.1.3.6　臭气浓度

（1）常用方法

进行废气中臭气浓度监测时，主要依据为《环境空气和废气　臭气的测定　三点比较式臭袋法》（HJ 1262—2022）。采用三点比较式臭袋法测定臭气时，是先将三只无臭袋中的两只充入无臭空气，另一只则按一定稀释比例充入无臭空气和被测臭气样品供嗅辨员嗅辨，当嗅辨员正确识别有臭气袋后，再逐级进行稀释、嗅辨，直至稀释样品的臭气浓度低于嗅辨员的嗅觉阈值时终止实验。每个样品由若干名嗅辨员同时测定，最后根据嗅辨员的个人嗅觉阈值和嗅辨小组成员的平均阈值，求得臭气浓度。

（2）注意事项

1）臭气样品分析实验采用无油泵（空压机）向无臭空气净化装置供气，严禁使用含油或其他散发气味的供气设备。

2）无臭空气净化装置的通气速度、活性炭和分子筛的填充量、活性炭和分子筛的更换周期等根据嗅辨员嗅辨实验结果来决定。

3）环境空气和无组织排放监控点空气采样所用真空瓶与固定污染源废气采样所用真空瓶不得混用，采样袋和嗅辨袋均不得重复使用。

4）标准臭液贮备液和标准臭液使用液应妥善保管，废弃物依法交由有资质的单位进行处置，严防泄漏造成恶臭污染。

5）经嗅辨后的采样袋和嗅辨气袋应在通风橱内排气，不得在嗅辨室内排气。

6）嗅辨员在参加嗅辨实验当日不得使用香料、有气味的洗浴用品和化妆品，患感冒或其他影响嗅觉的疾病（如过敏、鼻窦炎等）时不得参加嗅辨实验。

8.1.3.7　氨

（1）常用方法

废气中氨监测主要依据为《环境空气和废气　氨的测定　纳氏试剂分光光度法》（HJ 533—2009）。用稀硫酸溶液吸收空气中的氨，生成的铵离子与纳氏试剂反应生成黄棕色络合物，该络合物的吸光度与氨的含量成正比，在 420 nm 波长处测量吸光度，根据吸光度计算氨的含量。

环境空气采样：用 10 mL 吸收管，以 0.5～1.0 L/min 的流量采集，至少 45 min。

固定污染源废气采样：用 50 mL 吸收管，以 0.5～1.0 L/min 的流量采集，采气时间视具体情况而定。

（2）注意事项

1）若工业废气（如烟道气）的温度明显高于环境温度时，应对采样管线进行加热，防止烟气在采样管线中结露。

2）开启采样泵前，确认采样系统的连接正确，采样泵的进气口端通过干燥管（或缓冲管）与采样管的出气口相连，如果接反会导致酸性吸收液倒吸，污染和损坏仪器。万一出现倒吸的情况，应及时将流量计拆下来，用酒精清洗、干燥，并重新安装，经流量校准合格后方可继续使用。

3）为避免采样管中的吸收液被污染，运输和贮存过程中勿将采样管倾斜或倒置，并及时更换采样管的密封接头。

4）采样时应带采样全程空白吸收管。采样后应尽快分析，以防止吸收空气中的氨。

5）当样品中含有三价铁等金属离子、硫化物和有机物时，应注意消除其干扰。

8.1.3.8　硫化氢

（1）常用方法

进行废气中硫化氢监测时，主要依据为《空气质量　硫化氢、甲硫醇、甲硫醚和二甲二硫的测定　气相色谱法》（GB/T 14678—1993）。利用气袋采集样品后，送回实验室利用气相色谱法进行分析。

（2）注意事项

1）采样时应启动抽气泵，用排气筒内的气体将采样袋清洗 3 次后，在 1～3 min 内使样品气体充满采样袋。采样袋避光运回实验室进行分析。

2）硫化氢属于有毒物质，故对试剂、标准样品的使用和保管要绝对注意安全。硫化氢原试剂的存放温度要低于–20℃。

3）当用加工的浓缩管连入系统后必须无漏气现象，后部硅橡胶塞与管必须紧密结合，防止因管内压力上升导致后部硅橡胶塞脱出。

8.1.3.9 二甲基甲酰胺

（1）常用方法

二甲基甲酰胺是塑料人造革与合成革制造工业生产过程中产生的特征污染物，废气中的二甲基酰胺测定，按照《合成革与人造革工业污染物排放标准》（GB 21902—2008）中的要求进行。标准中参照的测定方法为《工作场所空气有毒物质测定 酰胺类化合物》（GBZ/T 16062—2004）。2016 年，环境保护部颁布了《环境空气和废气 酰胺类化合物的测定 液相色谱法》（HJ 801—2016），可作为二甲基甲酰胺的测定方法。

（2）注意事项

固定污染源废气的采样应符合 GB/T 16157 中的相关规定。进行采样时，将装有 50.0 mL 实验用水的多孔玻板吸收瓶，用聚四氟乙烯软管或内衬聚四氟乙烯薄膜的硅橡胶管连接至烟气采样器，将采样枪加热至 120℃以上，以 1.0 L/min 流量采集固定污染源废气样品 30 min。可根据实际浓度，适当延长或缩短采样时间，记录采样温度和压力等参数。

8.1.3.10 VOCs

（1）常用方法

塑料人造革与合成革工业排污单位大气污染物排放执行《合成革与人造革工业污染物排放标准》（GB 21902—2008），以 VOCs 作为挥发性有机物排放的综合控制指标。GB 21902 给出了 VOCs 监测技术导则。

（2）注意事项

1）此处 VOCs 质量浓度是指所有 VOCs 质量浓度的算术和（规定不包含 DMF 的除外）。

2）根据情况选用一种方法进行采样，用气相色谱分离定性，并用相应的检测器定量，如 FID、PID、ECD 或其他合适的检测原则，必要时应用 GC/MS 鉴定有机物。

3）本方法的测定下限与采样方式和检测器的灵敏度有关。吸附采样方式可以浓缩样品从而降低检出限。不同的检测器的灵敏度会有所不同。对于直接式或气袋方式采样，要求检测器的检出限在 10^{-6}（体积分数）以下。方法的测定上限是由检测器的满量程和色谱柱的过载量决定的。用惰性气体稀释样品和减少进样体积可以扩展测定上限。另外，高沸点化合物的冷凝问题也会影响测定上限。

4）本方法不能检测高分子量的聚合物、在分析之前会聚合的物质以及在排气筒或仪器条件下蒸气压过低的物质。

8.1.3.11 氯乙烯

（1）常用方法

目前氯乙烯的监测方法为《固定污染源排气中氯乙烯的测定　气相色谱法》（HJ/T 34—1999）。

方法原理如下：氯乙烯用注射器直接进样，经色谱柱分离后，被氢火焰离子化检测器测定，以色谱峰的保留时间定性，以峰高（或峰面积）定量。

（2）注意事项

1）进行样品采集时，在采样管头部塞适量无碱玻璃棉，并将其伸入排气筒采样点，启动抽气泵，首先将采样系统管路用排气筒内的气体充分清洗，然后抽动注射器，反复抽洗 5～6 次后，抽满所需体积的气体。迅速用橡皮帽（最好内衬聚四氟乙烯薄膜）密封，带回实验室，也可将注射器中的样品气充入贮气袋中存放。

2）样品保存：采集好的样品应避免受热和避光保存，并应于采样后 2 d 内分析完毕。

8.2　无组织废气监测

8.2.1　监测方式

无组织废气监测是指排污单位对没有经过排气筒、无规则排放的废气，或者废气虽经排气筒排放但排气筒高度没有达到有组织排放要求的低矮排气筒排放的废气污染物浓度进行监测。

无组织废气排放监测的主要方式为现场采样+实验室分析，与有组织废气的方式相同，是指采用特定仪器采集一定量的无组织废气并妥善保存带回实验室进行分析。主要采样方式包括现场直接采样法（如注射器、气袋、采样管、真空瓶等）和富集（浓缩）采样法（如活性炭吸附、滤筒、滤膜捕集、吸收液吸收等），主要分析方法包括重量法、色谱法、质谱法、分光光度法等。

8.2.2　现场采样

8.2.2.1　现场采样技术要点

无组织废气排放监测的主要参考标准为《大气污染物无组织排放监测技术导则》（HJ/T 55—2000）、《大气污染物综合排放标准》（GB 16297—1996）和排污单位具体执行的行业标准。

（1）控制无组织排放的基本方式

按照《大气污染物综合排放标准》（GB 16297—1996）的规定，我国以控制无组织排放所造成的后果来对无组织排放实行监督和限制。采用的基本方式是规定设立监控点（监测点）和规定监控点的污染物浓度限值。在设置监测点时，有的污染物要求除在下风向设置监控点外，还要在上风向设置对照点，监控浓度限值为监控点与参照点的浓度差值。有的污染物要求只在周界外浓度最高点设置监控点。

（2）设置监控点的位置和数目

根据《大气污染物综合排放标准》（GB 16297—1996）的规定，二氧化硫、氮氧化物、颗粒物和氟化物的监控点应设在无组织排放源下风向 2～50 m 的浓度最高点，相对应的参照点应设在排放源上风向 2～50 m，其余物质的监控点应设在单位周界外 10 m 范围内的浓度最高点。按规定监控点最多可设 4 个，参照点只设 1 个。

（3）采样频次的要求

按照《大气污染物无组织排放监测技术导则》（HJ/T 55—2000）的规定，对无组织排放进行监测时，实行连续 1 h 的采样，或者实行在 1 h 内以等时间间隔采集 4 个样品计平均值。在进行实际监测时，为了捕捉到监控点最高浓度的时段，实际安排的采样时间可超过 1 h。

（4）工况的要求

由于大气污染物排放标准对无组织排放实行限制的原则是在最大负荷下生产和排放，以及在最不利于污染物扩散稀释的条件下，无组织排放监控值不应超过排放标准所规定的限值。因此，监测人员应在不违反上述原则的前提下，选择尽可能高的生产负荷及不利于污染物扩散稀释的条件进行监测。

针对以上基本要求，如果排污单位执行的行业排放标准中对无组织排放有明确要求的，按照行业标准执行。

8.2.2.2 监测前准备工作

（1）单位基本情况调查

1）主要原、辅材料和主、副产品，相应用量和产量、来源及运输方式等，重点了解用量大和可产生大气污染的材料和产品，列表说明，并予以必要的注释。

2）注意车间和其他主要建筑物的位置和尺寸，有组织排放和无组织排放口位置及其主要参数，排放污染物的种类和排放速率；单位周界围墙的高度和性质（封闭式或通风式）；单位区域内的主要地形变化等。对单位周界外的主要环境敏感点

（影响气流运动的建筑物和地形分布、有无排放被测污染物的污染源存在）进行调查，并标于单位平面布置图中。

3）了解环境保护影响评价、工程建设设计、实际建设的污染治理设施的种类、原理、设计参数、数量以及目前的运行情况等。

（2）无组织排放源基本情况调查

除调查排放污染物的种类和排放速率（估计值）之外，还应重点调查被监测无组织排放源的形状、尺寸、高度及其处于建筑群的具体位置等。

（3）仪器设备准备

按照被测物质的对应标准分析方法中有关无组织排放监测的采样部分所规定仪器设备和试剂做好准备。所用仪器应通过计量监督部门的性能检定合格，并在使用前做必要调试和检查。采样时应注意检查电路系统、气路部分、校正流量计。

（4）监测条件

进行监测时，被测无组织排放源的排放负荷应处于相对较高，或者处于正常生产和排放状态。主导风向（平均风速）应利于监控点的设置，并可使监控点和被测无组织排放源之间的距离尽可能缩小。通常情况下，选择冬季微风的日期，避开阳光辐射较强烈的中午时段进行监测是比较适宜的。

8.2.3　指标测定

各监测指标除应遵循 8.2.1 监测方式和 8.2.2 现场采样的相关要求外，还应遵循各自的具体要求。

8.2.3.1　臭气浓度

（1）常用方法

进行无组织废气监测时，臭气浓度监测主要依据的方法标准有《恶臭污染物排放标准》（GB 14554—1993）、《大气污染物无组织排放监测技术导则》（HJ/T 55—2000）和《恶臭污染环境监测技术规范》（HJ 905—2017）。臭气浓度的分析方法采用《环境空气和废气 臭气的测定 三点比较式臭袋法》（HJ 1262—2022）。

（2）监测点位

恶臭的无组织排放采样点一般设置在厂界，在工厂厂界的下风向或有臭气方位的边界线上。在实际监测过程中，可以参照《大气污染物无组织排放监测技术导则》（HJ/T 55—2000）的规定，在厂界（距离臭气无组织排放源较近处）下风向设置，一般设置 3 个点位，根据风向变化情况可适当增加或减少监测点位。当围墙通透性很好时，可紧靠围墙外侧设监控点；当围墙的通透性不好时，也可紧靠围墙设置监控点，但采气口要高出围墙 20～30 cm；当围墙通透性不好，又不便于把采气口抬高时，为避开围墙造成的涡流区，应将监控点设于距离围墙 1.5～2.0 倍围墙高度，且距地面 1.5 m 的地方。进行具体设置时，应避免对周边环境的影响，包括花丛树木、污水沟渠、垃圾收集点等。

进行现场监测时，无组织排放源与下风向周界之间应存在若干阻挡气流运动的建筑、树木等物质，使气流形成涡流，污染物迁移变化比较复杂。因此，监测人员要根据具体的地形、气象条件研究和分析，发挥创造性，综合确定采样点位，以保证获取污染物最大排放浓度值。

（3）监测指标

《恶臭污染物排放标准》（GB 14554—1993）中给出 9 种污染物限值，污染物分别是氨、三甲胺、硫化氢、甲硫醇、甲硫醚、二甲二硫、二硫化碳、苯乙烯和臭气浓度，在开展恶臭无组织监测时，一般监测臭气浓度指标，如技术规范、监测指南或环境管理有特殊要求的，再增加具体特征污染物指标的监测。

（4）分析方法

恶臭无组织采样方法参照《大气污染物无组织排放监测技术导则》（HJ/T 55—2000）。

恶臭污染物的分析方法见表 8-6。

表 8-6　恶臭浓度及恶臭污染物监测方法

序号	控制项目	测定方法
1	氨	《环境空气和废气　氨的测定　纳氏试剂分光光度法》（HJ 533—2009）
		《环境空气　氨的测定　次氯酸钠-水杨酸分光光度法》（HJ 534—2009）
2	三甲胺	《空气质量　三甲胺的测定　气相色谱法》（GB/T 14676—93）
3	硫化氢	《空气质量　硫化氢、甲硫醇、甲硫醚和二甲二硫的测定　气相色谱法》（GB/T 14678—93）
4	甲硫醇	《环境空气　挥发性有机物的测定　罐采样气相色谱-质谱法》（HJ 759—2015）
		《空气质量　硫化氢、甲硫醇、甲硫醚和二甲二硫的测定　气相色谱法》（GB/T 14678—93）
5	甲硫醚	《环境空气　挥发性有机物的测定　罐采样气相色谱-质谱法》（HJ 759—2015）
		《空气质量　硫化氢、甲硫醇、甲硫醚和二甲二硫的测定　气相色谱法》（GB/T 14678—93）
6	二甲二硫	《空气质量　硫化氢、甲硫醇、甲硫醚和二甲二硫的测定　气相色谱法》（GB/T 14678—93）
7	二硫化碳	《环境空气　挥发性有机物的测定　罐采样气相色谱-质谱法》（HJ 759—2015）
		《空气质量　二硫化碳的测定　二乙胺分光光度法》（GB/T 14680—93）
8	苯乙烯	《环境空气　挥发性有机物的测定　罐采样气相色谱-质谱法》（HJ 759—2015）
		《环境空气　苯系物的测定　固体吸附/热脱附-气相色谱法》（HJ 583—2010）
9	臭气浓度	《环境空气和废气　臭气的测定　三点比较式臭袋法》（HJ 1262—2022）

8.2.3.2　非甲烷总烃

（1）常用方法

进行无组织废气监测时，非甲烷总烃监测主要依据的方法标准有《大气污染物无组织排放监测技术导则》（HJ/T 55—2000）和《环境空气　总烃、甲烷和非甲烷总烃的测定　直接进样-气相色谱法》（HJ 604—2017）。将气体样品直接注入具氢火焰离子化检测器的气相色谱仪，分别在总烃柱和甲烷柱上测定总烃和甲烷的含量，两者之差即为非甲烷总烃的含量。同时以除烃空气代替样品，测定氧在总烃柱上的响应值，以扣除样品中的氧对总烃测定的干扰。

（2）监测点位

非甲烷总烃的无组织排放采样点可参照 8.2.3.1 中的臭气浓度采样时的点位进行

布设。

（3）注意事项

1）采样容器经现场空气清洗至少 3 次后采样。以玻璃注射器满刻度采集空气样品的，用惰性密封头密封；以气袋采集样品的，用真空气体采样箱将空气样品引入气袋，至最大体积的 80%左右，立即密封。将注入除烃空气的采样容器带至采样现场，与同批次采集的样品一起送回实验室分析。

2）采集样品的玻璃注射器应小心轻放，防止破损，保持针头端向下状态放入样品箱内保存和运送。样品常温避光保存，采样后尽快完成分析。用玻璃注射器保存的样品，放置时间不应超过 8 h；用气袋保存的样品，放置时间不应超过 48 h。

3）采样容器使用前应充分洗净，经气密性检查合格，置于密闭采样箱中以避免污染。当把样品带回至实验室时，应平衡至环境温度后再进行测定。测定复杂样品后，如发现分析系统内有残留，可通过提高柱温等方式予以去除，以分析除烃空气确认。

8.2.3.3 苯、甲苯、二甲苯

（1）常用方法

进行无组织废气中苯、甲苯、二甲苯排放监测时，主要可以分为实验室法和便携法。其中实验室法依据《环境空气　苯系物的测定　固体吸附/热脱附-气相色谱法》（HJ 583—2010）、《环境空气　苯系物的测定　活性炭吸附/二硫化碳解吸-气相色谱法》（HJ 584—2010）、《环境空气　挥发性有机物的测定　吸附管采样-热脱附/气相色谱-质谱法》（HJ 644—2013）、《环境空气　挥发性有机物的测定　罐采样/气相色谱-质谱法》（HJ 759—2015）。便携式方法依据《环境空气　挥发性有机物的测定　便携式傅里叶红外仪法》（HJ 919—2017）、《环境空气　挥发性有机物的应急测定　便携式气相色谱-质谱法》（HJ 1223—2021）等方法。

（2）监测点位

无组织排放苯、甲苯、二甲苯采样点可参照臭气浓度采样时的点位进行布设。

（3）注意事项

以测定方法《环境空气　挥发性有机物的测定　罐采样/气相色谱-质谱法》（HJ 759—2015）为例说明注意事项。

1）采样前，使用罐清洗装置对采样罐进行清洗，清洗过程可按罐清洗装置说明书进行操作。清洗过程中可对采样罐进行加湿，降低罐体活性吸附。必要时可对采样罐在 50～80℃进行加温清洗。清洗完毕后，将采样罐抽至真空（＜10 Pa），待用。每清洗 20 只采样罐应至少取一只罐注入高纯氮气进行分析，以确定清洗过程是否清洁。每个被测高浓度样品的真空罐在清洗后，在下一次使用前均应进行本底污染的分析。

2）样品采集可采用瞬时采样和恒定流量采样两种方式。采样需加装过滤器，以去除空气中的颗粒物。

3）样品在常温下保存，采样后尽快进行分析，20 d 内分析完毕。

4）实验环境应远离有机溶剂，以降低、消除有机溶剂和其他挥发性有机物的本底干扰。

5）进样系统、冷阱浓缩系统中气路连接材料挥发出的挥发性有机物会对分析造成干扰。故应适当升高、延长烘烤时间，将干扰降至最低。

6）所有样品经过的管路和接头均需进行惰性化处理，并保温以消除样品吸附、冷凝和交叉污染。

7）易挥发性有机物（尤其是二氯甲烷和氟碳化合物）在运输保存过程中可能会经阀门等部件扩散进入采样罐中污染样品。样品在采集结束后，须确认阀门完全关闭，并用密封帽密封采样罐采样口，隔绝外界气体，可有效降低此类干扰。

8）分析完高浓度样品后，须增加空白分析，如发现分析系统有残留，可启用气体冷阱浓缩仪的烘烤程序，以去除残留。

8.2.3.4　二甲基甲酰胺

同 8.1.3.9 二甲基甲酰胺的监测。

8.2.3.5 VOCs

同 8.1.3.10 VOCs 的监测。

8.2.3.6 氯化氢

（1）常用方法

无组织废气中氯化氢的监测方法与有组织废气中氯化氢的监测方法基本相同，主要区别为采样方式。执行的监测方法标准分别为《固定污染源排气中氯化氢的测定 硫氰酸汞分光光度法》（HJ/T 27—1999）、《固定污染源废气 氯化氢的测定 硝酸银容量法》（HJ 548—2016）、《环境空气和废气 氯化氢的测定 离子色谱法》（HJ 549—2016）。

（2）监测点位

无组织排放氯化氢采样点可参照臭气浓度采样时的点位进行布设。

（3）注意事项

1）在采集无组织排放样品时，滤膜夹与第一吸收管、第一吸收管与第二吸收管之间不可用乳胶管连接，应采用聚四氟乙烯或聚乙烯塑料管以内接外套法连接，即将塑料管插入滤膜夹出口及吸收管管口，用聚四氟乙烯胶带缠好，接口处再套一小段硅橡胶管。

2）吸收瓶、连接管及各器皿均应用实验用水反复洗涤并防止被污染，末次洗液的电导率应小于 1.0 μS/cm。操作中应防止自来水、空气微尘及手上氯化物的干扰。

3）采样器与滤膜夹、滤膜夹与吸收瓶、吸收瓶之间的连接管均应尽可能地短，并检查系统的气密性和可靠性。

4）每次分析样品结束后，应用淋洗液清洗仪器管路。实验结束后用实验用水清洗仪器泵及抑制器，以免其受到淋洗液腐蚀。

5）如出现仪器分析精度下降，应检查柱效及抑制器工作状态，必要时可进行更换，以确保分析数据的准确性。

8.2.3.7　其他特征污染物

在监测这些污染物时除根据本章8.2.1的监测方式和8.2.2的现场采样要求外，主要从以下几个方面进行考虑：

（1）监控点布设方法

根据《大气污染物综合排放标准》的规定，监控点布设方法有两种：

1）在排放源上、下风向分别设置参照点和监控点的方法：对于 1997 年 1 月 1 日之前设立的污染源，在监测二氧化硫、颗粒物和氟化物污染物无组织排放时，在排放源的上风向设参照点，下风向设监控点，监控点设于排放源下风向的浓度最高点，不受单位周界的限制。

2）在单位周界外设置监控点的方法：对于 1997 年 1 月 1 日之后设立的污染源，在监测其污染物无组织排放时，监控点应设置在单位周界外污染物浓度最高点处，监控点设置方法参照《大气污染物无组织排放监测技术导则》标准文本中条目 9.1。对于 1997 年 1 月 1 日之前设立的污染源，在监测除二氧化硫、颗粒物和氟化物之外的污染物无组织排放时，也采用此方法布设监控点。

参照点设置原则：参照点应不受或尽可能少受被测无组织排放源的影响，参照点要力求避开其近处的其他无组织排放源和有组织排放源的影响，尤其要注意避开那些可能对参照点造成明显影响而同时对监控点无明显影响的排放源；参照点的设置，要以能够代表监控点的污染物本底浓度为原则。具体设置方法参见《大气污染物无组织排放监测技术导则》标准文本中条目 9.2.1。

监控点设置原则：监控点应设置于无组织排放下风向，距排放源 2～50 m 的浓度最高点。设置监控点不需要回避其他源的影响。具体设置方法参见《大气污染物无组织排放监测技术导则》标准文本中条目 9.2.2。

3）复杂情况下的监控点设置：在特别复杂的情况下，不可能单独运用上述各点的内容来设置监控点，需对情况做仔细分析，综合运用《大气污染物综合排放标准》和《大气污染物无组织排放监测技术导则》的有关条目设置监控点。同时，也不大可能对污染物的运动和分布做确切的描述和得出确切的结论，此时监测人员应尽可能利用现场可利用的条件，如利用无组织排放废气的颜色、嗅味、烟雾分布、地形特点等，甚至采用人造烟源或其他情况，以分析污染物的运动和可能的浓度最高点，并据此设置监控点。

（2）样品采集

1）有与大气污染物排放标准相配套的国家标准分析方法的污染物项目，应按照配套标准分析方法中适用于无组织排放采样的方法执行。

2）尚缺少配套标准分析方法的污染物项目，应按照环境空气监测方法中的采样要求进行采样。

3）无组织排放监测的采样频次，参见 8.2.2.1（3）。

（3）分析方法

1）有与大气污染物排放标准相配套的国家标准分析方法的污染物项目，应按照配套标准分析方法（其中适用于无组织排放部分）执行。

2）个别没有配套标准分析方法的污染物项目，应按照适用于环境空气监测的标准分析方法执行。

（4）计值方法

1）在污染源单位周界外设监控点的监测结果，以最多 4 个监控点中的测定浓度最高点的测值作为无组织排放监控浓度值。

注意：浓度最高点的监测值应是 1 h 连续采样或由等时间间隔采集的 4 个样品所得的 1 h 平均值。

2）在无组织排放源上、下风向分别设置参照点和监控点的监测结果，以最多 4 个监控点中的浓度最高点监测值扣除参照点监测值所得的差值，作为无组织排放监控浓度值。

注意：监控点和参照点监测值是指 1 h 连续采样或由等时间间隔采集的 4 个样品所得的 1 h 平均值。

第 9 章　废气自动监测技术要点

废气自动监测系统因其实时、自动等功能，在环境管理中发挥着越来越大的作用。如何确保废气自动监测数据能够有效应用，这就要求排污单位加强废气自动监测系统的运维和管理，使其能够稳定、良好地运行。本章基于《固定污染源烟气（SO_2、NO_x、颗粒物）排放连续监测技术规范》（HJ 75—2017）、《固定污染源烟气（SO_2、NO_x、颗粒物）排放连续监测系统技术要求及检测方法》（HJ 76—2017）标准，对废气自动监测系统的建设、验收、运行维护应注意的技术要点进行梳理。

9.1　废气自动监测系统组成及性能要求

9.1.1　基本概念

废气自动监测系统通常是指烟气排放连续监测系统（Continuous Emission Monitoring System，CEMS），该系统能够实现对固定污染源排放的颗粒物和（或）气态污染物的排放浓度和排放量进行连续、实时的自动监测。废气自动监测管理是指对系统中包含的所有设备进行规范安装、调试、验收、运行维护，从而实现对自动监测数据的质量保证与质量控制的技术工作。

9.1.2 CEMS组成和功能要求

一套完整的CEMS主要包括颗粒物监测单元、气态污染物监测单元、烟气参数监测单元、数据采集与传输单元以及相应的建筑设施等。

1）颗粒物监测单元：主要对排放烟气中的颗粒物浓度进行测量。

2）气态污染物监测单元：主要对排放烟气中 SO_2、NO_x、CO、HCl 等气态形式存在的污染物进行监测。

3）烟气参数监测单元：主要对排放烟气的温度、压力、湿度、含氧量等参数进行监测，用于污染物排放量的计算，以及将污染物的实测浓度折算成标准干烟气状态下或排放标准中规定的过剩空气系数下的浓度。

4）数据采集与传输单元：主要完成测量数据的采集、存储、统计功能，并按相关标准要求的格式将数据传输至生态环境主管部门。

废气自动监测包括颗粒物、SO_2、NO_x 等主要污染物。在选择CEMS时，应要求具备测量烟气中颗粒物、SO_2、NO_x浓度和烟气参数（如温度、压力、流速或流量、湿度、氧含量等），同时计算出烟气中污染物的排放速率和排放量，显示（可支持打印）和记录各种数据和参数，形成相关图表，并通过数据、图文等方式传输至生态环境主管部门等功能。

对于氮氧化物监测单元，NO_2 可以直接测量，也可以通过转化炉转化为 NO 后一并测量，但不允许只监测烟气中的NO。NO_2转换为NO的效率应不小于95%。

排污单位在进行自动监控系统安装选型时，应当根据国家对每个监测设备的具体技术要求进行选型安装。选型安装在线监测仪器时，应根据污染物浓度和排放标准，选择检测范围与之匹配的在线监测仪器，监测仪器应满足国家对应仪器的技术要求，如二氧化硫、氮氧化物、颗粒物应符合《固定污染源烟气（SO_2、NO_x、颗粒物）排放连续监测技术规范》（HJ 75—2017）和《固定污染源烟气（SO_2、NO_x、颗粒物）排放连续监测系统技术要求及检测方法》（HJ 76—2017）等相关规范要求。在选型安装数据传输设备时，应按照《污染物在线监控（监测）系统数据传输标准》（HJ 212—2017）和《污染源在线自动监控（监测）数据采集传输仪技术要求》（HJ 477—2009）规范要求设置，不得添加其他可能干扰监测数据存储、处理、传输的软件或设备。

在污染源自动监测设备建设、联网和管理过程中，当地生态环境主管部门有相关规定的，应同时参考地方的规定要求。如上海市环保局于 2017 年发布的《上海市固定污染源自动监测建设、联网、运维和管理有关规定》。

9.2 CEMS 现场安装要求

CEMS 的现场安装主要涉及现场监测站房、废气排放口、自动监控点位设置及监测断面等内容。现场监测站房必须能满足仪器设备功能需求且专室专用，保障供电、给排水、温湿度控制、网络传输等必需的运行条件，配备安装必要的电源、通信网络、温湿度控制、视频监视和安全防护设施；排放口应设置符合 GB 15562.1 要求的环境保护图形标志牌。排放口的设置应按照环境保护部和地方生态环境主管部门的相关要求，进行规范化设置，自动监控点位的选取应尽可能选取固定污染源烟气排放状况有代表性的点位。具体要求见 5.3 节的相关部分内容。

9.3 CEMS 技术指标调试检测

CEMS 在现场安装运行以后，在接受验收前，应对其进行技术性能指标和联网情况的调试检测。

9.3.1 CEMS 技术指标调试检测

CEMS 调试检测的技术指标包括：

1）颗粒物 CEMS 零点漂移、量程漂移；

2）颗粒物 CEMS 线性相关系数、置信区间、允许区间；

3）气态污染物 CEMS 和氧气 CMS 零点漂移、量程漂移；

4）气态污染物 CEMS 和氧气 CMS 示值误差；

5）气态污染物 CEMS 和氧气 CMS 系统响应时间；

6）气态污染物 CEMS 和氧气 CMS 准确度；

7）流速 CMS 速度场系数；

8）流速 CMS 速度场系数精密度；

9）温度 CMS 准确度；

10）湿度 CMS 准确度。

9.3.2 联网调试检测

安装调试完成后 15 d 内，按《污染物在线监控（监测）系统数据传输标准》（HJ 212—2017）技术要求与生态环境主管部门联网。

9.4 CEMS 验收要求

技术验收包括 CEMS 技术指标验收和联网验收。

CEMS 在完成安装、调试检测并与生态环境主管部门联网后，同时符合下列要求后，可组织实施技术验收工作。

1）CEMS 的安装位置及手工采样位置应符合 5.3 节相关部分内容的要求。

2）数据采集和传输以及通信协议均符合《污染物在线监控（监测）系统数据传输标准》（HJ 212—2017）的要求，并提供 30 d 内数据采集和传输自检报告，报告应对数据传输标准的各项内容做出响应。

3）根据 9.3.1 的要求进行 72 h 的调试检测，并提供调试检测合格报告及调试检测结果数据。

4）调试检测后至少稳定运行 7 d。

9.4.1　CEMS 技术指标验收

9.4.1.1　验收要求

CEMS 技术指标验收包括颗粒物 CEMS、气态污染物 CEMS、烟气参数 CEMS 技术指标验收。符合下列要求后，即可进行技术指标验收。

1）现场验收期间，生产设备应正常且稳定运行，可通过调节固定污染源烟气净化设备达到某一排放状况，该状况在测试期间保持稳定。

2）日常运行中在更换 CEMS 分析仪表或变动 CEMS 取样点位时，应进行再次验收。

3）现场验收时必须采用有证标准物质或标准样品，较低浓度的标准气体可以使用高浓度的标准气体采用等比例稀释方法获得，等比例稀释装置的精密度在 1%以内。标准气体要求贮存在铝或不锈钢瓶中，不确定度不超过±2%。

4）对于光学法颗粒物 CEMS，在校准时须对实际测量光路进行全光路校准，确保发射光先经过出射镜片，再经过实际测量光路，到达校准镜片后，再经过入射镜片到达接收单元，不得只对激光发射器和接收器进行校准。对于抽取式气态污染物 CEMS，当对全系统进行零点校准和量程校准、示值误差和系统响应时间的检测时，零气和标准气体应通过预设管线输送至采样探头处，经由样品传输管线回到站房，经过全套预处理设施后进入气体分析仪。

5）在验收前应先检查直接抽取式气态污染物采样伴热管的设置，设置的加热温度应≥120℃，并在烟气露点温度 10℃以上，实际温度能够在机柜或系统软件中查询。冷干法 CEMS 冷凝器的设置和实际控制温度应保持在 2～6℃。

9.4.1.2　验收内容

颗粒物 CEMS 技术指标验收包括颗粒物的零点漂移、量程漂移和准确度验收。气态污染物 CEMS 和氧气 CMS 技术指标验收包括零点漂移、量程漂移、示值误差、系统响应时间和准确度验收。

进行现场验收时，先做示值误差和系统响应时间的验收测试，不符合技术要求的，可不再继续开展其余项目验收。

在通入零气和标气时，均应通过 CEMS，不得直接通入气体分析仪。

示值误差、系统响应时间、零点漂移和量程漂移验收技术指标需满足表 9-1 的要求。

表 9-1　示值误差、系统响应时间、零点漂移和量程漂移验收技术要求

检测项目			技术要求
颗粒物 CEMS	颗粒物	零点漂移和量程漂移	不超过±2.0%
气态污染物 CEMS	二氧化硫	示值误差	当满量程≥100 μmol/mol（286 mg/m³）时，示值误差不超过±5%（相对于标准气体标称值）； 当满量程＜100 μmol/mol（286 mg/m³）时，示值误差不超过±2.5%（相对于仪表满量程值）
		系统响应时间	≤200 s
		零点漂移和量程漂移	不超过±2.5%
	氮氧化物	示值误差	当满量程≥200 μmol/mol（410 mg/m³）时，示值误差不超过±5%（相对于标准气体标称值）； 当满量程＜200 μmol/mol（410 mg/m³）时，示值误差不超过±2.5%（相对于仪表满量程值）
		系统响应时间	≤200 s
		零点漂移和量程漂移	不超过±2.5%
氧气 CMS	氧气	示值误差	±5%（相对于标准气体标称值）
		系统响应时间	≤200 s
		零点漂移和量程漂移	不超过±2.5%

注：氮氧化物以 NO_2 计。

准确度验收技术指标需满足表 9-2 的要求。

表 9-2　准确度验收技术要求

检测项目			技术要求
颗粒物 CEMS	颗粒物	准确度	当排放浓度＞200 mg/m^3 时，相对误差不超过±15%
			当 100 mg/m^3＜排放浓度≤200 mg/m^3 时，相对误差不超过±20%
			当 50 mg/m^3＜排放浓度≤100 mg/m^3 时，相对误差不超过±25%
			当 20 mg/m^3＜排放浓度≤50 mg/m^3 时，相对误差不超过±30%
			当 10 mg/m^3＜排放浓度≤20 mg/m^3 时，绝对误差不超过±6 mg/m^3
			当排放浓度≤10 mg/m^3 时，绝对误差不超过±5 mg/m^3
气态污染物 CEMS	二氧化硫	准确度	当排放浓度≥250 μmol/mol（715 mg/m^3）时，相对准确度≤15%
			当 50 μmol/mol（143 mg/m^3）≤排放浓度＜250 μmol/mol（715 mg/m^3）时，绝对误差不超过±20 μmol/mol（57 mg/m^3）
			当 20 μmol/mol（57 mg/m^3）≤排放浓度＜50 μmol/mol（143 mg/m^3）时，相对误差不超过±30%
			当排放浓度＜20 μmol/mol（57 mg/m^3）时，绝对误差不超过±6 μmol/mol（17 mg/m^3）
	氮氧化物	准确度	当排放浓度≥250 μmol/mol（513 mg/m^3）时，相对准确度≤15%
			当 50 μmol/mol（103 mg/m^3）≤排放浓度＜250 μmol/mol（513 mg/m^3）时，绝对误差不超过±20 μmol/mol（41 mg/m^3）
			当 20 μmol/mol（41 mg/m^3）≤排放浓度＜50 μmol/mol（103 mg/m^3）时，相对误差不超过±30%
			当排放浓度＜20 μmol/mol（41 mg/m^3）时，绝对误差不超过±6 μmol/mol（12 mg/m^3）
	其他气态污染物	准确度	相对准确度≤15%
氧气 CMS	氧气	准确度	当＞5.0%时，相对准确度≤15%
			当≤5.0%时，绝对误差不超过±1.0%
流速 CMS	流速	准确度	当流速＞10 m/s 时，相对误差不超过±10%
			当流速≤10 m/s 时，相对误差不超过±12%
温度 CMS	温度	准确度	绝对误差不超过±3℃
湿度 CMS	湿度	准确度	当烟气湿度＞5.0%时，相对误差不超过±25%
			当烟气湿度≤5.0%时，绝对误差不超过±1.5%

注：氮氧化物以 NO_2 计，以上各参数区间划分以参比方法测量结果为准。

9.4.2　联网验收

联网验收由通信及数据传输验收、现场数据比对验收和联网稳定性验收 3 部分组成。

9.4.2.1 通信及数据传输验收

按照 HJ 212 的规定检查通信协议的正确性。数据采集和处理子系统与监控中心之间的通信应稳定，不出现经常性的通信连接中断、报文丢失、报文不完整等通信问题。为保证监测数据在公共数据网上传输的安全性，所采用的数据采集和处理子系统应进行加密传输。监测数据在向监控系统传输的过程中，应由数据采集和处理子系统直接传输。

9.4.2.2 现场数据比对验收

数据采集和处理子系统稳定运行一周后，对数据进行抽样检查，对比上位机接收到的数据和现场机存储的数据是否一致，精确至一位小数。

9.4.2.3 联网稳定性验收

在连续 30 d 内，子系统能稳定运行，确保不出现通信稳定性、通信协议正确性、数据传输正确性以外的其他联网问题。

9.4.2.4 联网验收技术指标要求

联网验收技术指标要求见表 9-3。

表 9-3 联网验收技术指标要求

验收检测项目	考核指标
通信稳定性	①现场机在线率为 95%以上； ②正常情况下，如果掉线后，应在 5 min 之内重新上线； ③单台数据采集传输仪每日掉线次数在 3 次以内； ④报文传输稳定性在 99%以上，当出现报文错误或丢失时，启动纠错逻辑，要求数据采集传输仪重新发送报文
数据传输安全性	①对所传输的数据应按照 HJ 212—2017 中规定的加密方法进行加密处理传输，保证数据传输的安全性； ②服务器端对请求连接的客户端进行身份验证

验收检测项目	考核指标
通信协议正确性	现场机和上位机的通信协议应符合 HJ 212—2017 的规定，正确率为 100%
数据传输正确性	系统稳定运行一周后，对一周的数据进行检查，对比接收的数据和现场的数据一致，精确至一位小数，抽查数据正确率为 100%
联网稳定性	系统稳定运行一个月，不出现通信稳定性、通信协议正确性、数据传输正确性以外的其他联网问题

9.5　CEMS 日常运行管理要求

9.5.1　总体要求

CEMS 运维单位应根据 CEMS 使用说明书和本节要求编制仪器运行管理规程，确定系统运行操作人员和管理维护人员的工作职责。运维人员应当熟练掌握烟气排放连续监测仪器设备的原理、使用和维护方法。CEMS 日常运行管理应包括日常巡检、日常维护保养及 CEMS 的校准和检验。

9.5.2　日常巡检

CEMS 运维单位应根据本节要求和仪器使用说明中的相关要求制定巡检规程，并严格按照规程开展日常巡检工作并做好记录。日常巡检记录应包括检查项目、检查日期、被检项目的运行状态等内容，每次巡检应记录并归档。CEMS 日常巡检时间间隔不超过 7 d。

日常巡检可参照 HJ 75—2017 附录 G 中的表 G.1～表 G.3 表格形式记录。

9.5.3　日常维护保养

运维单位应根据 CEMS 说明书的要求对 CEMS 系统保养内容、保养周期或耗材更换周期等做出明确规定，每次保养情况应记录并归档。每次在进行备件或材料更换时，更换的备件或材料的品名、规格、数量等应记录并归档。如更换有证标准物质或标准样品，还需记录新标准物质或标准样品的来源、有效期和浓度等信息。对日常巡检或维护保养中发现的故障或问题，运维人员应及时进行处理并记录。

CEMS 日常运行管理参照 HJ 75—2017 附录 G 中的格式记录。

9.5.4 CEMS 的校准和检验

运维单位应根据 9.6 节规定的方法和质量保证规定的周期制定 CEMS 的日常校准和校验操作规程。校准和校验记录应及时归档。

9.6 CEMS 日常运行质量保证要求

9.6.1 总体要求

CEMS 日常运行质量保证是保障 CEMS 正常稳定运行、持续提供有质量保证监测数据的必要手段。当 CEMS 不能满足技术指标而失控时，应及时采取纠正措施，并应缩短下一次校准、维护和校验的间隔时间。

9.6.2 定期校准

CEMS 运行过程中的定期校准是质量保证中的一项重要工作，定期校准应做到：

1）具有自动校准功能的颗粒物 CEMS 和气态污染物 CEMS 每 24 h 至少自动校准一次仪器零点和量程，同时测试并记录零点漂移和量程漂移。

2）无自动校准功能的颗粒物 CEMS 每 15 d 至少校准一次仪器的零点和量程，同时测试并记录零点漂移和量程漂移。

3）无自动校准功能的直接测量法气态污染物 CEMS 每 15 d 至少校准一次仪器的零点和量程，同时测试并记录零点漂移和量程漂移。

4）无自动校准功能的抽取式气态污染物 CEMS 每 7 d 至少校准一次仪器零点

和量程，同时测试并记录零点漂移和量程漂移。

5）抽取式气态污染物 CEMS 每 3 个月至少进行一次全系统的校准，要求零气和标准气体从监测站房发出，经采样探头末端与样品气体通过的路径（应包括采样管路、过滤器、洗涤器、调节器、分析仪表等）一致，进行零点和量程漂移、示值误差和系统响应时间的检测。

6）具有自动校准功能的流速 CMS 每 24 h 至少进行一次零点校准，无自动校准功能的流速 CMS 每 30 d 至少进行一次零点校准。

7）校准技术指标应满足表 9-4 的要求。定期校准记录按 HJ 75—2017 附录 G 中的表 G.4 形式记录。

表 9-4　CEMS 定期校准校验技术指标要求及时数据失控时段的判别

<table>
<tr><th>项目</th><th colspan="2">CEMS 类型</th><th>校准功能</th><th>校准周期</th><th>技术指标</th><th>技术指标要求</th><th>失控指标</th><th>最少样品数/对</th></tr>
<tr><td rowspan="10">定期校准</td><td colspan="2" rowspan="4">颗粒物 CEMS</td><td rowspan="2">自动</td><td rowspan="2">24 h</td><td>零点漂移</td><td>不超过±2.0%</td><td>超过±8.0%</td><td rowspan="4">—</td></tr>
<tr><td>量程漂移</td><td>不超过±2.0%</td><td>超过±8.0%</td></tr>
<tr><td rowspan="2">手动</td><td rowspan="2">15 d</td><td>零点漂移</td><td>不超过±2.0%</td><td>超过±8.0%</td></tr>
<tr><td>量程漂移</td><td>不超过±2.0%</td><td>超过±8.0%</td></tr>
<tr><td rowspan="6">气态污染物 CEMS</td><td rowspan="2">抽取测量或直接测量</td><td rowspan="2">自动</td><td rowspan="2">24 h</td><td>零点漂移</td><td>不超过±2.5%</td><td>超过±5.0%</td><td rowspan="6">—</td></tr>
<tr><td>量程漂移</td><td>不超过±2.5%</td><td>超过±10.0%</td></tr>
<tr><td rowspan="2">抽取测量</td><td rowspan="2">手动</td><td rowspan="2">7 d</td><td>零点漂移</td><td>不超过±2.5%</td><td>超过±5.0%</td></tr>
<tr><td>量程漂移</td><td>不超过±2.5%</td><td>超过±10.0%</td></tr>
<tr><td rowspan="2">直接测量</td><td rowspan="2">手动</td><td rowspan="2">15 d</td><td>零点漂移</td><td>不超过±2.5%</td><td>超过±5.0%</td></tr>
<tr><td>量程漂移</td><td>不超过±2.5%</td><td>超过±10.0%</td></tr>
<tr><td rowspan="5">定期校准</td><td colspan="2" rowspan="2">流速 CMS</td><td>自动</td><td>24 h</td><td>零点漂移或绝对误差</td><td>零点漂移不超过±3.0%或绝对误差不超过±0.9 m/s</td><td>零点漂移超过±8.0%且绝对误差超过±1.8 m/s</td><td>—</td></tr>
<tr><td>手动</td><td>30 d</td><td>零点漂移或绝对误差</td><td>零点漂移不超过±3.0%或绝对误差不超过±0.9 m/s</td><td>零点漂移超过±8.0%且绝对误差超过±1.8 m/s</td><td>—</td></tr>
<tr><td colspan="3">颗粒物 CEMS</td><td rowspan="3">3 个月或6 个月</td><td rowspan="3">准确度</td><td rowspan="3">满足本标准 9.3.8 规定范围</td><td rowspan="3">超过本标准 9.3.8 规定范围</td><td>5</td></tr>
<tr><td colspan="3">气态污染物 CEMS</td><td>9</td></tr>
<tr><td colspan="3">流速 CMS</td><td>5</td></tr>
</table>

9.6.3 定期维护

CEMS 运行过程中的定期维护是日常巡检的一项重要工作，维护频次按照 HJ 75—2017 中附录 G 中表 G.1～表 G.3 说明的进行，定期维护应做到：

1）从污染源停运到开始生产前应及时到现场清洁光学镜面。

2）定期清洗隔离烟气与光学探头的玻璃视窗，检查仪器光路的准直情况；定期对清吹空气保护装置进行维护，检查空气压缩机或鼓风机、软管、过滤器等部件。

3）定期检查气态污染物 CEMS 的过滤器、采样探头和管路的结灰及冷凝水情况、气体冷却部件、转换器、泵膜老化状态。

4）定期检查流速探头的积灰和腐蚀情况、反吹泵和管路的工作状态。

5）定期维护记录按 HJ 75—2017 附录 G 中的表 G.1～表 G.3 表格形式进行记录。

9.6.4 定期校验

CEMS 投入使用后，燃料、除尘效率的变化、水分的影响、安装点的振动等都会对测量结果的准确性产生影响。定期校验应做到：

1）有自动校准功能的测试单元每 6 个月至少做一次校验，没有自动校准功能的测试单元每 3 个月至少做一次校验；校验用参比方法和 CEMS 同时段数据进行比对，按 HJ 75—2017 中规定的方法和操作规程进行。

2）校验结果应符合表 9-4 的要求，如不符合时，则应扩展为对颗粒物 CEMS 的相关系数的校正或/和评估气态污染物 CEMS 的准确度或/和流速 CMS 的速度场系数（或相关性）的校正，直到 CEMS 达到表 9-2 的要求，方法见 HJ 75—2017 附录 A。

3）定期校验记录按 HJ 75—2017 附录 G 中的表 G.5 表格形式进行记录。

9.6.5　常见故障分析及排除

当 CEMS 发生故障时，系统管理维护人员应及时进行处理并记录。设备维修记录见 HJ 75—2017 附录 G 中的表 G.6。在维修处理过程中，要注意以下几点：

1）CEMS 需要停用、拆除或者更换的，应当事先报经生态环境主管部门批准。

2）当运维单位发现故障或接到故障通知时，应在 4 h 内赶到现场进行处理。

3）对于一些容易诊断的故障，如电磁阀控制失灵、膜裂损、气路堵塞、数据采集仪死机等，可携带工具或者备件到现场进行有针对性的维修，此类故障维修时间不应超过 8 h。

4）仪器经过维修后，在正常使用和运行之前应确保维修内容全部完成，性能通过检测程序，按 9.6.2 对仪器进行校准检查。若监测仪器进行了更换，在正常使用和运行之前应对系统进行重新调试和验收。

5）若数据存储/控制仪发生故障，应在 12 h 内修复或更换，并保证已采集的数据不丢失。

6）监测设备因故障不能正常采集、传输数据时，应及时向生态环境主管部门报告，缺失数据按 9.7.2 进行处理。

9.6.6　定期校准校验技术指标要求及数据失控时段的判别与修约

1）CEMS 在定期校准、校验期间的技术指标要求及数据失控时段的判别标准见表 9-4。

2）当发现任一参数不满足技术指标要求时，应及时按照本规范及仪器说明书等的相关要求，采取校准、调试乃至更换设备重新验收等纠正措施直至满足技术指标要求。当发现任一参数数据失控时，应记录失控时段（从发现失控数据起到满足技术指标要求后停止的时间段）及失控参数，并进行数据修约。

9.7 数据审核和处理

9.7.1 数据审核与标记

固定污染源生产状况下，经验收合格的CEMS正常运行时段为CEMS数据有效时间段。CEMS非正常运行时段（如CEMS故障期间、维修期间、超过本章9.6.2规定的期限未校准时段、失控时段以及有计划的维护保养、校准等时段）均为CEMS数据无效时段。

污染源计划停运一个季度以内的，不得停运CEMS，日常巡检和维护要求仍按照本章9.5节和9.6节规定执行；计划停运超过一个季度的，可停运CEMS，但应报当地生态环境主管部门备案。污染源启运前，应提前启运CEMS系统，并进行校准，在污染源启运后的两周内进行校验，满足表9-4技术指标要求的，视为启运期间自动监测数据有效。

排污单位可以利用具备自动标记功能的自动监测设备在自动监测设备现场端进行自动标记，也可以授权有关责任人在自动监控系统企业服务端进行人工标记。鼓励排污单位优先进行自动标记，提高标记准确度，减少人工标记工作量。当同一时段同时存在人工标记和自动标记时，以人工标记为准。排污单位完成标记即为审核确认自动监测数据的有效性。

自动标记即时生成，各项自动监测数据由自动监测设备同步按照相关标准规范分别计算。一般情况下，每日12时前完成前一日数据的人工标记，各项自动监测数据由自动监控系统企业服务端计算；如因通信中断数据未上传、系统升级维护等导致无法人工标记时，应当在数据上传后或标记功能恢复后24 h内完成人工标记。逾期不进行人工标记，视为对自动监测数据的有效性无异议。

自动监测小时均值数据的有效性依据自动监测分钟数据标记情况进行自动判断。当1 h内“CEMS维护”标记少于或等于15 min，且不影响小时均值有效性时，可不再对小时均值数据进行标记。自动监测日均值数据有效性，依据自动监测小时均值数据标记情况进行自动判断。

9.7.2　数据无效时间段数据处理

CEMS 故障、维修、超规定期限未校准及有计划的维护保养、校准等时段均为 CEMS 数据无效时间段。CEMS 故障、维修、维护保养、校准及其他异常导时段的污染物排放量修约按表 9-5 的处理方法进行处理，也可以用参比方法监测的数据替代，频次不低于 1 d 一次，直至 CEMS 技术指标调试到符合表 9-1 和表 9-2 要求时为止。如使用参比方法监测的数据替代，则监测过程应按照《固定污染源排气中颗粒物测定与气态污染物采样方法》（GB/T 16157—1996）、《固定污染源废气　低浓度颗粒物的测定　重量法》（HJ 836—2017）和《固定源废气监测技术规范》（HJ/T 397—2007）等要求进行，替代数据包括污染物浓度、烟气参数和污染物排放量。

超规定期限未校准的时段视为数据失控时段，失控时段的污染物排放量按照表 9-6 的处理方法进行修约，污染物浓度和烟气参数不修约。

表 9-5　维护期间和其他异常导致的数据无效时段的处理方法

季度有效数据捕集率 α	连续无效小时数 N/h	修约参数	选取值
$\alpha \geqslant 90\%$	$N \leqslant 24$	二氧化硫、氮氧化物、颗粒物的排放量	失效前 180 个有效小时排放量最大值
	$N > 24$		失效前 720 个有效小时排放量最大值
$75\% \leqslant \alpha < 90\%$	—		失效前 2 160 个有效小时排放量最大值

表 9-6　失控时段的数据处理方法

季度有效数据捕集率 α	连续失控小时数 N/h	修约参数	选取值
$\alpha \geqslant 90\%$	$N \leqslant 24$	二氧化硫、氮氧化物、颗粒物的排放量	上次校准前 180 个有效小时排放量最大值
	$N > 24$		上次校准前 720 个有效小时排放量最大值
$75\% \leqslant \alpha < 90\%$	—		上次校准前 2 160 个有效小时排放量最大值

9.7.3 数据记录与报表

9.7.3.1 记录

按《固定污染源烟气（SO_2、NO_x、颗粒物）排放连续监测技术规范》（HJ 75—2017）附录 D 的表格形式记录监测结果。

9.7.3.2 报表

按《固定污染源烟气（SO_2、NO_x、颗粒物）排放连续监测技术规范》（HJ 75—2017）附录 D（表 D.9～表 D.12）的表格形式定期将 CEMS 监测数据上报，报表中应给出最大值、最小值、平均值、累计排放量以及参与统计的样本数。

第 10 章　厂界环境噪声及周边环境影响监测

厂界环境噪声和周边环境质量监测应按照相关的标准和规范开展。对于厂界噪声而言，重点是监测点位的布设，应能够反映厂内噪声源对厂外，尤其是对厂外居民区等敏感点的影响。对于周边环境质量监测而言，不同的橡胶和塑料制品工业对地表水、地下水、近岸海域海水和周边土壤有不同程度的影响，在方案制定时依据相关标准规范和管理要求，结合本单位实际排污环境，适当选择应监测的对象，确保监测项目、监测点位的代表性和监测采样的规范性。本章围绕厂界环境噪声、地表水、近岸海域海水、地下水和土壤监测的关键点进行介绍和说明。

10.1　厂界环境噪声监测

10.1.1　环境噪声的含义

《中华人民共和国噪声污染防治法》第二条规定："本法所称噪声，是指在工业生产、建筑施工、交通运输和社会生活中产生的干扰周围生活环境的声音。"本法所称噪声污染，是指超过噪声排放标准或者未依法采取防控措施产生噪声，并干扰他人正常生活、工作和学习的现象。所以在测量厂界环境噪声时应重点关注：①噪声排放是否超过标准规定的排放限值；②是否干扰他人正常生活、工作和学习。

10.1.2 厂界环境噪声布点原则

《工业企业环境噪声排放标准》（GB 12348—2008）中规定厂界环境噪声监测点的选择应根据工业企业声源、周围噪声敏感建筑物的布局以及毗邻的区域类别，在工业企业厂界布设多个点位，包括距噪声敏感建筑物较近的以及受被测声源影响大的位置。《总则》则更具体地指出了厂界环境噪声监测点位设置应遵循的原则：①根据厂内主要噪声源距厂界位置布点；②根据厂界周围敏感目标布点；③“厂中厂”是否需要监测根据内部和外围排污单位协商确定；④面临海洋、大江、大河的厂界原则上不布点；⑤厂界紧邻交通干线不布点；⑥厂界紧邻另一个排污单位的，在临近另一个排污单位侧是否布点由排污单位协商确定。

厂界一侧长度在 100 m 以下，原则上可布设 1 个监测点位；300 m 以下的可布设监测点位 2～3 个；300 m 以上的可布设监测点位 4～6 个。通常所说的厂界，是指由法律文书（如土地使用证、土地所有证、租赁合同等）中所确定的业主所拥有的使用权（或所有权）的场所或建筑边界，各种产生噪声的固定设备的厂界为其实际占地边界。

设置测量点时，一般情况下，应选在工业企业厂界外 1 m，高度 1.2 m 以上，距任一反射面距离不小于 1 m 的位置；当厂界有围墙且周围有受影响的噪声敏感建筑物时，测量点应选在厂界外 1 m、高于围墙 0.5 m 以上的位置；当厂界无法测量到声源的实际排放状况时（如声源位于高空、厂界设有声屏障等），应在工业企业厂界外 1 m，高度 1.2 m 以上、距任一反射面距离不小于 1 m 的位置设置测量点，同时在受影响的噪声敏感建筑物的户外 1 m 处另设测量点，当建筑物高于 3 层时，可考虑分层布点；在室内进行噪声测量时，测量点位应设在距任何反射面 0.5 m 以上、距地面 1.2 m 高度处，在受噪声影响方向的窗户开启状态下测量；固定设备结构传声至噪声敏感建筑物室内，在噪声敏感建筑物室内进行测量时，测量点应距任何反射面 0.5 m 以上，距地面 1.2 m、距外窗 1 m 以上，在窗户关闭状态下进行测量时，具体要求参照《环境噪声监测技术规范　结构传播固定设备室内噪声》（HJ 707—2014）。

10.1.3　环境噪声测量仪器

测量厂界环境噪声使用的测量仪器为积分平均声级计或环境噪声自动监测仪，其性能应不低于《电声学　声级计　第 1 部分：规范》（GB/T 3785.1—2010）中对 2 型仪器的要求。在测量 35 dB（A）以下的噪声时应使用 1 型声级计，且测量范围应满足所测量噪声的需要。校准所用仪器应符合《电声学　声校准器》（GB/T 15173—2010）对 1 级或 2 级声校准器的要求。当需要进行噪声的频谱分析时，仪器性能应符合《电声学　倍频程和分数倍频程滤波器》（GB/T 3241—2010）中对滤波器的要求。

测量仪器和校准仪器应定期检定是否合格，并应在有效使用期限内使用；每次测量前后必须在测量现场进行声学校准，其前后校准示值偏差不得大于 0.5 dB（A），否则测量结果无效。进行测量时传声器应加防风罩。测量仪器时间计权特性设为“F”挡，采样时间间隔不大于 1 s。

10.1.4　环境噪声监测注意事项

测量应在无雨雪、无雷电天气，风速为 5 m/s 以下时进行。不得不在特殊气象条件下进行测量时，应采取必要措施保证测量准确性，同时注明当时所采取的措施及气象情况，测量应在被测声源正常工作时间进行，同时注明当时的工况。

分别在昼间、夜间两个时段进行测量。夜间有频发、偶发噪声影响时同时测量最大声级。被测声源是稳态噪声，采用 1 min 的等效声级。被测声源是非稳态噪声，测量被测声源有代表性时段的等效声级，必要时测量被测声源整个正常工作时段的等效声级。当噪声超标时，必须测量背景值，背景噪声的测量及修正应按照《环境噪声监测技术规范　噪声测量值修正》（HJ 706—2014）来进行。

10.1.5　监测结果评价

各个测点的测量结果应单独评价。同一测点每天的测量结果按昼间、夜间进行评价。最大声级直接评价。当厂界与噪声敏感建筑距离小于 1 m，厂界环境噪声在噪声敏感建筑物室内测量时，应将相应的噪声标准限值降 10 dB（A）作为评价依据。

10.2 地表水监测

本节仅针对监测断面设置和现场采样进行介绍，样品保存、运输以及实验室分析部分参考第 6 章的内容。

10.2.1 监测断面设置

排污单位厂界周边的地表水环境质量影响监测点位应参照排污单位环境影响评价文件及其批复和其他环境管理要求进行设置。如环境影响评价文件及其批复和其他文件中均未做出要求，排污单位需要开展周边环境质量影响监测的，环境质量影响监测点位设置的原则和方法参照《建设项目环境影响评价技术导则 总纲》（HJ 2.1—2016）、《环境影响评价技术导则 地表水环境》（HJ 2.3—2018）和《地表水环境质量监测技术规范》（HJ 91.2—2022）等执行。

《环境影响评价技术导则 地表水环境》（HJ 2.3—2018）规定环境影响评价中，应提出地表水环境质量监测计划，包括监测断面或点位位置（经纬度）、监测因子、监测频次、监测数据采集与处理、分析方法等。地表水环境质量监测断面或点位设置需与水环境现状监测、水环境影响预测的断面或点位相协调，并应强化其代表性、合理性。

10.2.1.1 河流监测断面设置

根据《环境影响评价技术导则 地表水环境》（HJ 2.3—2018）、《地表水环境质量监测技术规范》（HJ 91.2—2022）的规定，应布设对照断面和控制断面。对照断面宜布置在排放口上游 500 m 以内。控制断面应根据受纳水域水环境质量控制管理要求进行设置。控制断面可结合水环境功能区或水功能区、水环境控制单元区划情况，直接采用国家及地方确定的水质控制断面。评价范围内不同水质类别区、水环境功能区或水功能区、水环境敏感区及需要进行水质预测的水域，应布设水质监测断面。评价范围以外的调查或预测范围，可以根据预测工作需要增设相应的水质监测断面。水质取样断面上取样垂线的布设与各垂线上的采样点的设置按照《地表水环境质量监测技术规范》（HJ 91.2—2022）的规定执行。

10.2.1.2　湖库监测点位设置

根据《环境影响评价技术导则　地表水环境》（HJ 2.3—2018），水质取样垂线的设置可采用以排放口为中心，沿放射线布设或网格布设的方法，按照下列原则及方法设置：一级评价[①]在评价范围内布设的水质取样垂线数宜不少于 20 条；二级评价[②]在评价范围内布设的水质取样线宜不少于 16 条。评价范围内不同水质类别区、水环境功能区或水功能区、水环境敏感区、排放口和需要进行水质预测的水域，应布设取样垂线。水质取样垂线上取样点的布设按照《地表水环境质量监测技术规范》（HJ 91.2—2022）的规定执行。

10.2.2　水样采集

10.2.2.1　基本要求

（1）河流

对开阔河流进行采样时，应包括以下几个基本点：用水地点的采样；污水流入河流后，对充分混合的地点及流入前的地点采样；支流合流后，对充分混合的地点及混合前的主流与支流地点的采样；主流分流后地点的选择；根据其他需要

① 见《环境影响评价技术导则　地表水环境》（HJ 2.3—2018）。
② 见《环境影响评价技术导则　地表水环境》（HJ 2.3—2018）。

设定的采样地点。各采样点原则上应在河流横向及垂向的不同位置采集样品。采样时间一般选择在采样前至少连续 2 d 晴天，水质较稳定的时间。

（2）水库和湖泊

水库和湖泊的采样，由于采样地点和温度的分层现象可引起很大的水质差异，在调查水质状况时，应考虑成层期与循环期的水质明显不同。了解循环期水质，可布设和采集表层水样；了解成层期水质，应按照深度布设及分层采样。

10.2.2.2 水样采集要点内容

（1）采样器材

采样器材包括采样器、静置容器、样品瓶、水样保存剂和其他辅助设备。采样器材的材质和结构、水样保存等应符合标准分析方法要求，如标准分析方法中无要求则按 HJ 493 的规定执行。采样器包括表层采样器、深层采样器、自动采样器、石油类采样器等。水样容器包括聚乙烯瓶（桶）、硬质玻璃瓶和聚四氟乙烯瓶。聚乙烯瓶一般用于大多数无机物的样品，硬质玻璃瓶用于有机物和生物样品，玻璃或聚四氟乙烯瓶用于微量有机污染物（挥发性有机物）样品。

（2）采样量

在地表水质监测中通常采集瞬时水样。采样量参照规范要求，即考虑重复测定和质量控制的需要的量，并留有余地。

（3）采样方法

可以采用船只采样、桥上采样、涉水采样等方式采集水样。使用船只采样时，采样船应位于采样点的下游，逆流采集水样，避免搅动底部沉积物。采样人员应尽量在船只前部采样，尽量使采样器远离船体。在桥上采样时，采样人员应能准确控制采样点位置，确定合适的汲水场合，采用合适的方式采样，如可用系着绳子的水桶投入水中汲水，要注意不能混入漂浮于水面上的物质。涉水采样时，采样人员应站在采样点下游，逆流采集水样，避免搅动底部沉积物。

一般情况下，不允许采集岸边水样，当监测断面目视范围内无水或仅有不连贯的积水时，可不采集水样，但要做好现场情况记录。

（4）水样保存

在水样采入或装入容器中后，应按规范要求加入保存剂。

10.2.2.3　注意事项

地表水水样的采集需按照《地表水监测技术规范》（HJ 91.2—2022）的要求进行。需要注意《地表水环境质量标准》（GB 3838—2002）中规定的部分项目，除标准分析方法有特殊要求的监测项目外，均要求水样采集后自然沉降 30 min。

水样采集过程中还应注意以下几个方面：

1）采样时不可搅动水底的沉积物。除标准分析方法有特殊要求的监测项目外，采集到的水样倒入静置容器中，自然沉降 30 min。

2）使用虹吸装置取上层不含沉降性固体的水样，虹吸装置进水尖嘴应保持插至水样表层 50 mm 以下位置。

3）采样时应保证采样点的位置准确，必要时用定位仪（GPS）定位。

4）采样结束前，核对采样方案、记录和水样是否正确，否则补采。认真填写采样记录表。

5）石油类、五日生化需氧量（BOD_5）、溶解氧（DO）、硫化物、粪大肠菌群、悬浮物、叶绿素 a 或标准分析方法有特殊要求的项目要单独采样。

6）测定油类水样，应在水面至 30 cm 范围内采集柱状水样，并单独采集，全部用于测定，样品瓶不得用采集水样荡洗。

7）测定溶解氧、生化需氧量、硫化物和有机物等项目时，水样必须注满容器，上部不留空间，并用水封口。

10.3 近岸海域海水影响监测

10.3.1 监测点位设置

排污单位厂界周边的海水环境质量影响监测点位应参照排污单位环境影响评价文件及其批复和其他环境管理要求设置。

如环境影响评价文件及其批复和其他文件中均未做出要求，排污单位需要开展周边环境质量影响监测的，环境质量影响监测点位设置的原则和方法参照《建设项目环境影响评价技术导则　总纲》（HJ 2.1—2016）、《环境影响评价技术导则　地表水环境》（HJ 2.3—2018）、《近岸海域环境监测技术规范　第八部分　直排海污染源及对近岸海域水环境影响监测》（HJ 442.8—2020）、《近岸海域环境监测点位布设技术规范》（HJ 730—2014）等执行。

根据《环境影响评价技术导则　地表水环境》（HJ 2.3—2018），一级评价可布设 5～7 个取样断面，二级评价可布设 3～5 个取样断面。根据垂向水质分布特点，参照《海洋调查规范》（GB/T 12763—2007）、《近岸海域环境监测技术规范　第八部分　直排海污染源及对近岸海域水环境影响监测》（HJ 442.8—2020）、《近岸海域环境监测点位布设技术规范》（HJ 730—2014）执行。排放口位于感潮河段内的，其上游设置的水质取样断面，应根据时间情况参照河流决定，其下游断面的布设与近岸海域相同。

10.3.2 水样采集基本要求

10.3.2.1 采样前环境情况检查

每次采样前均应仔细检查装置的性能及采样点周围的状况。

（1）岸上采样

如果水是流动的，采样人员应站在岸边，必须面对水流动方向操作。若底部沉积物受到扰动，则不能继续取样。

（2）船上采样

由于船体本身就是一个重要污染源，船上采样要始终采取适当措施防止船上各种污染源可能带来的影响。采痕量金属水样应尽量避免使用铁质或其他金属制成的小船，采用逆风逆流采样，一般应在船头取样，将来自船体的各种沾污控制在一个尽量低的水平。当船体到达采样点位后，应该根据风向和流向，立即将采样船周围海面划分为船体沾污区、风成沾污区和采样区 3 部分，然后在采样区采样。或者待发动机关闭后，当船体仍在缓慢前进时，将抛浮式采水器从船头部位尽力向前方抛出，或者使用小船离开大船一定距离后采样；采样人员应坚持向风操作，采样器不能直接接触船体任何部位，裸手不能接触采样器排水口，采样器内的水样先放掉一部分后再取样；采样深度的选择是采样的重要部分，通常要特别注意避开微表层采集表层水样，也不要在悬浮沉积物富集的底层水附近采集底层水样；采样时应避免剧烈搅动水体，如发现底层水浑浊，应停止采样；当水体表面漂浮杂质时，应防止其进入采样器，否则重新采样；采集多层次深水水域的样品，按从浅到深的顺序采集；因采水器容积有限不能一次完成时，可进行多次采样，将各次采集的水样集装在大容器中，分样前应充分摇匀。混匀样品的方法不适于溶解氧、生化需氧量、油类、细菌学指标、硫化物及其他有特殊要求的项目；测溶解氧、生化需氧量、pH 等项目的水样，采样时需充满，避免残留空气对测项的干扰；其他测项，装水样至少留出容器体积 10%的空间，以便样品分析前充分摇匀；取样时，应沿样品瓶内壁注入，除溶解氧等特殊要求外放水管不要插入液面下装样；除现场测定项目外，样品采集后应按要求进行现场加保存剂，并颠倒数次使保存剂在样品中均匀分散；水样取好后，仔细塞好瓶塞，不能有漏水现象。如将水样转送他处或不能立刻分析时，应用石蜡或水漆封口。对不同水深，采样层次按照《近岸海域环境监测规范》确定。

10.3.2.2 现场采样注意事项

1）项目负责人或技术负责人同船长协调海上作业与船舶航行的关系，在保证安全的前提下，航行应满足监测作业的需要。

2）按监测方案要求，获取样品和资料。

3）水样分装顺序的基本原则：不过滤的样品先分装，需过滤的样品后分装；一般按悬浮物和溶解氧（生化需氧量）→pH→营养盐→重金属→化学需氧量（其他有机物测定项目）→叶绿素 a→浮游植物（水采样）的顺序进行；如化学需氧量和重金属汞需测试非过滤态，则按悬浮物和溶解氧（生化需氧量）→化学需氧量（其他有机物测定项目）→汞→pH→盐度→营养盐→其他重金属→叶绿素 a→浮游植物（水采样）的顺序进行。

4）在规定时间内完成应在海上现场测试的样品，同时做好非现场检测样品的预处理。

5）采样事项：船到达点位前 20 min，停止排污和冲洗甲板，关闭厕所通海管路，直至监测作业结束；严禁用手沾污所采样品，防止样品瓶塞（盖）沾污；观测和采样结束，应立即检查有无遗漏，然后方可通知船方启航；在大雨等特殊气象条件下应停止海上采样工作；遇有赤潮和溢油等情况，应按应急监测规定要求进行跟踪监测。

10.4 地下水监测

10.4.1 监测点位布设

橡胶和塑料制品工业排污单位厂界周边的地下水环境质量影响监测点位参照排污单位环境影响评价文件及其批复和其他环境管理要求设置。如环境影响评价文件及其批复和其他文件中均未做出要求，排污单位需要开展周边环境质量影响监测的，地下水环境质量影响监测点位设置的原则和方法参照《环境影响评价技术导则　地下水环境》（HJ 610—2016）、《地下水环境监测技术规范》（HJ 164—2020）等执行。

参考《环境影响评价技术导则　地下水环境》（HJ 610—2016），根据排污单位类别及地下水环境敏感程度，划分排污单位对地下水环境影响的等级见表 10-1，进而确定地下水监测点（井）的数量及分布，具体见表 10-1。

表 10-1　排污单位周边地下水环境影响等级分级

敏感程度②	项目类别①		
	Ⅰ类项目	Ⅱ类项目	Ⅲ类项目
敏感	一级	一级	二级
较敏感	一级	二级	三级
不敏感	二级	三级	三级

注：①参见《环境影响评价技术导则　地下水环境》（HJ 610—2016）附录 A。
②参见《环境影响评价技术导则　地下水环境》（HJ 610—2016）表 1。

地下水环境质量影响监测点位（井）数量及设置要求：影响等级为一级、二级的排污单位，点位数量一般不少于 3 个，应至少在排污单位建设场地上、下游各布置 1 个。一级排污单位还应在重点污染风险源处增设监测点。影响等级为三级的排污单位，点位数量一般不少于 1 个，应至少在排污单位下游布置 1 个。

10.4.2　监测井的建设与管理

开展周边地下水环境质量影响监测时，排污单位可选择符合点位布设要求、常年使用的现有井（如经常使用的民用井）作为监测井，在无合适现有井时，可设置专门的监测井。多数情况下地下水可能存在污染的部分集中在接近地表的潜水中，排污单位应根据所在地及周边水文地质条件确定地下水埋藏深度，进而确定地下水监测井井深或取水层位置。

地下水监测井的建设与管理，应符合《地下水环境监测技术规范》（HJ 164—

2020）中第 5 章的规定。

地下水样品的现场采集、保存、实验室分析及质量控制的具体操作过程，应符合《地下水环境监测技术规范》（HJ 164—2020）中第 6 章、第 7 章、第 8 章和第 10 章的规定。

10.5 土壤监测

橡胶和塑料制品工业排污单位厂界周边的土壤环境质量影响监测点位参照排污单位环境影响评价文件及其批复和其他环境管理要求设置。如环境影响评价文件及其批复和其他文件中均未做出要求，排污单位需要开展周边环境质量影响监测的，土壤环境质量影响监测点位设置的原则和方法参照《环境影响评价技术导则 土壤环境（试行）》（HJ 964—2018）、《土壤环境监测技术规范》（HJ/T 166—2004）等执行。

参考《环境影响评价技术导则 土壤环境（试行）》（HJ 964—2018）中有关污染影响型建设项目的要求，根据排污单位类别、占地面积大小及土壤环境的敏感程度，确定监测点位布设的范围、数量及采样深度。

根据表 10-2 的规定，确定排污单位对周边土壤环境影响的等级，在确定排污单位土壤环境影响的等级后，可根据表 10-3 的规定确定监测点布设的范围及点位数量。

表 10-2 排污单位周边土壤环境影响等级分级

建设项目类别①	Ⅰ类项目			Ⅱ类项目			Ⅲ类项目		
敏感程度③	占地面积②								
	大	中	小	大	中	小	大	中	小
敏感	一级	一级	一级	二级	二级	二级	三级	三级	三级
较敏感	一级	一级	二级	二级	二级	三级	三级	三级	—
不敏感	一级	二级	二级	二级	三级	三级	三级	—	—

注：①参见《环境影响评价技术导则 土壤环境（试行）》（HJ 964—2018）中附录 A。

②排污单位占地面积分为大型（≥50 hm^2）、中型（5～50 hm^2）、小型（≤5 hm^2）。

③参见《环境影响评价技术导则 土壤环境（试行）》（HJ 964—2018）中表 3。

表 10-3　排污单位周边土壤环境质量影响监测点位布设范围及数量

土壤环境影响等级	周边土壤环境监测点的布设范围①	点位数量
一级	1 km	4 个表层点②
二级	0.2 km	2 个表层点②
三级	0.05 km	—③

注：①涉及大气沉降途径影响的，可根据主导风向下风向最大浓度落地点适当调整监测点位布设范围。

②表层点一般在 0～0.2 m 处进行采样。

③影响等级为三级的排污单位，除有特殊要求的，一般可不考虑布设周边土壤环境监测点。

土壤样品的现场采集、样品流转、制备、保存、实验室分析及质量控制的具体过程应符合《土壤环境监测技术规范》（HJ/T 166—2004）中的相关技术规定。

第 11 章 监测质量保证与质量控制体系

监测质量保证与质量控制是提高监测数据质量的重要保障，是监测过程的重中之重，同时也涉及监测过程各方面内容。本章立足现有经验，对污染源监测应关注的重点内容、质控要点进行梳理，提供了经验性的参考，但仍难以做到面面俱到。排污单位或社会化检测机构在开展污染源监测过程中，可参考本章的内容，结合自身实际情况，制定切实有效的监测质量保证与质量控制方案，提高监测数据质量。

11.1 基本概念

监测质量保证和质量控制是环境监测过程中的两个重要概念。《环境监测质量管理技术导则》（HJ 630—2011）中这样定义：质量保证是指为了提供足够的信任表明实体能够满足质量要求，而在质量体系中实施并根据需要证实的全部有计划和有系统的活动。质量控制是指为达到质量要求所采取的作业技术或活动。

采取质量保证的目的是获取他人对质量的信任，为使他人确信某实体提供的数据、产品或者服务等能满足质量要求而实施的并根据需要进行证实的全部有计划、有系统的活动。质量控制则是通过监视质量形成过程，消除生产数据、产品或者提供服务的所有阶段中可能引起不合格或不满意效果的因素，使其达到质量要求而采用的各种作业技术和活动。

环境监测的质量保证与质量控制，是依靠系统的文件规定来实施的内部的技术和管理手段。它们既是生产出符合国家质量要求的检测数据的技术管理制度和活动，也是一种“证据”，即向任务委托方、环境管理机构和公众等表明该检测数据是在严格的质量管理中完成的，具有足够的管理和技术上的保证手段，数据是准确可信的。

11.2　质量体系

证明数据质量可靠性的技术管理制度与活动可以千差万别，但是也有其共同点。为了实现质量保证和质量控制的目的，往往需要建立一套并保证有效运行的质量体系。它应覆盖环境检测活动所涉及的全部场所、所有环节，以使检测机构的质量管理工作程序化、文件化、制度化和规范化。

对于专业的向政府、企事业单位或者个人提供排污情况监测数据的社会化检测机构，按照《检验检测机构资质认定管理办法（2021 年修正版）》（国家质量监督检验检疫总局令　第 163 号）、《检验检测机构资质认定能力评价　检验检测机构通用要求》（RB/T 214—2017）、《检验检测机构资质认定生态环境监测机构评审补充要求》（国市监检测〔2018〕245 号）的要求建立并运行质量体系是必要的。若检测实验室仅为排污单位内部提供数据，质量管理活动的目的则是为本单位管理层、环境管理机构和公众提供证据，证明数据准确可信，质量手册不是必需的，但有利于检测实验室数据质量得到保证的一些程序性规定和记录是必要的（如实验室具体分析工作的实施流程、数据质量相关的管理流程等的详细规定，具体方法或设备使用的指导性详细说明，数据生产过程和监督数据生产需使用的各种记录表格等）。

建立质量体系不等于需要通过资质认定。质量体系的繁简程度与检测实验室的规模、业务范围、服务对象等密切相关，有时还需要根据业务委托方的要求修改完善质量体系。质量体系一般包括质量手册、程序文件、作业指导书和记录。

有效的质量控制体系应满足“对检测工作进行全面规范，且保证全过程留痕”的基本要求。

11.2.1 质量手册

质量手册是检测实验室质量体系运行的纲领性文件，阐明检测实验室的质量目标，描述检测实验室全部检测质量活动的要素，规定检测质量活动相关人员的责任、权限和相互之间的关系，明确质量手册的使用、修改和控制的规定等。质量手册至少应包括批准页、自我声明、授权书、检测实验室概述、检测质量目标、组织机构、检测人员、设施和环境、仪器设备和标准物质，以及检测实验室为保证数据质量所做的一系列规定等。

（1）批准页：批准页的主要内容是说明编制质量体系的目的以及质量手册的内容，并由最高管理者批准实施。

（2）自我声明：检测实验室关于独立承担法律责任、遵守《中华人民共和国计量法》和监测技术标准规范等相关法律法规、客观出具数据等的承诺。

（3）授权书：检测实验室有多种情形需要授权，包括但不限于在最高管理者外出期间，授权给其他人员替其行使职权；最高管理者授权人员担任质量负责人、技术负责人等关键岗位；授权检测实验室的大型贵重仪器的人员使用等。

（4）检测实验室概述：简要介绍检测实验室的地理位置、人员构成、设备配置概况、隶属关系等基本信息。

（5）检测质量目标：检测质量目标即定量描述检测工作所达到的质量。

（6）组织机构：明确检测实验室与检测工作相关的外部管理机构的关系，与本单位中其他部门的关系，完成检测任务相关部门之间的工作关系等，通常以组织机构框图的方式表明。与检测任务相关的各部门的职责应予以明确和细化。例如，可规定检测质量管理部具有下列职责：①牵头制订检测质量管理年度计划并监督实施，编制质量管理年度总结；②负责组织质量管理体系建设、运行管理，包括质量体系文件编制、宣贯、修订、内部审核、管理评审、质量督查、检测报告抽查、实验室和现场监督检查、质量保证和质量控制等工作；③负责组织人员开展内部持证上岗考核相关工作；④负责组织参加外部机构的能力验证、能力考核、比对抽测等各项考核工作；⑤负责组织仪器设备检定/校准工作，包括编制检定/校准计划、组织实施和确认；⑥负责标准物质管理工作，包括建立标准物质清册，管理标准物质样品库，标准样品的验收、入库、建档及期间核查等。

（7）检测人员：包括检测岗位划分和检测人员管理两部分内容：

检测岗位划分指检测实验室将检测相关工作分为若干具体的检测工序，并明确各检测工序的职责。以检测实验室为例，岗位划分可描述为质量负责人、技术负责人、报告签发人、采样岗位、分析岗位、质量监督人、档案管理人等。可以由同一个人兼任不同的岗位，也可以专职从事某一个岗位。但报告编制、审核和签发应由 3 个人承担，不能由一个人兼任其中的两项及以上职责。

检测人员管理部分则规定从事采样、分析等检测相关工作的人员应接受的教育、培训，应掌握的技能，应履行的职责等。以分析岗位为例，人员管理可描述为以下几个方面：

1）分析人员必须经过培训，熟练掌握与本人承担分析项目有关的标准监测方法或技术规范及有关法规，且具备对检验检测结果做出评价的判断能力，经内部考核合格后持证上岗。

2）熟练掌握所用分析仪器设备的基本原理、技术性能，以及仪器校准、调试、维护和常见故障的排除技术。

3）熟悉并遵守质量手册的规定，严格按监测标准、规范或作业指导书开展监测分析工作，熟悉记录的控制与管理程序，按时完成任务，保证监测数据准确可靠。

4）认真做好样品分析前的各项准备工作，分析样品的交接工作以及样品分析工作，确保按业务通知单或监测方案要求完成样品分析。

5）分析人员必须确保选用的分析方法现行有效，分析依据正确。

6）负责所使用仪器设备日常维护、使用和期间核查，编制/修订其操作规程、维护规程、期间核查规程和自校规程，并在计量检定/校准有效期内使用；负责做好使用、维护和期间核查记录。

7）确保分析质控措施和质控结果符合有关监测标准或技术规范及相关规定的要求。

8）当分析仪器设备、分析环境条件或被测样品不符合监测技术标准或技术规范要求时，监测分析人员有权暂停工作，并及时向上级报告。

9）认真做好分析原始记录并签字，要求字迹清楚、内容完整、编号无误。

10）分析人员对分析数据的准确性和真实性负责。

11）校对上级安排的其他检测人员的分析原始记录。

检测实验室建立人员配备情况一览表（表 11-1），有助于提高人员管理效率。

表 11-1 人员配备情况一览表（样表）

序号	姓名	性别	出生年月	文化程度	职务/职称	所学专业	从事本技术领域年限	所在岗位	持证项目情况	备注
1	张三	男	××年8月	本科	工程师	分析化学	5	分析岗	水和废水：化学需氧量、氨氮	质量负责人
……										

（8）设施和环境：检测实验室的设施和环境条件指检测实验室配备必要的硬件设施，并建立制度保证监测工作环境适应监测工作需求。检测实验室的设施通常包括空调、除湿机、干湿度温度计、通风橱、纯水机、冷藏柜、超声波清洗仪、电子恒温恒湿箱、灭火器等检测辅助设备。至少应明确以下规定：

1）防止交叉污染的规定。例如，规定监测区域应有明显标识；严格控制进入和使用影响检测质量的实验区域；对相互有影响的活动区域进行有效隔离，防止交叉污染。比较典型的交叉污染例子有：挥发酚项目的检测分析会对在同一实验室进行的氨氮检测分析造成交叉污染的影响；在分析总砷、总铅、总汞、总镉等项目时，如果不同的样品间浓度差异较大，规定高、低浓度的采样瓶和分析器皿分别用专用酸槽浸泡洗涤，以免交叉污染。必要时，用优级纯酸稀释后浸泡超低浓度样品所用器皿等。

2）对可能影响检测结果质量的环境条件，规定检测人员进行监控和记录，保证其符合相关技术要求。例如，万分之一以上精度的电子天平正常工作对环境温度、湿度有控制要求，检测实验室应有监控设施，并有记录表格记录环境条件。

3）规定有效控制危害人员安全和人体健康的潜在因素。例如配备通风橱、消防器材等必要的防护和处置措施。

4）对化学品、废弃物、火、电、气和高空作业等安全相关因素做出规定等。

（9）仪器设备和标准物质：检测用仪器设备和标准物质是保障检测数据量值溯源的关键载体。检测实验室应配备满足检测方法规定的原理、技术性能要求的设备，应对仪器设备的购置、使用、标识、维护、停用、租借等管理做出明确规定，保证仪器设备得到合理配置、正确使用和妥善维护，提高检测数据的准确可靠性。例如，对于设备的配备可规定：

1）根据检测项目和工作量的需要及相关技术规范的要求，合理配备采样、样品制备、样品测试、数据处理和维持环境条件所要求的所有仪器设备种类和数量，并对仪器技术性能进行科学的分析评价和确认。

2）如果需要借用外单位的仪器设备，必须严格按本单位仪器设备的管理受到有效控制。建立仪器设备配备情况一览表，往往有助于提高设备管理效率，仪器设备配备情况一览表见表 11-2。

表 11-2　仪器设备配备情况一览表（样表）

序号	设备名称	设备型号	出厂编号	检定/校准方式	检定/校准周期	仪器摆放位置
1	电子天平	TE212L	####	检定	一年	205 室
……						

此外，应根据检测项目开展情况配备标准物质，并做好标准物质管理。配备的标准物质应该是有证标准物质，保证标准物质在其证书规定的保存条件下贮存，建立标准物质台账，记录标准物质名称、购买时间、购买数量、领用人、领用时间和领用量等信息。

（10）其他：为保证建立的质量管理体系覆盖检测的各个方面、环节、所有场所，且能持续有效地指导实施质量管理活动，还应对以下质量管理活动做出原则性的规定：

1）质量体系在哪些情形下，由谁提出、谁批准同意修改等。

2）如何正确使用管理质量体系各类管理和技术文件，即如何编制、审批、发放、修改、收回、标识、存档或销毁等处理各种文件。

3）如何购买对监测质量有影响的服务（如委托有资质的机构检定仪器即为购买服务），以及如何购买、验收和存储设备、试剂、消耗材料。

4）检测工作中出现的与相关规定不符合的事项，应如何采取措施。

5）质量管理、实际样品检测等工作中相关记录的格式模板应如何编制，以及实际工作过程中如何填写、更改、收集、存档和处置记录。

6）如何定期组织单位内部熟悉检测质量管理相关规定的人员，对相关规定的执行情况进行内部审核。

7）管理层如何就内部审核或者日常检测工作中发现的相关问题，定期研究解决。

8）检测工作中，如何选用、证实/确认检测方法。

9）如何对现场检测、样品采集、运输、贮存、接收、流转、分析、监测报告编制与签发等检测工作全过程的各个环节都采取有效的质量控制措施，以保证监测工作质量。

10）如何编制监测报告格式模板，实际检测工作中如何编写、校核、审核、修改和签发检测报告等。

11.2.2　程序文件

程序文件是规定质量活动方法和要求的文件，是质量手册的支持性文件，主要目的是对产生检测数据的各个环节、各个影响因素和各项工作全面规范。程序文件包括人员、设备、试剂、耗材、标准物质、检测方法、设施和环境、记录和数据录入发布等各关键因素，明确详细地规定某一项与检测相关的工作，执行人员是谁、经过什么环节、留下哪些记录，以实现在高时效地完成工作的同时保证数据质量。

编写程序文件时，应明确每个程序的控制目的、适用范围、职责分配、活动过程规定和相关质量技术要求，从而使程序文件具有可操作性。例如，制定检测工作程序，对检测任务的下达、检测方案的制定、采样器皿和试剂的准备、样品采集和现场检测、实验室内样品分析，以及测试原始积累的填写等诸多环节，规定分别由谁来实施以及实施过程中应该填写哪些记录，以保证工作有序开展。

档案管理也是一项涉及较多环节的工作，涉及档案产生后的暂存、收集、交接、保管和借阅查询使用等一系列环节，在各个细节又需要保证档案的完整性，制定一个档案管理程序就显得比较重要了。这个程序可以规定档案产生人员如何暂存档案，暂存的时限是多长，档案收集由谁来负责，交给档案收集人员时应履行的手续，档案集中后由谁来负责建立编号，如何保存，借阅查阅时应履行的手续等。

又如检测方案的制定，方案制定人员需要弄清楚的文件有环评报告中的监测章节内容、生态环境部门做出的环评批复、执行的排放标准，许可证管理的相关要求，行业涉及的自行监测指南等。在明确管理要求后所制定的检测方案，宜请熟悉环境管理、环境监测、生产工艺和治理工艺的专业人员对方案进行审核把关，这样既有利于保证检测内容和频次等满足管理要求，又可避免不必要的人力、物力浪费。

一般来说，检测实验室需制定的程序性规定应包括人员培训程序、检测工作程序、设备管理程序、标准物质管理程序、档案管理程序、质量管理程序、服务和供应品的采购和管理程序、内务和安全管理程序、记录控制与管理程序等。

11.2.3 作业指导书

作业指导书是指特定岗位工作或活动应达到的要求和遵循的方法。对于下列情形往往需要检测机构制定作业指导书：

1）标准检测方法中规定可采取等效措施，而检测机构又的确采取了等效措施。

2）使用非母语的检测方法。

3）操作步骤复杂的设备。

作业指导书应写得尽可能具体，且语言简洁不产生歧义，以保证各项操作的可重复性。

11.2.4 记录

记录包括质量记录和技术记录。质量记录是质量体系活动产生的记录，如内审记录、质量监督记录等；技术记录是各项监测工作所产生的记录，如《pH 分析原始记录表》《废水流量监测记录（流速仪法）》。记录是保证从检测方案的制定开始，到样品采集、样品运输和保存、样品分析、数据计算、报告编制、数据发布的各个环节留下关键信息的凭证，证明数据生产过程满足技术标准和规范要求的基础。检测实验室的记录既要简洁易懂，也要信息量足够让检测工作重现。这就要求认真学习国家的法律法规等管理规定和技术标准规范，把握必须记录备查的关键信息，在设计记录表格样式的时候予以考虑。如对于样品采集，除采样时间、地点、人员等基础信息外，还应包括检测项目、样品表观（定性描述颜色、悬浮物含量）、样品气味、保存剂的添加情况等信息。对于具体的某一项污染物的分析，需记录分析方法名称及代码、分析时间、分析仪器的名称及型号、标准/校准曲线的信息、取样量、样品前处理情况、样品测试的信号值、计算公式、计算结果以及质控样品分析的结果等。

11.3　自行监测质控要点

自行监测的质量控制，既要抓住人员、设备、监测方法、试剂耗材等关键因素，也要重视环境设施等影响因素。每项检测任务都应有足够证据表明其数据质量可信，在制定该项检测任务实施方案的同时，制定一个质控方案，或者在实施方案中有质量控制的专门章节，明确该项工作应针对性地采取哪些措施来保证数据质量。自行监测工作中，包含自行监测点位、项目和频次、采样、制样和分析应执行哪些技术规范等信息的监测方案在许可证发放时应经过了生态环境部门审查。日常监测工作中，需要落实负责现场监测和采样、制样和分析样品、报告编制工作的具体人员，以及应采取的质控措施。应采取的质控措施可以是一个专门的方案，规定承担采样、制样和分析样品的人员应具备的技能（如经过适当的培训后持有上岗证），各环节的执行人员应该落实哪些措施来自证所开展工作的质量，质量控制人员如何去查证各任务执行人员工作的有效性等。通常来说，质控方案就是保证数据质量所需要满足的人员、设备、监测方法、试剂耗材和环境设施等的共性要求。

11.3.1　人员

人员技能水平是自行监测质量的决定性因素，因此检测机构制定的规章制度性文件中，要明确规定不同岗位人员应具有的技术能力，如应该具有的教育背景、工作经历、胜任该工作应接受的再教育培训，并以考核方式确认是否具有胜任岗位的技能。对于人员适岗的再教育培训，如掌握行业相关的政策法规、标准方法、操作技能等，由检测机构内部组织或者参加外部培训均可。适岗技能考核确认的方式也是多样化的，如笔试或者提问、操作演示、实样测试、盲样考核等。无论采用哪种培训、考核方式，均应有记录来证实工作过程。例如，内部培训应至少有培训教材、培训签到表，外部培训有会议通知、培训考核结果证明材料等。需注意对于口头提问和操作演示等考核方式，也应有记录，如口头提问，记录信息至少包括考核者姓名、提问内容，被考核者姓名、回答要点，以及对于考核结果的评价；操作演示的考核记录至少包括考核者姓名、要求考核演示的内容、被考核者姓名、演示情况的概述以及评价结论。在具体执行过程中，切忌人员技能培训走过场，杜绝出现徒有各种培训考核记录但人员技能依然不高的窘境，如某厂自行监测厂界噪声的原始记录中，背景值仅为 30 dB（A），暴露出监测人员对仪器性能和环境噪声缺乏基本的认知。

11.3.2 仪器设备

监测设备是决定数据质量的另一关键因素。2015 年 1 月 1 日起开始施行的《中华人民共和国环境保护法》第二章第十七条明确规定："监测机构应当使用符合国家标准的监测设备，遵守监测规范。"所谓符合国家标准，首先，应根据排放标准规定的监测方法选用监测设备，也就是仪器的测定原理、检测范围、测定精密度、准确度以及稳定性等满足方法的要求；其次，设备应根据国家计量的相关要求和仪器性能情况确定检定/校准，列入《中华人民共和国强制检定的工作计量器具目录》或有检定规程的仪器应送有资质的单位进行检定，如烟尘监测仪、天平、砝码、烟气采样器、大气采样器、pH 计、分光光度计、声级计、压力表等。属于非强制检定的仪器与设备可以送有资质的计量鉴定机构进行校准，无法送去检定或者送去校准的仪器设备，应由仪器使用单位自行溯源，即自己制定校准规范，对部分计量性能或参数进行检测，以确认仪器性能准确可靠。

对于投入使用的仪器，要确保其得到规范使用。应明确规定如何使用、维护、维修和性能确认仪器设备。例如，编写仪器设备操作规程（仪器操作说明书）和维护规程（仪器维护说明书），以保证使用人员能够正确使用和维护仪器。与采样和监测结果的准确性和有效性相关的仪器设备，在投入使用前，必须进行量值溯源，即用前述的检定/校准或者自校手段确认仪器性能。对于送到有资质的检定或者校准单位的仪器，收到设备的检定或者校准证书后，应查看检定/校准单位实施的检定/校准内容是否符合实际的检测工作要求。例如，配备有多个传感器的仪器，检测工作需要使用的传感器是否都得到了检定；对于有多个量程的仪器，其检定或者校准范围是否满足日常工作需求。仪器的检定/校准或者自校，并不是一劳永逸的，应根据国家的检定/校准规程或者使用说明书要求，周期性地实施检定/校准或者自校，保持仪器在检定/校准或者自校有效期内使用，且每次监测前，都要使用分析标准溶液、标准气体等方式确认仪器量值，在证实其量值持续符合相应技术要求后使用。如定电位电解法规定烟气中二氧化硫、氮氧化物每次测量前必须用标气进行校准，示值误差≤±5%方可使用。此外，应规定仪器设备的唯一性标识、状态标识，避免误用。仪器设备的唯一性标识既可以是仪器的出厂编码，也可以是检测单位按自行制定的规则编写的代码。

仪器的相关记录应妥善保存。建议给检测仪器建立一仪一档。档案的目录包括仪器说明书、仪器验收技术报告、仪器的检定/校准证书或者自校原始记录和报告、仪器的使用日志、维护记录、维修记录等，建议这些档案一年归一次档，以免遗失。应特别注意及时如实填写仪器使用日志，切忌事后补记，不实的仪器使用记录会影响数据是否真实的判断。比较常见的明显与事实不符的记录有：同一台现场检测仪器在同一时间，出现在相距几百千米的两个不同检测任务中；仪器使用日志中记录的分析样品量远大于该仪器最大日分析能力等，这种记录会让检查人员对数据的真实性打上巨大的问号。应该有制度规范在必须修改原始记录时如何修改，避免原始记录被误改。

11.3.3　记录

规范使用监测方法，优先使用被检测对象适用的污染物排放标准中规定的监测方法。若有新发布的标准方法替代排放标准中指定的监测方法，应采用新标准。若新发布的监测方法与排放标准指定的方法不同，但适用范围相同的，也可使用。例如《固定污染源废气　氮氧化物的测定　非分散红外吸收法 》（HJ 692—2014）、《固定污染源废气　氮氧化物的测定　定电位电解法》（HJ 693—2014）的适用范围明确为“固定污染源废气”，因此两项方法均适用于有机废气治理设施（燃烧法）排气筒中氮氧化物的监测。

正确使用监测方法。污染源排放情况监测所使用的方法包括国家标准方法和国务院行业部门以文件、技术规范等形式发布的标准方法，特殊情况下也会用等效分析方法。为此，检测机构或者实验室往往需要根据方法的来源确定应实施方法证实还是方法确认，其中方法证实适用于国家标准方法和国务院行业部门以文件、技术规范等形式发布的方法，方法确认适用于等效分析方法。为实现正确使用监测方法，仅仅是检测机构实施了方法证实是不够的，还需要检测机构要求使用该监测方法的每个人员使用该方法获得的检出限、空白、回收率、精密度、准确度等各项指标均满足方法性能的要求，方可认为检测人员掌握了该方法，才算为正确使用监测方法奠定了基础。当然，并非每次检测工作中均需对方法进行证实。一般认为，初次使用标准方法前，应证实能够正确运用标准方法；标准方法发生了变化，应重新予以证实。

通常而言，方法证实至少应包括以下 6 个方面的内容：

1）人员：人员的技能是否得到更新；是否能够适应方法的工作要求；人员数量是否满足工作要求。

2）设备：设备性能是否满足方法要求；是否需要添置前处理设备等辅助设备；设备数量是否满足要求。

3）试剂耗材：方法对试剂种类、纯度等的要求；数量是否满足；是否建立了购买使用台账。

4）环境设施条件：方法及其所用设备是否对温度、湿度有控制要求；环境条件是否得到监控。

5）方法技术指标：使用日常工作所用的标准和试剂做方法的技术指标，如校准曲线、检出限、空白、回收率、精密度、准确度等，是否均达到了方法要求。

6）技术记录：日常检测工作须填写的原始记录格式是否包含了足够的关键信息。

11.3.4　试剂耗材

规范使用标准物质，包括以下注意事项：

1）应优先考虑使用国家批准的有证标准样品，以保证量值的准确性、可比性与溯源性。

2）选用的标准样品与预期检测分析的样品，尽可能在基体、形态、浓度水平等性状方面接近。其中基体匹配是需要重点考虑的因素，因为只有使用与被测样品基体相匹配的标准样品，在解释实验结果时才很少或没有困难。

3）应特别注意标准样品证书中所规定的取样量与取样方法。证书中规定的固体最小取样量、液体稀释办法等是测量结果准确性和可信度的重要影响因素，应严格遵守。

4）应妥善贮存标准样品，并建立标准样品使用情况记录台账。有些标准样品有特殊的储存条件要求，应根据标准样品证书规定的储存条件保存标准样品，并在标准样品的有效期内使用，否则可能会影响标准样品量值的准确性。

严格按照方法要求购买和使用试剂/耗材。每种方法都规定了试剂的纯度，需要注意的是，市售的与方法要求的纯度一致的试剂，不一定能满足方法的使用要求，对数据结果有影响的试剂、新购品牌或者产品批次不一致时，在正式用于样品分析前应进行空白样品实验，以验证试剂质量是否满足工作需求。对于试剂纯度不满足方法需求的情形，应购买更高纯度的试剂或者由分析人员自行净化。比较典型的案例是分析水中苯系物的二硫化碳，市售分析纯二硫化碳往往需要实验室自行重蒸，或者购买优级纯的才能满足方法对空白样品的要求。与此类似的还有分析重金属的盐酸、硝酸等，采用分析纯的酸往往会导致较高的空白和背景值，建议筛选品质可靠的优级纯酸。

牢记试剂/耗材有使用寿命。对于试剂，尤其是已经配制好的试剂，应注意遵守检测方法中对试剂有效期的规定。若没有特殊规定，建议参考执行《化学试剂　标准滴定溶液的制备》（GB/T 601—2002）中关于标准滴定溶液有效期的规定，即常温（15～25℃）下保存时间不超过 2 个月。特别应注意表观不被磨损类耗材的质保期，如定电位电解法的传感器、pH 计的电极等，这些仪器的说明书中明确规定了传感器或者电极的使用次数或者最长使用寿命，应严格遵守，以保证量值的准确性。

11.3.5 数据处理

数据的计算和报出也可能会发生失误，应高度重视。以《合成树脂工业污染物排放标准》（GB 31572—2015）为例，标准规定了焚烧类有机废气排放口的实测大气污染物排放浓度，须换算成基准含氧量为 3%的大气污染物基准排放浓度，并与排放限值比较判定排放是否达标；若忽略了此要求，将现场测试所得结果直接报出，必然导致较大偏差。对于废水检测，须留意在发生样品稀释后检测时，稀释倍数是否纳入了计算。对已经完成的测定结果，还应注意计量单位是否正确，最好由熟悉该项目的工作人员校核，各项目结果汇总后，由专人进行数据审核后发出。录入电脑或者信息平台时，注意检查是否有小数点输入的错误。

完备的质量控制体系运行离不开有效的质量监督。检测机构或者实验室应设置覆盖其检测能力范围的监督员，这些监督员可以是专职的，也可以是兼职的。但是无论是哪种情形，监督员应该熟悉检测程序、方法，并能够评价检测结果，发现可能的异常情况。为了使质量监督达到预期效果，最好在年初就制订监督计划，明确监督人、被监督对象、被监督的内容、被监督的频次等。通常情况下，新进上岗人员、使用新分析方法或者新设备，以及生产治理工艺发生变化的初期等实施的污染排放情况检测应受到有效监督。监督的情况应以记录的形式予以妥善保存。此外，检测机构或者实验室应定期总结监督情况，编写监督报告，以保证质量体系中的各标准、规范和质量措施等切实得到落实。

第 12 章　信息记录与报告

监测信息记录和报告是相关法律法规的要求，也是排污许可制度实施的重要内容，是排污单位必须开展的工作。信息记录和报告的目的是将排污单位与监测相关的内容记录下来，供管理部门和排污单位使用，同时定期按要求进行信息报告，以说明环境守法状况，同时也为社会公众监督提供依据。本章围绕橡胶和塑料制品行业应开展的信息记录和报告的内容进行说明，为橡胶和塑料制品工业排污单位提供参考。

12.1　信息记录的目的与意义

说清污染物排放状况，自证是否正常运行污染治理设施、是否依法排污是法律赋予排污单位的权利和义务。自证守法，要有可以作为证据的相关资料，信息记录就是要将所有可以作为证据的信息保留下来，在需要的时候有据可查。具体来说，信息记录的目的和意义体现在以下几个方面：

首先，便于监测结果溯源。监测的环节很多，任何一个环节出现了问题，都可能造成监测结果的错误。通过信息记录，将监测过程中的重要环节的原始信息记录下来，一旦发现监测结果存在可疑之处，就可以通过查阅相关记录，检查哪个环节出现了问题。对于不影响监测结果的问题，可以通过追溯监测过程进行校正，从而获得正确的结果。

其次，便于规范监测过程。认真记录各个监测环节的信息，便于规范监测活动，避免由于个别时候的疏忽而遗忘个别程序，从而影响监测结果。通过对记录信息的分析，也可以发现影响监测过程的一些关键因素，这也有利于监测过程的改进。

再次，可以实现信息间的相互校验。记录各种过程信息，可以更好地反映排污单位的生产、污染治理、排放状况，从而便于建立监测信息与生产、污染治理等相关信息的逻辑关系，从而为实现信息间的互相校验、加强数据间的质量控制提供基础。通过记录各类信息，可以形成排污单位生产、污染治理、排放等全链条的证据链，避免单方面的信息不足以说明排污状况。

最后，丰富基础信息，利于科学研究。排污单位生产、污染治理、排放过程中的一系列信息，对研究排污单位污染治理和排放特征具有重要意义。监测信息记录极大地丰富了污染源排放和治理的基础信息，为开展科学研究提供了大量基础信息。基于这些基础信息，利用大数据分析方法，可以更好地探索污染排放和治理的规律，为科学制定相关技术要求奠定良好基础。

12.2 信息记录要求和内容

12.2.1 信息记录要求

信息记录是一项具体而琐碎的工作，做好信息记录对于排污单位和管理部门都很重要，一般来说，信息记录应该符合以下要求。

首先，信息记录的目的在于真实反映排污单位生产、污染治理、排放、监测的实际情况，因此信息记录不需要专门针对记录的内容进行额外整理，只要保证所要求的记录内容便于查阅即可。为了便于查阅，排污单位应尽可能根据一般逻辑习惯整理成为台账保存。保存方式可以为电子台账，也可以为纸质台账，以便于查阅为原则。

其次，信息记录的内容不限于标准规范中要求的内容，其他排污单位认为有利于说清楚本单位排污状况的相关信息，也可以予以记录。考虑到排污单位污染排放的复杂性，影响排放的因素有很多，而排污单位最了解哪些因素会影响排污状况。因此，排污单位应根据本单位的实际情况，梳理本单位应记录的具体信息，丰富台账资料的内容，从而更好地建立生产、治理、排放的逻辑关系。

12.2.2　信息记录内容

12.2.2.1　手工监测的记录

采用手工监测的指标，至少应记录以下几个方面的内容：

1）采样相关记录，包括采样日期、采样时间、采样点位、混合取样的样品数量、采样器名称、采样人姓名等。

2）样品保存和交接相关记录，包括样品保存方式、样品传输交接记录。

3）样品分析相关记录，包括分析日期、样品处理方式、分析方法、质控措施、分析结果、分析人姓名等。

4）质控相关记录，包括质控结果报告单等。

12.2.2.2　自动监测运维记录

自动监测的正确运行需要定期进行校准、校验和日常运行维护，校准、校验和日常运行维护开展情况直接决定了自动监测设备是否能够稳定正常运行，而通过检查运维公司对自动监测设备的运行维护记录，可以对自动监测设备日常运行状态进行初步判断。因此，排污单位或者负责运行维护的公司要如实记录对自动监测设备的运行维护情况，具体包括自动监测系统运行状况、系统辅助设备运行状况、系统校准、校验工作等，仪器说明书及相关标准规范中规定的其他检查项目，校准、维护保养、维修记录等。

12.2.2.3 生产和污染治理设施运行状况

首先，污染物排放状况与排污单位生产和污染治理设施运行状况密切相关，记录生产和污染治理设施运行状况，有利于更好地说清楚污染物排放状况。

其次，考虑到受监测能力的限制，无法做到全面连续监测，记录生产和污染治理设施运行状况可以辅助说明未监测时段的排放状况，同时也可以对监测数据是否具有代表性进行判断。

最后，由于监测结果可能受到仪器设备、监测方法等因素的影响，从而造成监测结果的不确定性，记录生产和污染治理设施运行状况，通过不同时段监测信息和其他信息的对比分析，可以对监测结果的准确性进行总体判断。

对于生产和污染治理设施运行状况，主要记录内容包括监测期间企业及各主要生产设施（至少涵盖废气主要污染源相关生产设施）运行状况（包括停机、启动情况）、产品产量、主要原辅料使用量、取水量、主要燃料消耗量、燃料主要成分、污染治理设施主要运行状态参数、污染治理主要药剂消耗情况等。日常生产中上述信息也需整理成台账保存备查。

12.2.2.4 固体废物（危险废物）产生与处理状况

固体废物（危险废物）是重要的环境管理要素。排污单位应对固体废物和危险废物的产生、处理情况进行记录，同时固体废物和危险废物信息也可以作为废水、废气污染物产生排放的辅助信息。关于固体废物和危险废物的记录内容包括各类固体废物和危险废物的产生量、综合利用量、处置量、贮存量、倾倒丢弃量，危险废物还应详细记录其具体去向。

12.3 生产和污染治理设施运行状况

应详细记录企业以下生产及污染治理设施运行状况，日常生产中也应参照以下内容记录相关信息，并整理成台账保存备查。

12.3.1　生产运行状况记录

根据厂区内生产布置和生产运行实际情况，记录厂内每条生产线的原辅料用量和产量情况。若厂内不同生产线原辅料交叉使用，且无法估算各生产线的原辅料使用量或产量，也可以合起来进行记录，但要进行说明。

取水量（新鲜水），是指调查年度从各种水源提取的并用于工业生产活动的水量总和，包括城市自来水用量、自备水（地表水、地下水和其他水）用量、水利工程供水量，以及企业从市场购得的其他水（如其他企业回用水量）。工业生产活动用水主要包括工业生产用水、辅助生产（包括机修、运输、空压站等）用水。厂区附属生活用水（厂内绿化、职工食堂、浴室、保健站、生活区居民家庭用水，企业附属幼儿园、学校、游泳池等的用水量）如果单独计量且生活污水不与工业废水混排的水量不计入取水量。

主要原辅料使用量。根据本厂实际从外购买的原辅料进行整理记录，重点记录与污染物产生相关的原辅料使用情况。

橡胶制品和塑料制品等产品产量。根据排污单位实际生产情况，记录产品产量。

12.3.2　污水处理运行状况记录

为了佐证废水监测数据情况，按日记录废水处理量、废水回用量、废水排放量、综合污泥产生量（记录含水率）、含铬污泥产生量（记录含水率）、废水处理使用的药剂名称及用量、鼓风机电量等，记录污水处理设施运行、故障及维护情况。

12.4　固体废物产生和处理情况

记录一般工业固体废物和危险废物的产生量、综合利用量、处置量、贮存量，危险废物还应详细记录其具体去向，原料或辅助工序中产生的其他危险废物的情况也应进行记录。

危险废物应严格执行危险废物相关记录与报告要求，根据生态环境部《关于推进危险废物环境管理信息化有关工作的通知》（环办固体函〔2020〕733 号）和《关于进一步推进危险废物环境管理信息化有关工作的通知》（环办固体函〔2022〕230 号）的要求，排污单位应强化主体责任意识，对产生危险废物的单位应按照国家有关规定通过"全国固体废物管理信息系统"定期申报危险废物的种类、产生量、流向、贮存、处置等有关资料。转移危险废物的单位，应当通过全国固体废物管理信息系统填写、运行危险废物电子转移联单；危险废物经营许可证持有单位应按照国家有关规定通过全国固体废物管理信息系统如实报告危险废物利用处置情况。对于自行综合利用、自行处置一般工业固体废物和危险废物的，还应当记录本单位所拥有的处置场、焚烧装置等综合利用和处置设施及运行情况。

12.5 信息报告及信息公开

12.5.1 信息报告要求

为了更好地掌握本单位实际排污状况，也便于更好地对公众说明本单位的排污状况和监测情况，排污单位应编写自行监测年度报告，年度报告至少应包括以下内容：

1）监测方案的调整变化情况及变更原因。

2）企业及各主要生产设施（至少涵盖废气主要污染源相关生产设施）全年运行天数，各监测点、各监测指标全年监测次数、超标情况、浓度分布情况。

3）按要求开展的周边环境质量影响状况监测结果。

4）自行监测开展的其他情况说明。

5）排污单位实现达标排放所采取的主要措施。

自行监测年报不限于以上信息，任何有利于说明本单位自行监测情况和排放状况的信息，均可以写入自行监测年度报告中。另外，对于领取了排污许可证的排污单位，按照排污许可证管理要求，每年应提交年度执行报告，其中自行监测情况属于年度执行报告的重要组成部分，排污单位可以将自行监测年度报告作为年度执行报告的一部分一并提交。

12.5.2　应急报告要求

由于排污单位非正常排放会对环境或者污水处理设施产生影响，因此对于监测结果出现超标的，排污单位应加密监测，并检查超标原因。短期内无法实现稳定达标排放的，应向生态环境主管部门提交事故分析报告，说明事故发生的原因，采取减轻或防止污染的措施，以及今后的预防及改进措施等；若因发生事故或者其他突发事件，排放的污水可能危及城镇排水与污水处理设施安全运行的，应当立即采取措施消除危害，并及时向城镇排水主管部门和生态环境主管部门等有关部门报告。

12.5.3　信息公开要求

排污单位应根据排污许可证、《企业环境信息依法披露管理办法》（生态环境部令　第 24 号）及《国家重点监控企业自行监测及信息公开办法（试行）》（环发〔2013〕81 号）进行信息公开，但不限于此，排污单位还可以采取其他便于公众获取的方式进行信息公开。

信息公开应重点考虑两类群体的信息需求：一是排污单位周边居民的信息需求。周边居民是污染排放的直接影响对象，最关心污染物排放状况对自身及环境的影响，因此对污染物排放状况及周边环境质量状况有强烈的需求。二是排污单位同类行业或者其他相关者的信息需求。同一行业不同排污单位之间存在一定的竞争关系，当然都希望在污染治理上得到相对公平的待遇，因此会格外关心同行的排放状况，对同行业其他排污单位的排放状况信息有同行监督需求。

为了照顾这两类群体的信息需求，信息公开的方式应该便于这两类群体获取。排污单位可以通过在厂区外或当地媒体上发布监测信息，使周边居民及时了解排污单位的排放状况，这类信息公开相对灵活，以便于周边居民获取信息。而为了实现同行监督和一些公益组织的监督，也为了便于政府监督，有组织的信息公开方式更有效率。目前，生态环境部通过“排污许可证信息管理平台”开展排污许可证申请、核发及排污许可证执行情况管理与信息公开，排污单位在平台上填报自行监测信息后可实现统一公开。

第 13 章　自行监测手工数据报送

为了方便排污单位信息报送和管理部门收集相关信息，受生态环境部生态环境监测司委托，中国环境监测总站组织开发了“全国污染源监测数据管理与共享系统”。为落实《排污许可管理条例》第二十三条信息公开有关规定，全国污染源监测数据管理与共享系统和全国排污许可证管理信息平台实现了互联互通，排污单位登录全国排污许可证管理信息平台，通过“监测记录”模块跳转至全国污染源监测数据管理与共享系统填报自行监测手工数据结果。自行监测手工数据填报完成后，在全国排污许可证管理信息平台查看自行监测手工数据信息公开内容。

13.1　自行监测手工数据报送系统总体架构设计

根据《关于印发 2015 年中央本级环境监测能力建设项目建设方案的通知》(环办函〔2015〕1596 号)，中国环境监测总站负责建设“全国污染源监测数据管理与共享系统”，面向企业用户、环保用户、委托机构用户、系统管理用户 4 类用户，针对各自不同业务需求，系统提供数据采集、监测业务管理、数据查询处理与分析、决策支持、数据采集移动终端版、自行监测知识库、排放标准管理、个人工作台、统一应用支撑、数据交换等功能。

另外，面向其他污染源监测信息采集系统（包括部级建设的固定污染源系统、全国排污许可证管理信息平台、各省份重点污染源监测系统）使用数据交换平台进行数据交换，减少企业重复填报。

系统总体架构采用 SOA 面向服务的“五层三体系”的标准成熟电子政务框架设计，以总线为基础，依托公共组件、通用业务组件和开发工具实现应用系统快速开发和系统集成。系统由基础层、数据层、支撑层、应用层、展现层五层及贯穿项目始终，保障项目顺利实施和稳定、安全运行的系统运行保障体系、安全保障体系及标准规范体系构成。

基础层：在利用中国环境监测总站现有的软硬件及网络环境的基础上配置相应的系统运行所需软硬件设备及安全保障设备。

数据层：建设项目的基础数据库、元数据库，并在此基础上建设主题数据库、空间数据库提供数据挖掘和决策支持。数据库依据原环境保护部相关标准及能力建设项目的数据中心相关标准建设。

支撑层：在应用支撑平台企业总线及相关公共组件的基础上，建设本系统的组件，为系统提供足够的灵活性和扩展性，为应用集成提供灵活的框架，也为将来业务变化引起的系统变化提供快速调整的支撑。

应用层：通过 ESB、数据交换实现与包括部级建设的固定污染源系统、全国排污许可证管理信息平台、各省（区、市）污染源监测系统在内的其他系统对接。

展现层：面向生态环境主管部门用户、企业用户及委托机构用户提供互联网访问服务。

标准规范体系：制定全国污染源监测数据管理与共享系统数据交换标准规范，确保各应用系统按照统一的数据标准进行数据交换。

为保持系统安全稳定运行，同步配套设计和建设了安全保障体系和系统运行保障体系。

系统整体架构如图 13-1 所示。

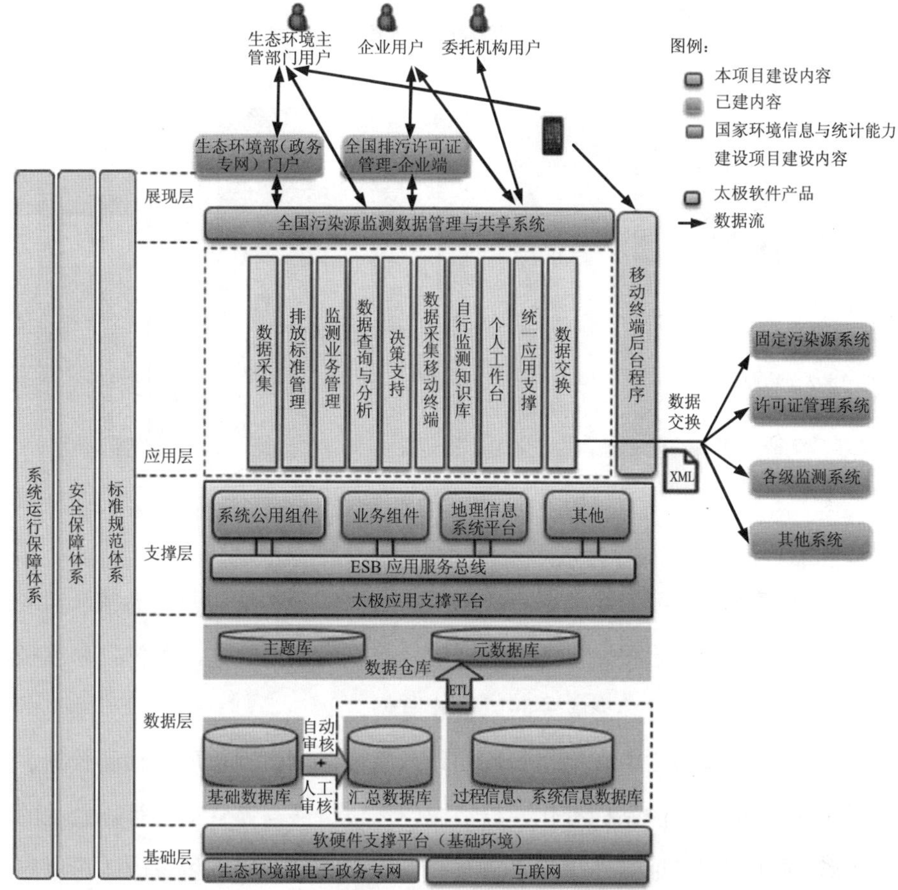

图 13-1　系统整体架构

13.2　自行监测手工数据报送系统应用层设计

全国污染源监测数据管理与共享系统提供的业务应用包括数据采集、监测业务管理、数据查询处理与分析、决策支持、数据采集移动终端、自行监测知识库、排放标准管理、个人工作台、统一应用支撑及数据交换 10 个子系统。系统功能架构见图 13-2。

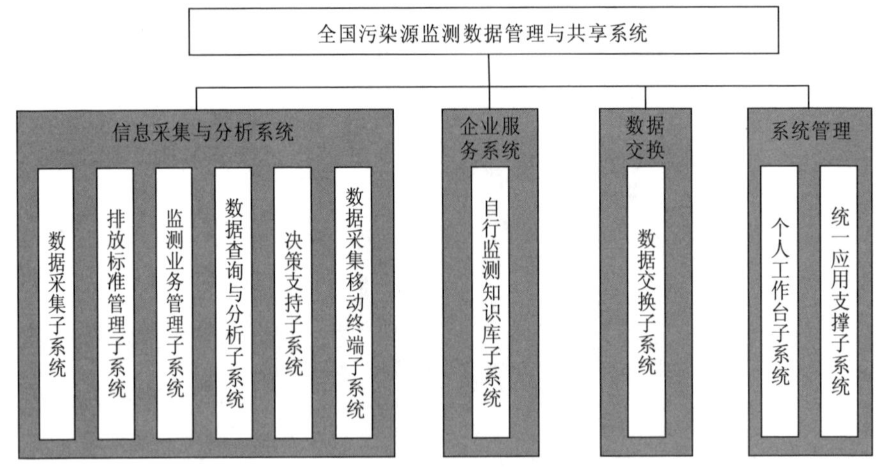

图 13-2　系统功能架构

（1）数据采集：主要对企业自行监测手工数据和管理部门开展的执法监测数据进行采集。面向全国已核发排污许可证的企业采集监测数据，提供信息填报、审核、查询、发布功能，并形成关联以持续监督。

系统能够满足各级生态环境主管部门录入执法监测数据、质控抽测数据、监督检查信息与结果、监测站标准化建设情况、环境执法与监管情况等。企业的基础信息由全国排污许可证管理信息平台直接获取，在系统中不可更改。企业自行监测方案由全国排污许可证管理信息平台直接获取，生态环境主管部门不再进行审核，企业自主确定自行监测方案执行时间。自行监测方案中除许可不包括要素外，其余要素在系统中不可更改。由于不同来源数据的采集频次和采集方式不同，系统能够提供不同的数据接入方式。

（2）监测业务管理：根据管理要求，汇总监测体系建设运行总体情况，生成表格。实现按时间、空间、行业、污染源类型等统计应开展监测的企业数量、不具备监测条件的企业数量及原因、实际开展监测的企业数量以及监测点位数量、监测指标数量等各指标的具体情况。

（3）数据查询处理与分析：查询条件可以保存为查询方案，查询时可调用查询方案进行查询。

（4）决策支持：系统除采用基本的数据分析方法外，还支持 OLAP 等分析技术，对数据中心数据的快速分析访问，向用户显示重要的数据分类、数据集合、数据更新的通知以及用户自己的数据订阅等信息。提供环保搜索功能。用户可按权限快速查询各类环境信息，也可以直接从系统进行汇总、平均或读取数据，实现多维数据结构的灵活表现。

（5）数据采集移动终端：数据采集移动终端帮助环保用户随时随地了解企业情况并上报检查信息，提高污染源数据采集信息的及时性和准确性。

（6）自行监测知识库：自行监测知识库系统为排污单位提供自行监测相关的法律法规、政策文件、排放标准、监测技术规范和方法、自行监测方案范例、相关处罚案例等查询服务，帮助和指导企业做好自行监测工作。

（7）排放标准管理：提供排放标准的维护管理和达标评价功能。管理用户可以对标准进行增、删、改、查操作，以保持标准为最新版本。提供接口，数据录入编辑和数据进行发布时均可调用该接口判定该数据是否超标，超标的给予提示并按超标比例的不同给出不同颜色提醒。

（8）个人工作台：包括信息提醒（邮件和短信）、通知管理、数据报送情况查询、数据校验规则设置与管理等。为不同用户提供针对性强的用户体验，方便用户使用。

（9）统一应用支撑：实现系统维护相关功能，系统维护人员和数据管理人员基于这些功能对数据采集和服务进行管理，综合信息管理主要包括系统管理、个人工作管理、数据管理等方面的功能。

（10）数据交换：建立数据交换共享平台，实现系统中各子系统间的内部数据交换，以及实现与外部系统的数据交换。内部交换包括采集子系统与查询分析子系统，各子系统与信息发布子系统之间进行数据交换。外部交换主要是与其他信息系统的数据对接，将依据能力建设项目的相关标准制定监测数据标准、交换的工作流程标准、安全标准及交换运行保障标准等标准，制定统一的数据接口供各地现行污染源监测信息管理与共享数据。各相关系统按数据标准生成数据 XML 文件并通过接口传递到本系统解析入库，以实现与本系统的互联互通，减少企业重复录入，提高数据质量。

13.3 自行监测手工数据报送方式和内容

13.3.1 报送方式

排污单位自行监测手工数据报送方式为登录全国排污许可证管理信息平台，通过"监测记录"模块跳转至全国污染源监测数据管理与共享系统填报自行监测手工数据结果。自行监测手工数据填报完成后，在全国排污许可证管理信息平台查看自行监测手工数据信息公开内容。排污单位自行监测手工数据报送流程见图 13-3。

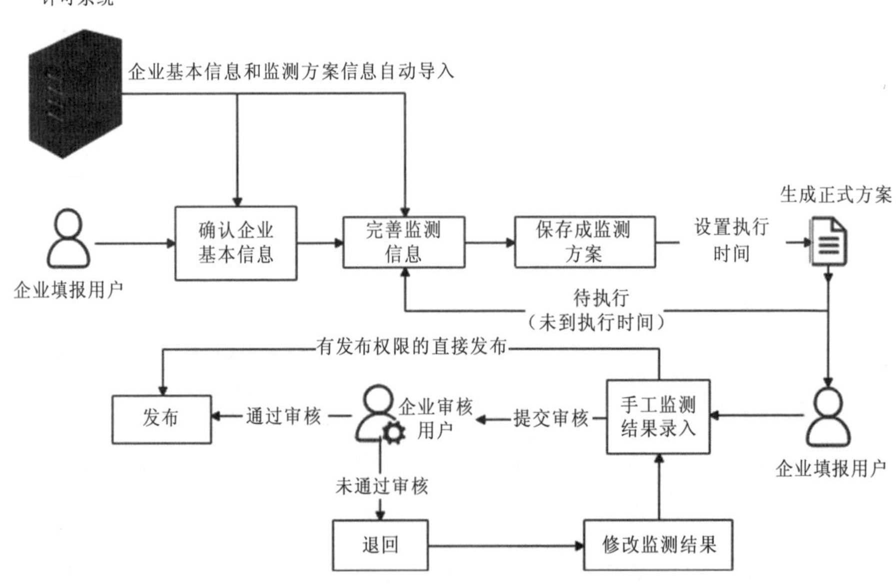

图 13-3　排污单位自行监测手工数据报送流程

13.3.2　具体流程

企业相关基础信息由全国排污许可证管理信息平台直接获取，在系统中不可更改。由全国排污许可证管理信息平台直接获取的企业自行监测方案相关要素（废气、废水、无组织）在系统中不可更改，企业可补充完善自信监测方案中的其他要素（周边环境、厂界噪声）。自行监测方案补充完善后，生态环境主管部门不再进行审核，企业自主确定自行监测方案执行时间。

自行监测数据的填报流程。到企业自主设定的执行时间后，企业按监测方案开展监测并按要求填报自行监测手工数据结果，手工监测数据须经过企业内部审核，审核通过的进行发布，不通过的退回企业填报用户修改，具有审核权限的填报用户也可以直接发布。

13.3.3　具体内容

（1）企业基本信息：企业名称、社会信用代码、组织机构代码（与统一社会信用代码二选一）、行业类别、企业注册地址、企业生产地址、企业地理位置、流域信息、环保联系人及其联系方式、法人代表人及其联系方式、技术负责人等由全国排污许可证管理信息平台直接获取，在系统中不可修改。如发现上述信息错误，应通过全国排污许可证管理信息平台进行修改完善。

（2）监测方案信息：废气监测、废水监测、无组织监测等排污许可证中明确了自行监测相关要求的各项内容来源于全国排污许可证管理信息平台，在系统中不可更改。如发现上述信息错误，应通过全国排污许可证管理信息平台进行修改完善。许可证中未载明的周边环境监测和厂界噪声监测相关内容可在系统中进行补充完善。

（3）监测数据：各监测点位开展监测的各项污染物的排放浓度、相关参数信息、未监测原因等。

13.4 自行监测信息完善

13.4.1 监测方案信息完善

排污单位自行监测方案信息（废气、废水、无组织监测）自动从全国排污许可证管理信息平台导入本系统中，排污许可证未载明的周边环境和厂界噪声自行监测要求企业可在本系统补充完善。

企业用户在系统主界面进入“数据采集”—“企业信息填报”—“监测方案信息”。在【选择方案版本】中如果选择“版本号名称”即可查看相应版本号的监测信息。如果想修改监测信息，点击右侧【加载该版本】即可，然后在【选择方案版本】处选择【当前编辑】。修改的过程可参照下面介绍的录入过程。录入新的监测信息，应在【选择方案版本】处选择【当前编辑】，然后点击右侧的【编辑】按钮进行编辑，见图 13-4。

图 13-4 企业监测方案信息加载界面

在监测方案信息【当前编辑】中，会有从全国排污许可证管理信息平台同步过来的监测方案信息，包括相关排放设备、监测点、监测项目、排放标准、限值、监测频次等信息，见图 13-5。

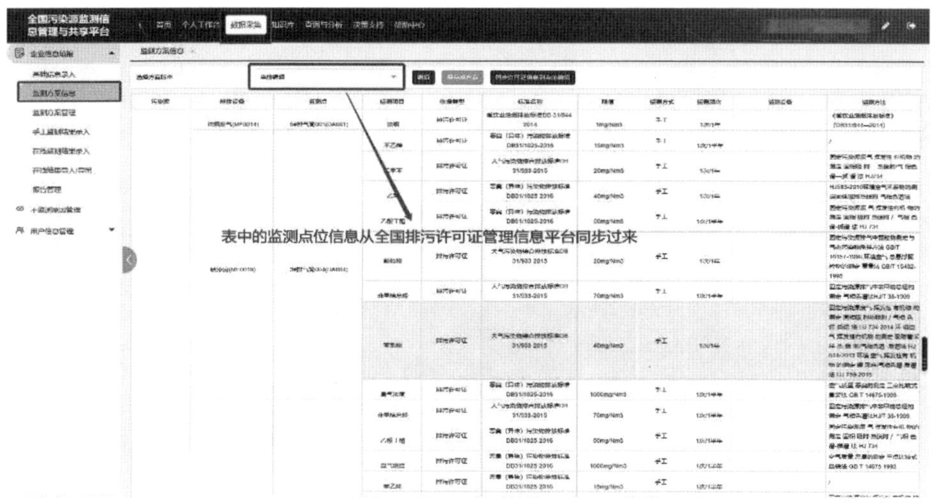

图 13-5　许可证系统导入企业的监测方案信息界面

13.4.1.1　周边环境和厂界噪声监测信息录入

（1）添加周边环境和厂界噪声监测点

在编辑页面下，点击周边环境和厂界噪声监测点右上方的【增加监测点】，弹出监测点新增页面。输入【排序序号】、【监测点名称】、【监测点编号】，选择【经度】、【纬度】、【开始时间】、【结束时间】，周边环境还需选择【监测类型】。点击【新增标准】弹出新增标准页面，新增标准成功后，点击【提交】按钮回到新增监测点页面，在此页面确定填写完全部信息后，点击【立即提交】按钮即可。这 3 类监测点的新增页面类似，如图 13-6、图 13-7 所示。

图 13-6　新增周边环境监测点信息

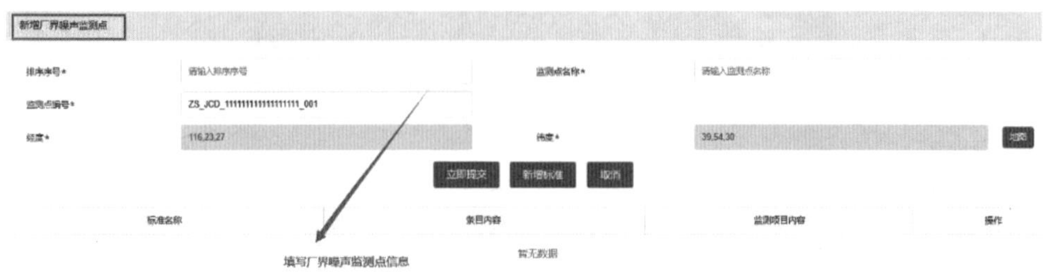

图 13-7 新增厂界噪声监测点信息

（2）添加周边环境和厂界噪声监测项目

一个监测点可能有多个监测项目，在添加完【监测点】之后，点击【增加项目】，弹出监测项目新增页面，录入相关信息，见图 13-8。

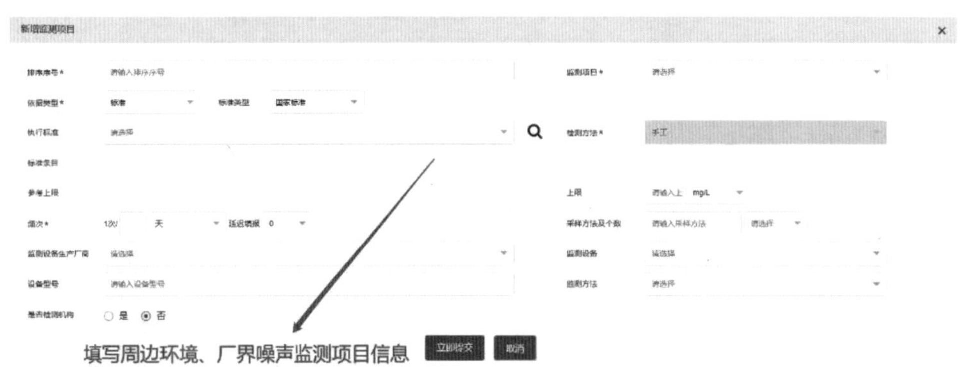

图 13-8 新增监测项目信息

（3）修改周边环境和厂界噪声监测信息项目

修改周边环境和厂界噪声监测点、监测项目时，点击相应的名称，即可进入修改页面，修改过程可参照 13.4.1.1（1）（2）的新增过程，见图 13-9。

图 13-9　修改监测项目信息

（4）删除周边环境和厂界噪声监测信息项目

删除周边环境和厂界噪声监测点、监测项目时，点击相应名称右侧的【删除】按钮即可，见图 13-10。

图 13-10　删除监测项目信息

13.4.1.2　完成监测方案

周边环境和厂界噪声监测信息录入完成后，点击页面上的【保存成方案】按钮，会弹出新建监测方案页面，输入【方案名称】、【方案版本】等，选择【公开开始时间】、【公开结束时间】、【编制日期】，上传【单位平面图】、【监测点位示意图】，设置方案开始执行时间，最后可点击【暂存】或者【生成正式方案】

按钮，如图 13-11、图 13-12 所示。

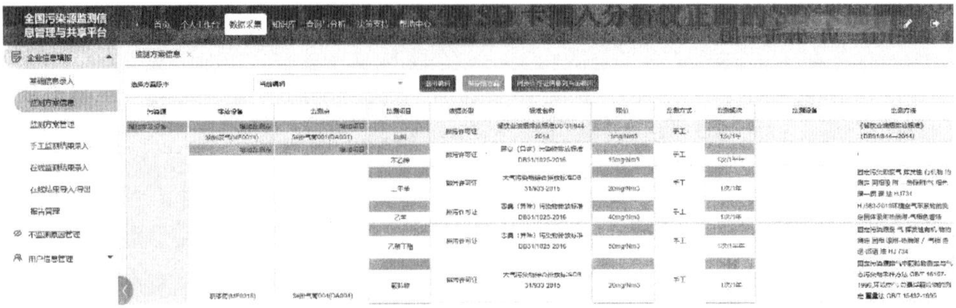

图 13-11　监测方案内容

图 13-12　监测方案基本信息

13.4.1.3　监测方案管理

企业用户在系统主界面进入“数据采集”—“企业信息填报”—“监测方案管理”。

（1）查看

根据查询列表结果，点击每条数据右侧的🔍按钮，即可查看方案的部分信息，见图 13-13。

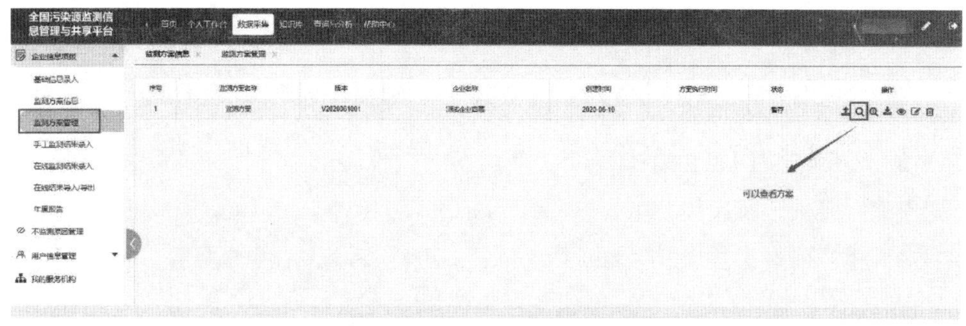

图 13-13　查看监测方案位置

进入监测方案查看信息页面后，点击右下方的【查看详情】按钮即可查看相应的详细信息，如图 13-14、图 13-15 所示。

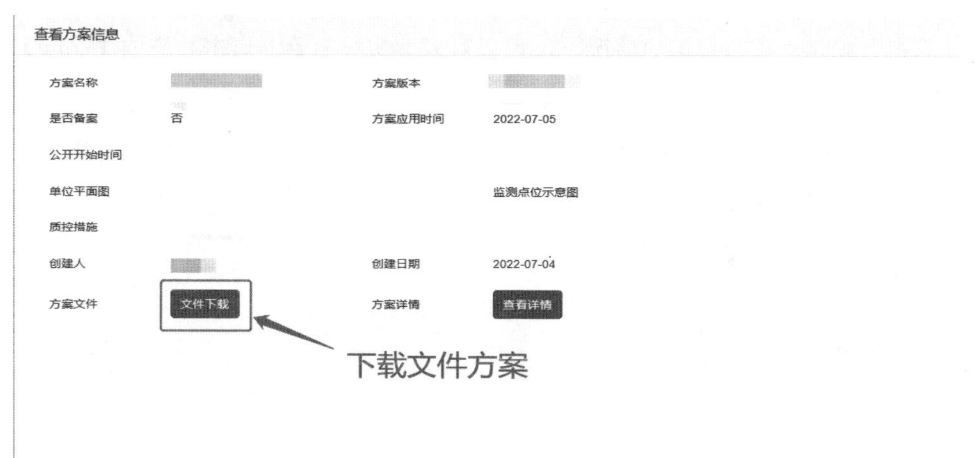

图 13-14　监测方案下载与查看

查看方案详情

污染源	排放设备	监测点	监测项目	依据类型	标准名称	限值	监测方式	监测频次	监测设备	监测方法
废气	废气排放设备1(MF0001)	废气监测点1(PQ10001)	二氧化硫	排污许可证	大气污染物综合排放标准	1200mg/m3	手工	1/天		
			[illegible]	标准	挥发性有机物无组织排放控制标准	2000	手工	1/月		
废水	废水监测点1(DW001)		化学需氧量	标准	污水综合排放标准	500mg/L	手工	1/天		
无组织	无组织监测点1		NMHC	标准	[illegible]	10mg/m3	手工	1/季度		
[illegible]	[illegible]		工业企业厂界环境噪声	标准	工业企业厂界环境噪声排放标准	50;40dB	手工	1/天		
厂界噪声	厂界噪声监测点		氨氮（NH3-N）	标准	[illegible]	8;15mg/L	手工	1/天		

图 13-15　监测方案内容查看

（2）修改

在方案状态【暂存】的情况下，可以对方案进行修改，点击右侧的【修改】按钮，可对方案基本信息进行修改，修改完成后点击【生成正式方案】按钮，见图 13-16。

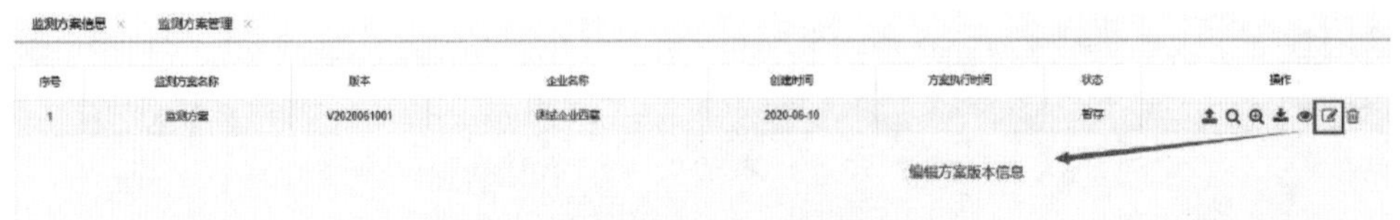

图 13-16　监测方案修改

（3）删除

在方案状态【暂存】的情况下，可以对方案进行删除，点击右侧的【删除】按钮，即可对方案进行删除，见图 13-17。

监测方案信息 ×　监测方案管理 ×

序号	监测方案名称	版本	企业名称	创建时间	方案执行时间	状态	操作
1	监测方案	V2020061001	[illegible]	2020-06-10		暂存	

删除

图 13-17　删除监测方案

13.4.2　监测数据录入

企业填报账户登录系统进入主界面“数据采集”—“企业信息填报”—“手工监测结果录入”。到企业自主设定的方案开始执行时间后，方案正式生效，企业可针对监测项目，录入手工监测结果。

（1）录入手工监测结果

针对相应监测项目，选择需要录入手工监测结果的采样日期，“黄色”代表未填报完成，“绿色”代表填报完成，“橘色”代表未填报完成且超期，“红色”代表有超标数据，见图 13-18。

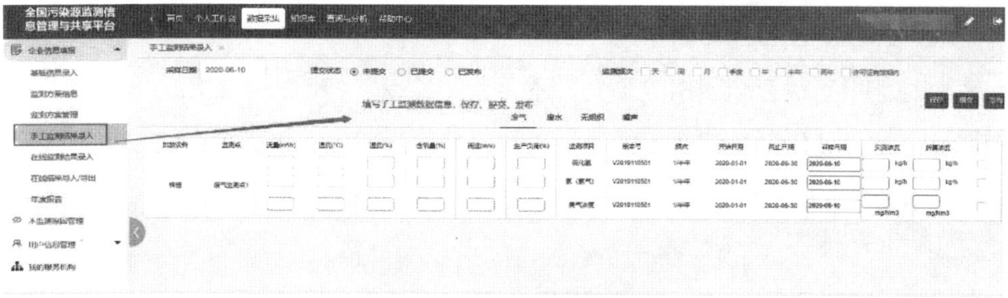

图 13-18　手工监测结果录入

企业选择完填报日期后，可选择不同的提交状态：【未提交】、【已提交】、【已发布】，下方会有【废水】、【废气】、【无组织】、【周边环境】、【噪声】中的一项或多项。

废水录入项有【监测点】、【流量】、【工作负荷】、【监测项目】、【频次单位】、【频次】、【截止日期】、【监测结果】、【备注原因】。

废气录入项有【排放设备】、【监测点】、【流量】、【温度】、【湿度】、【含氧量】、【流速】、【生产负荷】、【监测项目】等。

无组织录入项有【监测点】、【风向】、【风速】、【温度】、【压力】、【监测项目】、【频次单位】、【频次】等。

周边环境录入项有【环境空气监测点】、【湿度】、【气温】、【气压】、【风速】、【风向】、【监测项目】、【频次单位】等。

若录入的监测结果浓度超过标准值，文本所在输入框会变成红色，标识结果超标，见图 13-19。

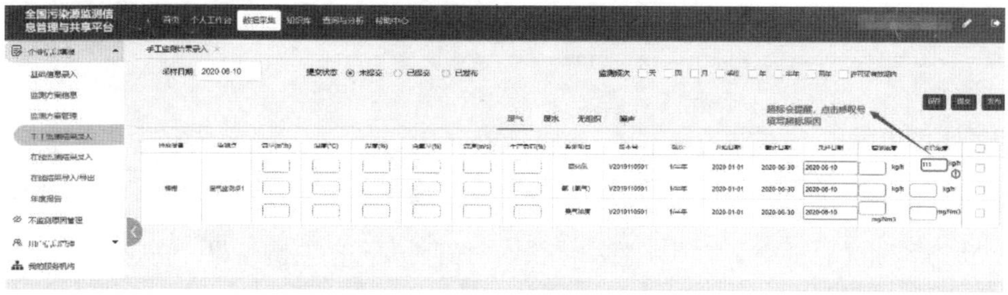

图 13-19　手工监测结果超标提醒

（2）保存手工监测结果

此功能用于保存填报用户填完的手工监测结果，但不提交审核。只需在填报信息后，点击【保存】按钮，之前录入的信息即进行保存，见图 13-20。

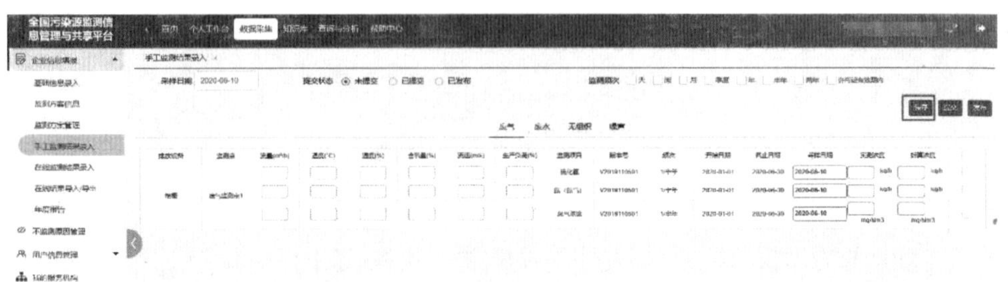

图 13-20　手工监测结果保存

（3）提交审核手工监测结果

此功能用于填报用户提交手工监测结果，针对需要提交的手工监测结果，在每条记录右侧或者全选旁的选择框 □ 下进行勾选，再点击上方的【立即提交】按钮即可，如图 13-21 所示。

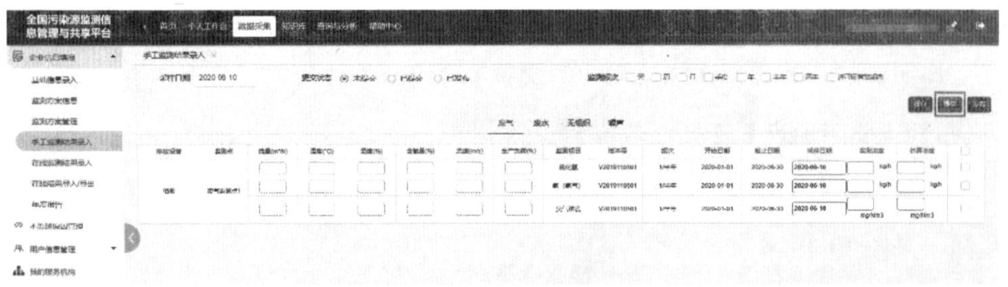

图 13-21　手工监测结果提交

（4）发布

此功能用于企业审核用户，对提交的手工监测结果进行发布处理。针对【提交状态】为【已提交】的手工监测结果，对需要发布的监测结果，在每条记录右侧或者全选旁的选择框 □ 下进行勾选，然后点击【发布】按钮对其进行发布，见图 13-22。

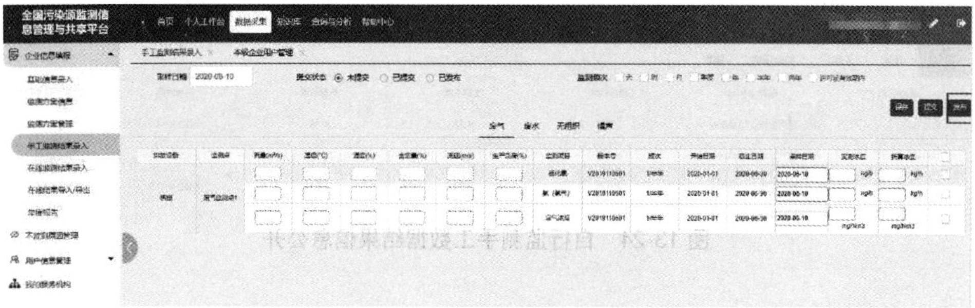

图 13-22　手工监测结果发布

（5）修改已发布数据

企业填报用户可以对已发布的手工数据进行修改，点击结果数据记录右侧的【修改】按钮，修改数据信息，即可完成修改，见图 13-23。

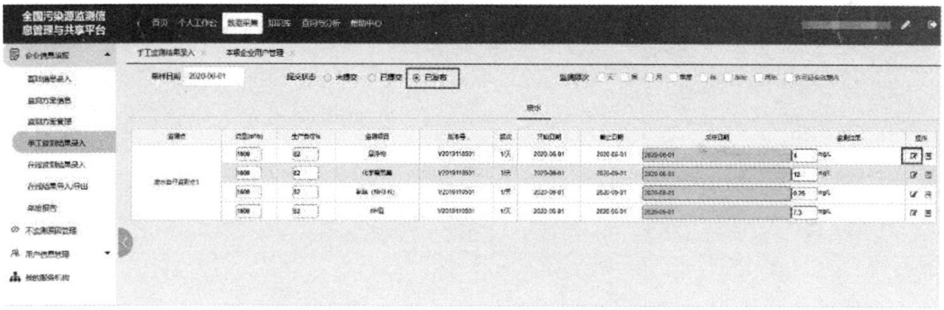

图 13-23　修改已发布手工监测结果

13.4.3　监测数据信息公开

企业审核用户对提交的手工监测结果进行发布处理后的次日，全国排污许可证管理信息平台公开企业自行监测手工数据。信息公开内容条目分为废气、废水、无组织、周边环境和厂界噪声，具体内容包括企业名称、监测点名称、项目名称、采样/监测时间、浓度等，见图 13-24。

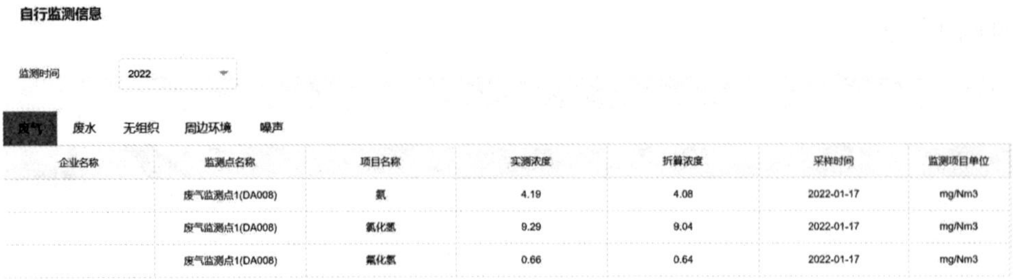

自行监测信息

监测时间 2022

废气 废水 无组织 周边环境 噪声

企业名称	监测点名称	项目名称	实测浓度	折算浓度	采样时间	监测项目单位
	废气监测点1(DA008)	氯	4.19	4.08	2022-01-17	mg/Nm3
	废气监测点1(DA008)	氯化氢	9.29	9.04	2022-01-17	mg/Nm3
	废气监测点1(DA008)	氟化氢	0.66	0.64	2022-01-17	mg/Nm3

图 13-24　自行监测手工数据结果信息公开

附　录

附录 1

排污单位自行监测技术指南　总则

（HJ 819—2017）

前言

为落实《中华人民共和国环境保护法》《中华人民共和国大气污染防治法》《中华人民共和国水污染防治法》，指导和规范排污单位自行监测工作，制定本标准。

本标准提出了排污单位自行监测的一般要求、监测方案制定、监测质量保证和质量控制、信息记录和报告的基本内容和要求。

本标准为首次发布。

本标准由环境保护部环境监测司、科技标准司提出并组织制订。

本标准主要起草单位：中国环境监测总站。

本标准由环境保护部 2017 年 4 月 25 日批准。

本标准自 2017 年 6 月 1 日起实施。

本标准由环境保护部解释。

1 适用范围

本标准提出了排污单位自行监测的一般要求、监测方案制定、监测质量保证和质量控制、信息记录和报告的基本内容和要求。

排污单位可参照本标准在生产运行阶段对其排放的水、气污染物，噪声以及对其周边环境质量影响开展监测。

本标准适用于无行业自行监测技术指南的排污单位；行业自行监测技术指南中未规定的内容按本标准执行。

2 规范性引用文件

本标准引用了下列文件或其中的条款。凡是未注明日期的引用文件，其最新版本适用于本标准。

GB 12348 工业企业厂界环境噪声排放标准

GB/T 16157 固定污染源排气中颗粒物测定与气态污染物采样方法

HJ 2.1 环境影响评价技术导则 总纲

HJ 2.2 环境影响评价技术导则 大气环境

HJ/T 2.3 环境影响评价技术导则 地面水环境

HJ 2.4 环境影响评价技术导则 声环境

HJ/T 55 大气污染物无组织排放监测技术导则

HJ/T 75 固定污染源烟气排放连续监测技术规范（试行）

HJ/T 76 固定污染源烟气排放连续监测系统技术要求及检测方法（试行）

HJ/T 91 地表水和污水监测技术规范

HJ/T 92 水污染物排放总量监测技术规范

HJ/T 164 地下水环境监测技术规范

HJ/T 166 土壤环境监测技术规范

HJ/T 194 环境空气质量手工监测技术规范

HJ/T 353　水污染源在线监测系统安装技术规范（试行）

HJ/T 354　水污染源在线监测系统验收技术规范（试行）

HJ/T 355　水污染源在线监测系统运行与考核技术规范（试行）

HJ/T 356　水污染源在线监测系统数据有效性判别技术规范（试行）

HJ/T 397　固定源废气监测技术规范

HJ 442　近岸海域环境监测规范

HJ 493　水质　样品的保存和管理技术规定

HJ 494　水质　采样技术指导

HJ 495　水质　采样方案设计技术规定

HJ 610　环境影响评价技术导则　地下水环境

HJ 733　泄漏和敞开液面排放的挥发性有机物检测技术导则

《企业事业单位环境信息公开办法》（环境保护部令　第 31 号）

《国家重点监控企业自行监测及信息公开办法（试行）》（环发〔2013〕81 号）

3　术语和定义

下列术语和定义适用于本标准。

3.1　自行监测（self-monitoring）

指排污单位为掌握本单位的污染物排放状况及其对周边环境质量的影响等情况，按照相关法律法规和技术规范，组织开展的环境监测活动。

3.2　重点排污单位（key pollutant discharging entity）

指由设区的市级及以上地方人民政府生态环境主管部门商有关部门确定的本行政区域内的重点排污单位。

3.3　外排口监测点位（emission site）

指用于监测排污单位通过排放口向环境排放废气、废水（包括向公共污水处理系统排放废水）污染物状况的监测点位。

3.4 内部监测点位（internal monitoring site）

指用于监测污染治理设施进口、污水处理厂进水等污染物状况的监测点位，或监测工艺过程中影响特定污染物产生排放的特征工艺参数的监测点位。

4 自行监测的一般要求

4.1 制定监测方案

排污单位应查清所有污染源，确定主要污染源及主要监测指标，制定监测方案。监测方案内容包括单位基本情况、监测点位及示意图、监测指标、执行标准及其限值、监测频次、采样和样品保存方法、监测分析方法和仪器、质量保证与质量控制等。

新建排污单位应当在投入生产或使用并产生实际排污行为之前完成自行监测方案的编制及相关准备工作。

4.2 设置和维护监测设施

排污单位应按照规定设置满足开展监测所需要的监测设施。废水排放口，废气（采样）监测平台、监测断面和监测孔的设置应符合监测规范要求。监测平台应便于开展监测活动，应能保证监测人员的安全。

废水排放量大于 100 t/d 的，应安装自动测流设施并开展流量自动监测。

4.3 开展自行监测

排污单位应按照最新的监测方案开展监测活动，可根据自身条件和能力，利用自有人员、场所和设备自行监测；也可委托其他有资质的检（监）测机构代其开展自行监测。

持有排污许可证的企业自行监测年度报告内容可以在排污许可证年度执行报告中体现。

4.4 做好监测质量保证与质量控制

排污单位应建立自行监测质量管理制度，按照相关技术规范要求做好监测质量保证与质量控制。

4.5 记录和保存监测数据

排污单位应做好与监测相关的数据记录，按照规定进行保存，并依据相关法规向社会公开监测结果。

5 监测方案制定

5.1 监测内容

5.1.1 污染物排放监测

包括废气污染物（以有组织或无组织形式排入环境）、废水污染物（直接排入环境或排入公共污水处理系统）及噪声污染等。

5.1.2 周边环境质量影响监测

污染物排放标准、环境影响评价文件及其批复或其他环境管理有明确要求的，排污单位应按照要求对其周边相应的空气、地表水、地下水、土壤等环境质量开展监测，其他排污单位根据实际情况确定是否开展周边环境质量影响监测。

5.1.3 关键工艺参数监测

在某些情况下，可以通过对与污染物产生和排放密切相关的关键工艺参数进行测试，以补充污染物排放监测。

5.1.4 污染治理设施处理效果监测

若污染物排放标准等环境管理文件对污染治理设施有特别要求的，或排污单位认为有必要的，应对污染治理设施处理效果进行监测。

5.2 废气排放监测

5.2.1 有组织排放监测

5.2.1.1 确定主要污染源和主要排放口

符合以下条件的废气污染源为主要污染源：

a）单台出力 14 MW 或 20 t/h 及以上的各种燃料的锅炉和燃气轮机组；

b）重点行业的工业炉窑（水泥窑、炼焦炉、熔炼炉、焚烧炉、熔化炉、铁矿烧结炉、加热炉、热处理炉、石灰窑等）；

c）化工类生产工序的反应设备（化学反应器/塔、蒸馏/蒸发/萃取设备等）；

d）其他与上述所列相当的污染源。

符合以下条件的废气排放口为主要排放口：

a）主要污染源的废气排放口；

b）“排污许可证申请与核发技术规范”确定的主要排放口；

c）对于多个污染源共用一个排放口的，凡涉及主要污染源的排放口均为主要排放口。

5.2.1.2 监测点位

a）外排口监测点位：点位设置应满足 GB/T 16157、HJ 75 等技术规范的要求。净烟气与原烟气混合排放的，应在排气筒，或烟气汇合后的混合烟道上设置监测点位；净烟气直接排放的，应在净烟气烟道上设置监测点位，有旁路的旁路烟道也应设置监测点位。

b）内部监测点位设置：当污染物排放标准中有污染物处理效果要求时，应在进入相应污染物处理设施单元的进出口设置监测点位。当环境管理文件有要求，或排污单位认为有必要的，可设置开展相应监测内容的内部监测点位。

5.2.1.3 监测指标

各外排口监测点位的监测指标应至少包括所执行的国家或地方污染物排放（控制）标准、环境影响评价文件及其批复、排污许可证等相关管理规定明确要求的污染物指标。排污单位还应根据生产过程的原辅用料、生产工艺、中间及最终产品，确定是否排放纳入相关有毒有害或优先控制污染物名录中的污染物指标，或其他有毒污染物指标，这些指标也应纳入监测指标。

对于主要排放口监测点位的监测指标，符合以下条件的为主要监测指标：

a）二氧化硫、氮氧化物、颗粒物（或烟尘/粉尘）、挥发性有机物中排放量较大的污染物指标；

b）能在环境或动植物体内积蓄，对人类产生长远不良影响的有毒污染物指标（存在有毒有害或优先控制污染物相关名录的，以名录中的污染物指标为准）；

c）排污单位所在区域环境质量超标的污染物指标。

内部监测点位的监测指标根据点位设置的主要目的确定。

5.2.1.4 监测频次

a）确定监测频次的基本原则。

排污单位应在满足本标准要求的基础上，遵循以下原则确定各监测点位不同监测指标的监测频次：

1）不应低于国家或地方发布的标准、规范性文件、规划、环境影响评价文件及其批复等明确规定的监测频次；

2）主要排放口的监测频次高于非主要排放口；

3）主要监测指标的监测频次高于其他监测指标；

4）排向敏感地区的，应适当增加监测频次；

5）排放状况波动大的，应适当增加监测频次；

6）历史稳定达标状况较差的需增加监测频次，达标状况良好的可以适当降低监测频次；

7）监测成本应与排污企业自身能力相一致，尽量避免重复监测。

b）原则上，外排口监测点位最低监测频次按照表 1 执行。废气烟气参数和污染物浓度应同步监测。

表 1 废气监测指标的最低监测频次

排污单位级别	主要排放口		其他排放口的监测指标
	主要监测指标	其他监测指标	
重点排污单位	月—季度	半年—年	半年—年
非重点排污单位	半年—年	年	年

注：为最低监测频次的范围，分行业排污单位自行监测技术指南中依据此原则确定各监测指标的最低监测频次。

c）内部监测点位的监测频次根据该监测点位设置目的、结果评价的需要、补充监测结果的需要等进行确定。

5.2.1.5 监测技术

监测技术包括手工监测、自动监测两种，排污单位可根据监测成本、监测指标以及监测频次等内容，合理选择适当的监测技术。

对于相关管理规定要求采用自动监测的指标，应采用自动监测技术；对于监测频次高、自动监测技术成熟的监测指标，应优先选用自动监测技术；其他监测指标，可选用手工监测技术。

5.2.1.6 采样方法

废气手工采样方法的选择参照相关污染物排放标准及 GB/T 16157、HJ/T 397 等执行。废气自动监测参照 HJ/T 75、HJ/T 76 执行。

5.2.1.7 监测分析方法

监测分析方法的选用应充分考虑相关排放标准的规定、排污单位的排放特点、污染物排放浓度的高低、所采用监测分析方法的检出限和干扰等因素。

监测分析方法应优先选用所执行的排放标准中规定的方法。选用其他国家、行业标准方法的，方法的主要特性参数（包括检出下限、精密度、准确度、干扰消除等）需符合标准要求。尚无国家和行业标准分析方法的，或采用国家和行业标准方法不能得到合格测定数据的，可选用其他方法，但必须做方法验证和对比实验，证明该方法主要特性参数的可靠性。

5.2.2 无组织排放监测

5.2.2.1 监测点位

存在废气无组织排放源的，应设置无组织排放监测点位，具体要求按相关污染物排放标准及 HJ/T 55、HJ 733 等执行。

5.2.2.2 监测指标

按本标准 5.2.1.3 执行。

5.2.2.3 监测频次

钢铁、水泥、焦化、石油加工、有色金属冶炼、采矿业等无组织废气排放较重的污染源，无组织废气每季度至少开展一次监测；其他涉及无组织废气排放的污染源每年至少开展一次监测。

5.2.2.4 监测技术

按本标准 5.2.1.5 执行。

5.2.2.5 采样方法

参照相关污染物排放标准及 HJ/T 55、HJ 733 执行。

5.2.2.6 监测分析方法

按本标准 5.2.1.7 执行。

5.3 废水排放监测

5.3.1 监测点位

5.3.1.1 外排口监测点位

在污染物排放标准规定的监控位置设置监测点位。

5.3.1.2 内部监测点位

按本标准 5.2.1.2 b）执行。

5.3.2 监测指标

符合以下条件的为各废水外排口监测点位的主要监测指标：

a）化学需氧量、五日生化需氧量、氨氮、总磷、总氮、悬浮物、石油类中排放量较大的污染物指标；

b）污染物排放标准中规定的监控位置为车间或生产设施废水排放口的污染物指标，以及有毒有害或优先控制污染物相关名录中的污染物指标；

c）排污单位所在流域环境质量超标的污染物指标。

其他要求按本标准 5.2.1.3 执行。

5.3.3 监测频次

5.3.3.1 监测频次确定的基本原则

按本标准 5.2.1.4 a）执行。

5.3.3.2 原则上，外排口监测点位最低监测频次按照表 2 执行。各排放口废水流量和污染物浓度同步监测。

表 2 废水监测指标的最低监测频次

排污单位级别	主要监测指标	其他监测指标
重点排污单位	日～月	季度～半年
非重点排污单位	季度	年

注：为最低监测频次的范围，在行业排污单位自行监测技术指南中依据此原则确定各监测指标的最低监测频次。

5.3.3.3 内部监测点位监测频次

按本标准 5.2.1.4 c）执行。

5.3.4 监测技术

按本标准 5.2.1.5 执行。

5.3.5 采样方法

废水手工采样方法的选择参照相关污染物排放标准及 HJ/T 91、HJ/T 92、HJ 493、HJ 494、HJ 495 等执行，根据监测指标的特点确定采样方法为混合采样方法或瞬时采样的方法，单次监测采样频次按相关污染物排放标准和 HJ/T 91 执行。污水自动监测采样方法参照 HJ/T 353、HJ/T 354、HJ/T 355、HJ/T 356 执行。

5.3.6 监测分析方法

按本标准 5.2.1.7 执行。

5.4 厂界环境噪声监测

5.4.1 监测点位

5.4.1.1 厂界环境噪声的监测点位置具体要求按 GB 12348 执行。

5.4.1.2 噪声布点应遵循以下原则：

a）根据厂内主要噪声源距厂界位置布点；

b）根据厂界周围敏感目标布点；

c）“厂中厂”是否需要监测根据内部和外围排污单位协商确定；

d）面临海洋、大江、大河的厂界原则上不布点；

e）厂界紧邻交通干线不布点；

f）厂界紧邻另一排污单位的，在临近另一排污单位侧是否布点由排污单位协商确定。

5.4.2 监测频次

厂界环境噪声每季度至少开展一次监测，夜间生产的要监测夜间噪声。

5.5 周边环境质量影响监测

5.5.1 监测点位

排污单位厂界周边的土壤、地表水、地下水、大气等环境质量影响监测点位参照排污单位环境影响评价文件及其批复及其他环境管理要求设置。如环境影响评价文件及其批复及其他文件中均未作出要求，排污单位需要开展周边环境质量影响监测的，环境质量影响监测点位设置的原则和方法参照 HJ 2.1、HJ 2.2、HJ/T 2.3、HJ 2.4、HJ 610 等规定。各类环境影响监测点位设置按照 HJ/T 91、HJ/T 164、HJ 442、HJ/T 194、HJ/T 166 等执行。

5.5.2 监测指标

周边环境质量影响监测点位监测指标参照排污单位环境影响评价文件及其批复等管理文件的要求执行，或根据排放的污染物对环境的影响确定。

5.5.3 监测频次

若环境影响评价文件及其批复等管理文件有明确要求的，排污单位周边环境质量监测频次按照要求执行。否则，涉水重点排污单位地表水每年丰、平、枯水期至少各监测一次，涉气重点排污单位空气质量每半年至少监测一次，涉重金属、难降解类有机污染物等重点排污单位土壤、地下水每年至少监测一次。发生突发环境事故对周边环境质量造成明显影响的，或周边环境质量相关污染物超标的，应适当增加监测频次。

5.5.4 监测技术

按本标准 5.2.1.5 执行。

5.5.5 采样方法

周边水环境质量监测点采样方法参照 HJ/T 91、HJ/T 164、HJ 442 等执行。

周边大气环境质量监测点采样方法参照 HJ/T 194 等执行。

周边土壤环境质量监测点采样方法参照 HJ/T 166 等执行。

5.5.6 监测分析方法

按本标准 5.2.1.7 执行。

5.6 监测方案的描述

5.6.1 监测点位的描述

所有监测点位均应在监测方案中通过语言描述、图形示意等形式明确体现。描述内容包括监测点位的平面位置及污染物的排放去向等。废水监测点需明确其所在废水排放口、对应的废水处理工艺，废气排放监测点位需明确其在排放烟道的位置分布、对应的污染源及处理设施。

5.6.2 监测指标的描述

所有监测指标采用表格、语言描述等形式明确体现。监测指标应与监测点位相对应，监测指标内容包括每个监测点位应监测的指标名称、排放限值、排放限值的来源（如标准名称、编号）等。

国家或地方污染物排放（控制）标准、环境影响评价文件及其批复、排污许可证中的污染物，如排污单位确认未排放，监测方案中应明确注明。

5.6.3 监测频次的描述

监测频次应与监测点位、监测指标相对应，每个监测点位的每项监测指标的监测频次都应详细注明。

5.6.4 采样方法的描述

对每项监测指标都应注明其选用的采样方法。废水采集混合样品的，应注明混合样采样个数。废气非连续采样的，应注明每次采集的样品个数。废气颗粒物采样，应注明每个监测点位设置的采样孔和采样点个数。

5.6.5 监测分析方法的描述

对每项监测指标都应注明其选用的监测分析方法名称、来源依据、检出限等内容。

5.7 监测方案的变更

当有以下情况发生时，应变更监测方案：

a）执行的排放标准发生变化；

b）排放口位置、监测点位、监测指标、监测频次、监测技术任一项内容发生变化；

c）污染源、生产工艺或处理设施发生变化。

6 监测质量保证与质量控制

排污单位应建立并实施质量保证与控制措施方案，以自证自行监测数据的质量。

6.1 建立质量体系

排污单位应根据本单位自行监测的工作需求，设置监测机构，梳理监测方案制定、样品采集、样品分析、监测结果报出、样品留存、相关记录的保存等监测的各个环节中，为保证监测工作质量应制定的工作流程、管理措施与监督措施，建立自行监测质量体系。

质量体系应包括对以下内容的具体描述：监测机构、人员、出具监测数据所需仪器设备、监测辅助设施和实验室环境、监测方法技术能力验证、监测活动质量控制与质量保证等。

委托其他有资质的检（监）测机构代其开展自行监测的，排污单位不用建立监测质量体系，但应对检（监）测机构的资质进行确认。

6.2 监测机构

监测机构应具有与监测任务相适应的技术人员、仪器设备和实验室环境，明确监测人员和管理人员的职责、权限和相互关系，有适当的措施和程序保证监测结果准确可靠。

6.3 监测人员

应配备数量充足、技术水平满足工作要求的技术人员，规范监测人员录用、培训教育和能力确认/考核等活动，建立人员档案，并对监测人员实施监督和管理，规避人员因素对监测数据正确性和可靠性的影响。

6.4 监测设施和环境

根据仪器使用说明书、监测方法和规范等的要求，配备必要的如除湿机、空调、干湿度温度计等辅助设施，以使监测工作场所条件得到有效控制。

6.5 监测仪器设备和实验试剂

应配备数量充足、技术指标符合相关监测方法要求的各类监测仪器设备、标准物质和实验试剂。

监测仪器性能应符合相应方法标准或技术规范要求，根据仪器性能实施自校准或者检定/校准、运行和维护、定期检查。

标准物质、试剂、耗材的购买和使用情况应建立台账予以记录。

6.6　监测方法技术能力验证

应组织监测人员按照其所承担监测指标的方法步骤开展实验活动，测试方法的检出浓度、校准（工作）曲线的相关性、精密度和准确度等指标，实验结果满足方法相应的规定以后，方可确认该人员实际操作技能满足工作需求，能够承担测试工作。

6.7　监测质量控制

编制监测工作质量控制计划，选择与监测活动类型和工作量相适应的质控方法，包括使用标准物质、采用空白试验、平行样测定、加标回收率测定等，定期进行质控数据分析。

6.8　监测质量保证

按照监测方法和技术规范的要求开展监测活动，若存在相关标准规定不明确但又影响监测数据质量的活动，可编写《作业指导书》予以明确。

编制工作流程等相关技术规定，规定任务下达和实施，分析用仪器设备购买、验收、维护和维修，监测结果的审核签发、监测结果录入发布等工作的责任人和完成时限，确保监测各环节无缝衔接。

设计记录表格，对监测过程的关键信息予以记录并存档。

定期对自行监测工作开展的时效性、自行监测数据的代表性和准确性、管理部门检查结论和公众对自行监测数据的反馈等情况进行评估，识别自行监测存在的问题，及时采取纠正措施。管理部门执法监测与排污单位自行监测数据不一致的，以管理部门执法监测结果为准，作为判断污染物排放是否达标、自动监测设施是否正常运行的依据。

7 信息记录和报告

7.1 信息记录

7.1.1 手工监测的记录

7.1.1.1 采样记录：采样日期、采样时间、采样点位、混合取样的样品数量、采样器名称、采样人姓名等。

7.1.1.2 样品保存和交接：样品保存方式、样品传输交接记录。

7.1.1.3 样品分析记录：分析日期、样品处理方式、分析方法、质控措施、分析结果、分析人姓名等。

7.1.1.4 质控记录：质控结果报告单。

7.1.2 自动监测运维记录

包括自动监测系统运行状况、系统辅助设备运行状况、系统校准、校验工作等；仪器说明书及相关标准规范中规定的其他检查项目；校准、维护保养、维修记录等。

7.1.3 生产和污染治理设施运行状况

记录监测期间企业及各主要生产设施（至少涵盖废气主要污染源相关生产设施）运行状况（包括停机、启动情况）、产品产量、主要原辅料使用量、取水量、主要燃料消耗量、燃料主要成分、污染治理设施主要运行状态参数、污染治理主要药剂消耗情况等。日常生产中上述信息也需整理成台账保存备查。

7.1.4 固体废物（危险废物）产生与处理状况

记录监测期间各类固体废物和危险废物的产生量、综合利用量、处置量、贮存量、倾倒丢弃量，危险废物还应详细记录其具体去向。

7.2 信息报告

排污单位应编写自行监测年度报告，年度报告至少应包含以下内容：

a）监测方案的调整变化情况及变更原因；

b）企业及各主要生产设施（至少涵盖废气主要污染源相关生产设施）全年运行天数，各监测点、各监测指标全年监测次数、超标情况、浓度分布情况；

c）按要求开展的周边环境质量影响状况监测结果；

d）自行监测开展的其他情况说明；

e）排污单位实现达标排放所采取的主要措施。

7.3 应急报告

监测结果出现超标的，排污单位应加密监测，并检查超标原因。短期内无法实现稳定达标排放的，应向环境保护主管部门提交事故分析报告，说明事故发生的原因，采取减轻或防止污染的措施，以及今后的预防及改进措施等；若因发生事故或者其他突发事件，排放的污水可能危及城镇排水与污水处理设施安全运行的，应当立即采取措施消除危害，并及时向城镇排水主管部门和环境保护主管部门等有关部门报告。

7.4 信息公开

排污单位自行监测信息公开内容及方式按照《企业事业单位环境信息公开办法》及《国家重点监控企业自行监测及信息公开办法（试行）》执行。非重点排污单位的信息公开要求由地方环境保护主管部门确定。

8 监测管理

排污单位对其自行监测结果及信息公开内容的真实性、准确性、完整性负责。

排污单位应积极配合并接受环境保护行政主管部门的日常监督管理。

附录 2

排污单位自行监测技术指南　橡胶和塑料制品

（HJ 1207—2021）

前言

为贯彻《中华人民共和国环境保护法》《中华人民共和国水污染防治法》《中华人民共和国大气污染防治法》《中华人民共和国土壤污染防治法》《排污许可管理条例》等，改善生态环境质量，指导和规范橡胶和塑料制品工业排污单位自行监测工作，制定本标准。

本标准规定了橡胶和塑料制品工业排污单位自行监测的一般要求、监测方案制定、信息记录和报告的基本内容和要求。

本标准为首次发布。

本标准发布后，执行《合成树脂工业污染物排放标准》（GB 31572—2015）的塑料制品工业排污单位按照本标准的规定执行，不再执行《排污单位自行监测技术指南　石油化学工业》（HJ 947—2018）中的相关规定。

本标准由生态环境部生态环境监测司、法规与标准司组织制订。

本标准主要起草单位：轻工业环境保护研究所、天津市生态环境科学研究院、中国塑料加工工业协会。

本标准生态环境部 2021 年 11 月 13 日批准。

本标准自 2022 年 1 月 1 日起实施。

本标准由生态环境部解释。

1 适用范围

本标准规定了橡胶和塑料制品工业排污单位自行监测的一般要求、监测方案制定、信息记录和报告的基本内容和要求。

本标准适用于橡胶和塑料制品工业排污单位在生产运行阶段对其排放的水、气污染物，噪声以及对其周边环境质量影响开展自行监测。

塑料制品工业排污单位中，塑料合成革制造超细纤维生产工序自行监测要求按照 HJ 879 执行，电镀工序自行监测要求按照 HJ 985 执行，涂装工序自行监测要求按照 HJ 1086 执行。

排污单位自备火力发电机组（厂）、配套动力锅炉的自行监测要求按照 HJ 820 执行。

本标准不适用于再生橡胶和再生塑料制造排污单位。

2 规范性引用文件

本标准引用了下列文件或其中的条款。凡是注明日期的引用文件，仅注日期的版本适用于本标准。凡是未注日期的引用文件，其最新版本（包括所有的修改单）适用于本标准。

GB 14554 恶臭污染物排放标准

GB 21902 合成革与人造革工业污染物排放标准

GB 27632 橡胶制品工业污染物排放标准

GB 31572 合成树脂工业污染物排放标准

GB 37822 挥发性有机物无组织排放控制标准

HJ 2.3 环境影响评价技术导则 地表水环境

HJ/T 55 大气污染物无组织排放监测技术导则

HJ/T 91 地表水和污水监测技术规范

HJ 164 地下水环境监测技术规范

HJ/T 166　土壤环境监测技术规范

HJ 442.8　近岸海域环境监测技术规范　第八部分　直排海污染源及对近岸海域水环境影响监测

HJ 610　环境影响评价技术导则　地下水环境

HJ 819　排污单位自行监测技术指南　总则

HJ 820　排污单位自行监测技术指南　火力发电及锅炉

HJ 879　排污单位自行监测技术指南　纺织印染工业

HJ 947　排污单位自行监测技术指南　石油化学工业

HJ 964　环境影响评价技术导则　土壤环境（试行）

HJ 985　排污单位自行监测技术指南　电镀工业

HJ 1086　排污单位自行监测技术指南　涂装

HJ 1122　排污许可证申请与核发技术规范　橡胶和塑料制品工业

《国家危险废物名录》

3　术语和定义

GB 14554、GB 21902、GB 27632、GB 31572 和 GB 37822 界定的以及下列术语和定义适用于本标准。

3.1　橡胶制品工业（rubber products industry）

以天然橡胶、合成橡胶及再生橡胶为原料生产各种橡胶制品的工业，但不包括橡胶鞋制造和以废轮胎、废橡胶为主要原料生产硫化橡胶粉、再生橡胶、热裂解油等产品的工业。

3.2　橡胶制品工业排污单位（pollutant emission unit of rubber products industry）

包括轮胎制造，橡胶板、管、带制造，橡胶零件制造，日用及医用橡胶制品制造，运动场地用塑胶制造和其他橡胶制品制造等排污单位。

3.3　塑料制品工业（plastic products industry）

以合成树脂（高分子化合物）为主要原料，经采用挤塑、注塑、吹塑、压延、层压等工艺加工成型的各种制品生产的工业，以及利用回收的废旧塑料加工再生产塑料制品的工业，不包括塑料鞋制造工业。

3.4 塑料制品工业排污单位（pollutant emission unit of plastic products industry）

包括塑料薄膜制造，塑料板、管、型材制造，塑料丝、绳及编织品制造，泡沫塑料制造，塑料人造革、合成革制造，塑料包装箱及容器制造，日用塑料制品制造，人造草坪制造，塑料零件及其他塑料制品制造等排污单位。

3.5 雨水排放口（rainwater outlet）

直接或通过沟、渠或者管道等设施向厂界外专门排放天然降水的排放口。

3.6 直接排放（direct discharge）

排污单位直接向环境水体排放水污染物的行为。

3.7 间接排放（indirect discharge）

排污单位向污水集中处理设施排放水污染物的行为。

4 自行监测的一般要求

排污单位应查清本单位的污染源、污染物指标及潜在的环境影响，制定监测方案，设置和维护监测设施，按照监测方案开展自行监测，做好质量保证和质量控制，记录和保存监测数据，依法向社会公开监测结果。

5 监测方案制定

5.1 废水排放监测

5.1.1 监测点位

橡胶和塑料制品工业排污单位均应在废水总排放口（厂区综合废水总排放口）设置监测点位，生活污水单独排入外环境的应在生活污水排放口设置监测点位，重点排污单位应在雨水排放口设置监测点位。

5.1.2 橡胶制品工业排污单位监测指标及监测频次

橡胶制品工业排污单位废水排放监测点位、监测指标及最低监测频次按照表 1 执行。

表 1 橡胶制品工业排污单位废水排放监测点位、监测指标及最低监测频次

类别	监测点位	监测指标	监测频次			
			重点排污单位		非重点排污单位	
			直接排放	间接排放	直接排放	间接排放
轮胎制造（除轮胎翻新外）、橡胶板管带制造、橡胶零件制造、运动场地用塑胶制造和其他橡胶制品制造	废水总排放口	流量、pH、化学需氧量、氨氮	自动监测		半年	年
		悬浮物、五日生化需氧量、总氮、总磷、石油类	季度	半年	半年	年
日用及医用橡胶制品制造		流量、pH、化学需氧量、氨氮	自动监测		半年	年
		悬浮物、五日生化需氧量、总氮、总磷、石油类、总锌	月	季度	半年	年
轮胎翻新		流量、pH、化学需氧量、氨氮	自动监测		半年	年
		悬浮物、五日生化需氧量、石油类	季度	半年	半年	年
轮胎制造（除轮胎翻新外）、橡胶板管带制造、橡胶零件制造、日用及医用橡胶制品制造、运动场地用塑胶制造和其他橡胶制品制造	生活污水排放口	流量、pH、化学需氧量、氨氮、悬浮物、五日生化需氧量、总氮、总磷、石油类、总锌[a]	季度	—	半年	—
轮胎翻新		流量、pH、化学需氧量、氨氮、悬浮物、五日生化需氧量、石油类、动植物油	季度	—	半年	—
轮胎制造、橡胶板管带制造、橡胶零件制造、日用及医用橡胶制品制造、运动场地用塑胶制造和其他橡胶制品制造	雨水排放口	化学需氧量、石油类、总锌[a]	月（季度[b]）	—	—	—

注：设区的市级及以上生态环境主管部门明确要求安装自动监测设备的污染物指标，应采用自动监测。

[a] 适用于日用及医用橡胶制品工业排污单位。

[b] 雨水排放口有流动水排放时按月监测。若监测一年无异常情况，可放宽至每季度开展一次监测。

5.1.3 塑料制品工业排污单位监测指标及监测频次

塑料制品工业排污单位废水排放监测点位、监测指标及最低监测频次按照表 2 执行。

表 2 塑料制品工业排污单位废水排放监测点位、监测指标及最低监测频次

<table>
<tr><th rowspan="3">类别</th><th rowspan="3">监测点位</th><th rowspan="3">监测指标</th><th colspan="4">监测频次</th></tr>
<tr><th colspan="2">重点排污单位</th><th colspan="2">非重点排污单位</th></tr>
<tr><th>直接排放</th><th>间接排放</th><th>直接排放</th><th>间接排放</th></tr>
<tr><td rowspan="2">塑料人造革合成革制造</td><td rowspan="4">废水总排放口</td><td>流量、pH、化学需氧量、氨氮</td><td colspan="2">自动监测</td><td>半年</td><td>年</td></tr>
<tr><td>色度、悬浮物、总氮、总磷、甲苯[a]、二甲基甲酰胺[a]</td><td>季度</td><td>半年</td><td>半年</td><td>年</td></tr>
<tr><td>使用聚氯乙烯树脂生产的塑料制品制造（除塑料人造革合成革制造外）</td><td>流量、pH、悬浮物、化学需氧量、五日生化需氧量、氨氮、石油类</td><td>季度</td><td>半年</td><td>半年</td><td>年</td></tr>
<tr><td>使用除聚氯乙烯以外的树脂生产的塑料制品制造（除塑料人造革合成革制造外）</td><td>流量、pH、悬浮物、化学需氧量、五日生化需氧量、氨氮、总氮、总磷、总有机碳、可吸附有机卤化物、特征污染物[b]</td><td>季度</td><td>半年</td><td>半年</td><td>年</td></tr>
<tr><td>塑料人造革合成革制造</td><td rowspan="3">生活污水排放口</td><td>流量、pH、化学需氧量、氨氮、色度、悬浮物、总氮、总磷、甲苯[a]、二甲基甲酰胺[a]</td><td>季度</td><td>—</td><td>半年</td><td>—</td></tr>
<tr><td>使用聚氯乙烯树脂生产的塑料制品制造（除塑料人造革合成革制造外）</td><td>流量、pH、悬浮物、化学需氧量、五日生化需氧量、氨氮、石油类、动植物油</td><td>季度</td><td>—</td><td>半年</td><td>—</td></tr>
<tr><td>使用除聚氯乙烯以外的树脂生产的塑料制品制造（除塑料人造革合成革制造外）</td><td>流量、pH、悬浮物、化学需氧量、五日生化需氧量、氨氮、总氮、总磷、总有机碳、可吸附有机卤化物、特征污染物[b]</td><td>季度</td><td>—</td><td>半年</td><td>—</td></tr>
<tr><td>所有类别的塑料制品制造</td><td>雨水排放口</td><td>化学需氧量、石油类</td><td>月（季度[c]）</td><td>—</td><td>—</td><td>—</td></tr>
</table>

注：设区的市级及以上生态环境主管部门明确要求安装自动监测设备的污染物指标，应采用自动监测。

[a] 排污单位生产过程中不使用含甲苯、二甲基甲酰胺有机溶剂的，监测指标可不包括甲苯、二甲基甲酰胺。

[b] 特征污染物执行 GB 31572，污染物种类按使用的合成树脂类型确定。

[c] 雨水排放口有流动水排放时按月监测。若监测一年无异常情况，可放宽至每季度开展一次监测。

5.2 废气排放监测

5.2.1 有组织废气排放监测

5.2.1.1 对于多个污染源或生产设备共用一个排气筒的，监测点位可布设在共用排气筒上。当执行不同排放控制要求的废气合并排气筒排放时，应在废气混合前开展监测；若监测点位只能布设在混合后的排气筒上，监测指标应涵盖所对应污染源或生产设备的监测指标，最低监测频次按照严格的执行。

5.2.1.2 橡胶制品工业排污单位有组织废气排放监测点位、监测指标及最低监测频次按照表 3 执行。其中，排放口类型按 HJ 1122 确定。

表 3 橡胶制品工业排污单位有组织废气排放监测点位、监测指标及最低监测频次

<table>
<tr><th rowspan="3">类别</th><th rowspan="3">监测点位</th><th rowspan="3">监测指标</th><th colspan="3">监测频次</th></tr>
<tr><th colspan="2">重点排污单位</th><th rowspan="2">非重点排污单位</th></tr>
<tr><th>主要排放口</th><th>一般排放口</th></tr>
<tr><td rowspan="9">轮胎制造、橡胶板管带制造、橡胶零件制造、运动场地用塑胶制造和其他橡胶制品制造</td><td rowspan="3">炼胶排气筒</td><td>颗粒物</td><td>自动监测</td><td>季度</td><td>年</td></tr>
<tr><td>非甲烷总烃</td><td>自动监测（季度[a]）</td><td>季度</td><td>半年</td></tr>
<tr><td>臭气浓度、恶臭特征污染物[b]</td><td>季度</td><td>半年</td><td>年</td></tr>
<tr><td rowspan="2">硫化排气筒</td><td>非甲烷总烃</td><td>自动监测（季度[a]）</td><td>季度</td><td>半年</td></tr>
<tr><td>臭气浓度、恶臭特征污染物[b]</td><td>季度</td><td>半年</td><td>年</td></tr>
<tr><td rowspan="2">胶浆制备、浸浆、胶浆喷涂和涂胶排气筒</td><td>非甲烷总烃、甲苯及二甲苯</td><td>—</td><td colspan="2">半年</td></tr>
<tr><td>臭气浓度、恶臭特征污染物[b]</td><td>—</td><td>半年</td><td>年</td></tr>
<tr><td rowspan="2">热/冷翻排气筒[c]</td><td>非甲烷总烃</td><td>—</td><td colspan="2">半年</td></tr>
<tr><td>颗粒物、臭气浓度、恶臭特征污染物[b]</td><td>—</td><td>半年</td><td>年</td></tr>
<tr><td rowspan="4">日用及医用橡胶制品制造</td><td>配料排气筒</td><td>氨、臭气浓度、恶臭特征污染物[b]</td><td>—</td><td>半年</td><td>年</td></tr>
<tr><td>浸渍排气筒</td><td>氨、臭气浓度、恶臭特征污染物[b]</td><td>季度</td><td>—</td><td>年</td></tr>
<tr><td rowspan="2">硫化排气筒</td><td>颗粒物</td><td>自动监测</td><td>—</td><td>年</td></tr>
<tr><td>臭气浓度、恶臭特征污染物[b]</td><td>季度</td><td>—</td><td>年</td></tr>
</table>

<table>
<tr><th rowspan="3">类别</th><th rowspan="3">监测点位</th><th rowspan="3">监测指标</th><th colspan="3">监测频次</th></tr>
<tr><th colspan="2">重点排污单位</th><th rowspan="2">非重点排污单位</th></tr>
<tr><th>主要排放口</th><th>一般排放口</th></tr>
<tr><td rowspan="2">轮胎制造、橡胶板管带制造、橡胶零件制造、日用及医用橡胶制品制造、运动场地用塑胶制造和其他橡胶制品制造</td><td>有机废气治理设施（燃烧法）排气筒</td><td>二氧化硫[d]、氮氧化物[d]</td><td>季度</td><td>半年</td><td>年</td></tr>
<tr><td>综合废水处理站排气筒</td><td>臭气浓度、恶臭特征污染物[b]</td><td>—</td><td>半年</td><td>年</td></tr>
</table>

注：1. 废气监测应按照相应监测分析方法、技术规范同步监测废气参数。
2. 根据环境影响评价文件及其批复，结合项目工艺及产排污特点，选择项目所包含监测点位进行监测。
3. 设区的市级及以上生态环境主管部门明确要求安装自动监测设备的污染物指标，应采用自动监测。

[a] 固定污染源废气非甲烷总烃连续监测技术规范发布实施前，重点排污单位按季度监测。
[b] 恶臭特征污染物执行 GB 14554，污染物种类按环境影响评价文件及其批复确定。
[c] 适用于轮胎翻新排污单位。
[d] 若生产过程中产生的有机废气采用燃烧法进行治理，除监测生产工序排气筒对应的监测指标外，还应监测二氧化硫、氮氧化物。

5.2.1.3 塑料制品工业排污单位有组织废气排放监测点位、监测指标及最低监测频次按照表 4 执行。其中，排放口类型按 HJ 1122 确定。

表 4 塑料制品工业排污单位有组织废气排放监测点位、监测指标及最低监测频次

<table>
<tr><th rowspan="3">类别</th><th rowspan="3">监测点位</th><th rowspan="3">监测指标</th><th colspan="3">监测频次</th></tr>
<tr><th colspan="2">重点排污单位</th><th rowspan="2">非重点排污单位</th></tr>
<tr><th>主要排放口</th><th>一般排放口</th></tr>
<tr><td rowspan="2">塑料人造革制造</td><td rowspan="2">配料、涂覆、塑化发泡、冷却、涂刮、烘干、贴合、预塑化、压延成型、挤出、流延排气筒</td><td>二甲基甲酰胺[a]、苯[a]、甲苯[a]、二甲苯[a]、VOCs[b]、臭气浓度[c]、恶臭特征污染物[c]</td><td>季度</td><td>半年</td><td>年</td></tr>
<tr><td>颗粒物[d]</td><td>自动监测</td><td>半年</td><td>年</td></tr>
</table>

<table>
<tr><th rowspan="3">类别</th><th rowspan="3">监测点位</th><th rowspan="3">监测指标</th><th colspan="3">监测频次</th></tr>
<tr><th colspan="2">重点排污单位</th><th rowspan="2">非重点排污单位</th></tr>
<tr><th>主要排放口</th><th>一般排放口</th></tr>
<tr><td rowspan="2">塑料合成革制造（干法工艺）</td><td rowspan="2">配料、涂刮、贴合、烘干排气筒</td><td>二甲基甲酰胺[a]、苯[a]、甲苯[a]、二甲苯[a]、VOCs[b]、臭气浓度[c]、恶臭特征污染物[c]</td><td>季度</td><td>半年</td><td>年</td></tr>
<tr><td>颗粒物[d]</td><td>自动监测</td><td>半年</td><td>年</td></tr>
<tr><td>塑料合成革制造（湿法工艺）</td><td>配料、含浸、涂刮、凝固、水洗、烘干、冷却排气筒</td><td>二甲基甲酰胺[a]、臭气浓度[c]、恶臭特征污染物[c]</td><td>季度</td><td>半年</td><td>年</td></tr>
<tr><td>塑料合成革制造（超细纤维工艺）</td><td>配料、含浸、凝固、水洗、抽出、干燥排气筒</td><td>二甲基甲酰胺[a]、苯[a]、甲苯[a]、二甲苯[a]、VOCs[b]、臭气浓度[c]、恶臭特征污染物[c]</td><td>季度</td><td>半年</td><td>年</td></tr>
<tr><td rowspan="2">塑料人造革合成革制造</td><td>二甲基甲酰胺回收精馏塔排气筒</td><td>二甲基甲酰胺、臭气浓度</td><td>季度</td><td>半年</td><td>年</td></tr>
<tr><td>后处理排气筒</td><td>苯[a]、甲苯[a]、二甲苯[a]、VOCs[b]、臭气浓度[c]、恶臭特征污染物[c]</td><td>季度</td><td>半年</td><td>年</td></tr>
<tr><td rowspan="2">使用聚氯乙烯树脂生产的塑料薄膜制造</td><td rowspan="4">混料、挤出、吹膜、成型排气筒</td><td>非甲烷总烃</td><td>—</td><td>半年（季度[e]）</td><td>半年</td></tr>
<tr><td>颗粒物、氯乙烯、臭气浓度[c]、恶臭特征污染物[c]</td><td>—</td><td>半年（季度[e]）</td><td>年</td></tr>
<tr><td rowspan="2">使用除聚氯乙烯以外的树脂生产的塑料薄膜制造</td><td>非甲烷总烃</td><td>—</td><td>半年（季度[e]）</td><td>半年</td></tr>
<tr><td>颗粒物、特征污染物[f]、臭气浓度[c]、恶臭特征污染物[c]</td><td>—</td><td>半年（季度[e]）</td><td>年</td></tr>
<tr><td rowspan="2">使用聚氯乙烯树脂生产的塑料板管型材制造</td><td rowspan="4">混料、挤出、成型排气筒</td><td>非甲烷总烃</td><td>—</td><td colspan="2">半年</td></tr>
<tr><td>颗粒物、氯乙烯、臭气浓度[c]、恶臭特征污染物[c]</td><td>—</td><td>半年</td><td>年</td></tr>
<tr><td rowspan="2">使用除聚氯乙烯以外的树脂生产的塑料板管型材制造</td><td>非甲烷总烃</td><td>—</td><td colspan="2">半年</td></tr>
<tr><td>颗粒物、特征污染物[f]、臭气浓度[c]、恶臭特征污染物[c]</td><td>—</td><td>半年</td><td>年</td></tr>
</table>

类别	监测点位	监测指标	监测频次		
			重点排污单位		非重点排污单位
			主要排放口	一般排放口	
使用聚氯乙烯树脂生产的塑料丝绳及编织品制造	混料、挤出、喷丝排气筒	非甲烷总烃	—	半年	
		颗粒物、氯乙烯、臭气浓度[c]、恶臭特征污染物[c]	—	半年	年
使用除聚氯乙烯以外的树脂生产的塑料丝绳及编织品制造		非甲烷总烃	—	半年	
		颗粒物、特征污染物[f]、臭气浓度[c]、恶臭特征污染物[c]	—	半年	年
使用聚氯乙烯树脂生产的泡沫塑料制造	配料、涂覆、发泡、挤出、成型、熟化排气筒	非甲烷总烃	—	半年	
		颗粒物、氯乙烯、臭气浓度[c]、恶臭特征污染物[c]	—	半年	年
使用除聚氯乙烯以外的树脂生产的泡沫塑料制造		非甲烷总烃	—	半年	
		颗粒物、特征污染物[f]、臭气浓度[c]、恶臭特征污染物[c]	—	半年	年
使用聚氯乙烯树脂生产的塑料包装箱及容器制造	塑化、成型排气筒	非甲烷总烃	—	半年	
		颗粒物、氯乙烯、臭气浓度[c]、恶臭特征污染物[c]	—	半年	年
使用除聚氯乙烯以外的树脂生产的塑料包装箱及容器制造		非甲烷总烃	—	半年	
		颗粒物、特征污染物[f]、臭气浓度[c]、恶臭特征污染物[c]	—	半年	年
使用聚氯乙烯树脂生产的日用塑料制品制造	塑化、成型、模压排气筒	非甲烷总烃	—	半年	
		颗粒物、氯乙烯、臭气浓度[c]、恶臭特征污染物[c]	—	半年	年
使用除聚氯乙烯以外的树脂生产的日用塑料制品制造		非甲烷总烃	—	半年	
		颗粒物、特征污染物[f]、臭气浓度[c]、恶臭特征污染物[c]	—	半年	年
使用聚氯乙烯树脂生产的人造草坪制造	挤出、喷丝、背胶、烘干排气筒	非甲烷总烃	—	半年	
		颗粒物、氯乙烯、臭气浓度[c]、恶臭特征污染物[c]	—	半年	年
使用除聚氯乙烯以外的树脂生产的人造草坪制造		非甲烷总烃	—	半年	
		颗粒物、特征污染物[f]、臭气浓度[c]、恶臭特征污染物[c]	—	半年	年

类别	监测点位	监测指标	监测频次		
			重点排污单位		非重点排污单位
			主要排放口	一般排放口	
使用聚氯乙烯树脂生产的塑料零件及其他塑料制品制造	配料、塑化、成型、浸渍、烘干、层压排气筒	非甲烷总烃	—	半年	
		颗粒物、氯乙烯、臭气浓度[c]、恶臭特征污染物[c]	—	半年	年
使用除聚氯乙烯以外的树脂生产的塑料零件及其他塑料制品制造		非甲烷总烃	—	半年	
		颗粒物、特征污染物[f]、臭气浓度[c]、恶臭特征污染物[c]	—	半年	年
所有类别的塑料制品制造	印刷排气筒	挥发性有机物[g]、苯[a]、甲苯[a]、二甲苯[a]	—	半年	
	有机废气治理设施（燃烧法）排气筒	二氧化硫[h]、氮氧化物[h]	季度	半年	年
	综合废水处理站排气筒	臭气浓度[c]、恶臭特征污染物[c]	—	半年	年

注：1. 废气监测应按照相应监测分析方法、技术规范同步监测废气参数。

2. 根据环境影响评价文件及其批复，结合项目工艺及产排污特点，选择项目所包含监测点位进行监测。

3. 设区的市级及以上生态环境主管部门明确要求安装自动监测设备的污染物指标，应采用自动监测。

[a] 排污单位生产过程中不使用含二甲基甲酰胺、苯、甲苯、二甲苯有机溶剂的，监测指标可不包括二甲基甲酰胺、苯、甲苯、二甲苯。

[b] 塑料人造革合成革工业排污单位执行 GB 21902，以 VOCs 作为挥发性有机物排放的综合控制指标。

[c] 环境影响评价文件及其批复确定需要监测臭气浓度、恶臭特征污染物的，应监测臭气浓度、恶臭特征污染物，臭气浓度、恶臭特征污染物执行 GB 14554，恶臭特征污染物种类按环境影响评价文件及其批复确定。

[d] 适用于使用聚氯乙烯树脂生产的排污单位。

[e] 采用流延膜工艺的废气最低监测频次为季度，采用其他工艺的废气最低监测频次为半年。

[f] 特征污染物执行 GB 31572，污染物种类按使用的合成树脂类型确定。

[g] 本标准使用非甲烷总烃作为挥发性有机物排放的综合管控指标，待印刷工业相关污染物排放标准实施后，从其规定。

[h] 若生产过程中产生的有机废气采用燃烧法进行治理，除监测生产工序排气筒对应的监测指标外，还应监测二氧化硫、氮氧化物。

5.2.2 无组织废气排放监测

排污单位无组织废气按 GB 37822、HJ/T 55 等设置监测点位。橡胶制品工业排污单位无组织废气排放监测点位、监测指标及最低监测频次按照表 5 执行，塑料制品工业排污单位无组织废气排放监测点位、监测指标及最低监测频次按照表 6 执行。

表 5 橡胶制品工业排污单位无组织废气排放监测点位、监测指标及最低监测频次

类别	监测点位	监测指标	监测频次	
			重点排污单位	非重点排污单位
轮胎制造（除轮胎翻新外）、橡胶板管带制造、橡胶零件制造、日用及医用橡胶制品制造、运动场地用塑胶制造和其他橡胶制品制造	厂界	非甲烷总烃、甲苯、二甲苯、臭气浓度、恶臭特征污染物[a]	半年	年
轮胎翻新	厂界	非甲烷总烃、臭气浓度、恶臭特征污染物[a]	半年	年

注：1. 无组织废气排放监测应同步监测气象参数。
2. 厂区内 VOCs 无组织排放监测要求按 GB 37822 规定执行。

[a] 恶臭特征污染物执行 GB 14554，污染物种类按环境影响评价文件及其批复确定。

表 6 塑料制品工业排污单位无组织废气排放监测点位、监测指标及最低监测频次

类别	监测点位	监测指标	监测频次	
			重点排污单位	非重点排污单位
塑料人造革合成革制造	厂界	二甲基甲酰胺[a]、苯[a]、甲苯[a]、二甲苯[a]、VOCs[b]、臭气浓度[c]、恶臭特征污染物[c]	半年	年
使用聚氯乙烯树脂生产的塑料制品制造（除塑料人造革合成革制造外）	厂界	非甲烷总烃、臭气浓度[c]、恶臭特征污染物[c]	半年	年

类别	监测点位	监测指标	监测频次	
			重点排污单位	非重点排污单位
使用除聚氯乙烯以外的树脂生产的塑料制品制造（除塑料人造革合成革制造外）	厂界	氯化氢、苯[a]、甲苯[a]、非甲烷总烃、臭气浓度[c]、恶臭特征污染物[c]	半年	年

注：1. 无组织废气排放监测应同步监测气象参数。

2. 塑料人造革合成革制造、使用聚氯乙烯树脂生产的塑料制品制造排污单位厂区内 VOCs 无组织排放监测要求按 GB 37822 规定执行；使用除聚氯乙烯以外的树脂生产的塑料制品制造（除塑料人造革合成革制造外）排污单位厂区内 VOCs 无组织排放监测要求按 GB 31572 规定执行。

[a] 排污单位生产过程中不使用含二甲基甲酰胺、苯、甲苯、二甲苯有机溶剂的，监测指标可不包括二甲基甲酰胺、苯、甲苯、二甲苯。

[b] 塑料人造革合成革工业排污单位执行 GB 21902，以 VOCs 作为挥发性有机物排放的综合控制指标。

[c] 环境影响评价文件及其批复确定需要监测臭气浓度、恶臭特征污染物的，应监测臭气浓度、恶臭特征污染物，臭气浓度、恶臭特征污染物执行 GB 14554，恶臭特征污染物种类按环境影响评价文件及其批复确定。

5.3 厂界环境噪声监测

5.3.1 厂界环境噪声监测点位设置应遵循 HJ 819 中的原则，主要考虑破碎设备、风机、空压机、水泵等噪声源在厂区内的分布情况和周边环境敏感点的位置。

5.3.2 厂界环境噪声每季度至少开展一次昼、夜间噪声监测，监测指标为等效连续 A 声级，夜间有频发、偶发噪声影响时同时测量频发、偶发最大声级。夜间不生产的可不开展夜间噪声监测，周边有敏感点的，应提高监测频次。

5.4 周边环境质量影响监测

5.4.1 法律法规等有明确要求的，按要求开展环境质量监测。

5.4.2 无明确要求的，排污单位可根据实际情况对周边地表水、海水、地下水和土壤开展监测。对于废水直接排入地表水、海水的排污单位，可按照 HJ 2.3、

HJ/T 91、HJ 442.8 及受纳水体环境管理要求设置监测断面和监测点位。开展周边地下水和土壤监测的排污单位，可按照 HJ 610、HJ 164、HJ 964、HJ/T 166 及地下水、土壤环境管理要求设置监测点位。监测指标及最低监测频次按照表 7 执行。

表 7 周边环境质量影响监测指标及最低监测频次

环境要素	监测指标	监测频次
地表水	pH 值、化学需氧量、氨氮、总氮、总磷、石油类、总锌[a]等	年
海水	pH 值、化学需氧量、溶解氧、石油类、总锌[a]等	年
地下水	pH 值、氨氮、总锌[a]等	年
土壤	pH 值、总锌[a]等	年

注：排污单位应根据生产使用的原辅用料、生产工艺、产品等确定具体的监测指标。

[a]适用于日用及医用橡胶制品工业排污单位。

5.5 其他要求

5.5.1 除表 1～表 6 中的监测指标外，5.5.1.1 和 5.5.1.2 中的污染物指标也应纳入监测指标范围，并参照表 1～表 6 和 HJ 819 确定监测频次。

5.5.1.1 排污许可证、所执行的污染物排放（控制）标准、环境影响评价文件及其批复［仅限 2015 年 1 月 1 日（含）后取得环境影响评价批复的排污单位］、相关生态环境管理规定明确要求监测的污染物指标。

5.5.1.2 排污单位根据生产过程的原辅用料、生产工艺、中间及最终产品类型、监测结果确定实际排放的，在有毒有害污染物或优先控制化学品相关名录中的污染物指标，或其他有毒污染物指标。

5.5.2 各指标的监测频次在满足本标准的基础上，可根据 HJ 819 中监测频次的确定原则提高监测频次。

5.5.3 重点排污单位依法依规应当按照本标准要求安装使用自动监测设备，非重点排污单位不作强制性要求，相应点位、指标的监测频次参照本标准确定。

5.5.4 采样方法、监测分析方法、监测质量保证与质量控制等按照 HJ 819 执行。

5.5.5 监测方案的描述、变更按照 HJ 819 执行。

6 信息记录和报告

6.1 信息记录

6.1.1 监测信息记录

手工监测记录和自动监测运维记录按照 HJ 819 执行。排污单位对自动监测数据的真实性、准确性负责，发现数据传输异常应当及时报告，并参照自动监测数据异常标记规则执行。

6.1.2 生产和污染治理设施运行状况信息记录

6.1.2.1 一般规定

排污单位应详细记录生产及污染治理设施运行状况，日常生产中参照 6.1.2.2～6.1.2.4 记录相关信息，并整理成台账保存备查。

6.1.2.2 生产运行状况记录

按照生产单元和生产线分类，根据各排污单位具体情况，记录以下相关信息：

a）原辅用料名称和用量；

b）产品产量；

c）新鲜水取水量、能源消耗量（电、天然气等）；

d）主要生产设备、设施的操作使用记录等。

6.1.2.3 废水处理设施运行状况记录

按日（或班次）记录废水产生量、废水处理量、废水回用量及回用去向、废水排放量及排放去向、污泥产生量、废水处理使用的药剂名称及用量、用电量等，记录废水处理设施运行、故障及维护情况等。

6.1.2.4 废气处理设施运行状况记录

按日（或更换频次）记录废气处理使用的吸附材料等耗材的名称和用量；记

录废气处理设施运行、故障及维护情况等。

6.1.3 一般工业固体废物和危险废物记录

建立管理台账，记录一般工业固体废物和危险废物产生、贮存、转移、利用和处置情况；记录危险废物的具体去向，并通过全国固体废物管理信息系统进行填报。危险废物按照《国家危险废物名录》或国家规定的危险废物鉴别标准和鉴别方法认定。

6.2 信息报告、应急报告和信息公开

按照 HJ 819 执行。

7 其他

排污单位应如实记录手工监测期间的工况（包括生产负荷、污染治理设施运行情况等），确保监测数据具有代表性。自动监测期间的工况标记，按照本行业工况标记规则执行。

本标准未规定的内容，按照 HJ 819 执行。

附录 3

自行监测质量控制相关模板和样表

附录 3-1 监测工作程序（样式）

1 目的

对监测任务的下达、监测方案的制定、采样器皿和试剂的准备，样品采集和现场监测，实验室内样品分析，以及测试原始积累的填写等各个环节实施有效的质量控制，保证监测结果的代表性、准确性。

2 适用范围

适用于本单位实施的监测工作。

3 职责

3.1 ×××负责下达监测任务。

3.2 ×××负责根据监测目的、排放标准、相关技术规范和管理要求制定监测方案（某些企业的监测方案是环境部门发放许可证时已经完成技术审查的，在一定时间段内执行即可，不必在每一次监测任务均制定监测方案）。

3.3 ×××负责实施需现场监测的项目；×××采集样品并记录采集样品的时间、地点、状态等参数，并做好样品的标识；×××负责样品流转过程中的质量控制，负责将样品移交给样品接收人员。

3.4 ×××负责接收送检样品，在接收送检样品时，对样品的完整性和对应检测要求的适宜性进行验收，并将样品分发到相应分析任务承担人员（如果没有集中接样后，再由接样人员分发样品到分析人员的制度设计，这一步骤可以省略)。

3.5 ×××负责本人承担项目样品的接收、保管和分析。

4 工作程序

4.1 方案制定

×××负责根据监测目的、排放标准、相关技术规范和环境管理要求，制定监测方案，明确监测内容、频次，各任务执行人，使用的监测方法、采用的监测仪器，以及采取的质控措施。经×××审核、×××批准后实施该监测方案。

4.2 现场监测和样品采集

×××采样人员根据监测方案要求，按国家有关的标准、规范到现场进行现场监测和样品采集，记录现场监测结果相关的信息，以及生产工况。样品采集后，按规定建立样品的唯一标识，填写采样过程质保单和采样记录。必要时，受检部门有关人员应在采样原始记录上签字认可。

4.3 样品的流转

采样人员送检样品时，由接样人员认真检查样品表观、编号、采样量等信息是否与采样记录相符合，确认样品量是否能满足检测项目要求，采样人员和接样人员双方签字认可（如果没有集中接样后再由接样人员分发样品到分析人员的制度设计，这一步骤可以省略)。

分析人员在接收样品时，应认真查看和验收样品表观、编号、采样量等信息是否与采样记录相符合，并核实样品交接记录，分析人员确认无误后在样品交接单签字。

4.4 样品的管理

样品应妥善存放在专用且适宜的样品保存场所，分析人员应准确标识样品所处的实验状态，用“待测”“在测”和“测毕”标签加以区别。

分析人员在分析前如发现样品异常或对样品有任何疑问时，应立即查找原因，待符合分析要求后，再进行分析。

对要求在特定环境下保存的样品，分析人员应严格控制环境条件，按要求保存，保证样品在存放过程中不变质、不损坏。若发现样品在保存过程中出现异常情况，应及时向质量负责人汇报，查明原因及时采取措施。

4.5 样品的分析

分析人员按监测任务分工安排，严格按照方案中规定的方法标准/规范分析样品，及时填写分析原始记录、测试环境监控记录、仪器使用记录等相关记录并签字。

4.6 样品的处置

除特殊情况需留存的样品外，检测后的余样应送污水处理站进行处理。

5 相关程序文件

《异常情况处理程序》

6 相关记录表格

《废水采样原始记录表》

《废气监测原始记录表》

《内部样品交接单》

《样品留存记录表》

《pH 分析原始记录表》

《颗粒物监测记录表》

《非甲烷总烃监测记录表》

《现场监测质控审核记录》

《废水流量监测记录（流速仪法）》等

附录 3-2　××××（单位名称）废（污）水采样原始记录表

（检）字【　　　　】第　　　　号　　　　　　　　　　第　　页，共　　页

<table>
<tr><th rowspan="2">采样时间</th><th rowspan="2">排污口编号</th><th rowspan="2">样品编号</th><th rowspan="2">水温/℃</th><th rowspan="2">pH</th><th colspan="2">流量</th><th rowspan="2">监测项目</th><th rowspan="2">废（污）水表观描述</th><th rowspan="2">废（污）水主要来源</th><th rowspan="2">排放规律（以流速变化判断）</th></tr>
<tr><th>（m^3/h）</th><th>（m^3/d）</th></tr>
<tr><td>时　分</td><td></td><td></td><td></td><td></td><td></td><td rowspan="9"></td><td rowspan="9"></td><td rowspan="9"></td><td rowspan="9"></td><td rowspan="9">1. 连续稳定；
2. 连续不稳定；
3. 间断稳定；
4. 间断不稳定</td></tr>
<tr><td>时　分</td><td></td><td></td><td></td><td></td><td></td></tr>
<tr><td>时　分</td><td></td><td></td><td></td><td></td><td></td></tr>
<tr><td>时　分</td><td></td><td></td><td></td><td></td><td></td></tr>
<tr><td>时　分</td><td></td><td></td><td></td><td></td><td></td></tr>
<tr><td>时　分</td><td></td><td></td><td></td><td></td><td></td></tr>
<tr><td>时　分</td><td></td><td></td><td></td><td></td><td></td></tr>
<tr><td>时　分</td><td></td><td></td><td></td><td></td><td></td></tr>
<tr><td>时　分</td><td></td><td></td><td></td><td></td><td></td></tr>
</table>

<table>
<tr><td rowspan="4">治理设施运行情况</td><td colspan="3">治理设施类型及名称</td><td colspan="4"></td><td>新鲜用水量/（m^3/d）</td><td></td></tr>
<tr><td rowspan="2">处理量/（m^3/d）</td><td>设计</td><td></td><td>建设日期</td><td></td><td>COD 设计去除率</td><td></td><td>回用水量/（m^3/d）</td><td></td></tr>
<tr><td>实际</td><td></td><td>处理规律</td><td></td><td>氨氮设计去除率</td><td></td><td>生产负荷</td><td></td></tr>
<tr><td>主要原料</td><td colspan="3"></td><td colspan="2">主要产品</td><td colspan="3"></td></tr>
<tr><td>备注</td><td colspan="9">表观描述应包括颜色、气味、悬浮物含量情况等信息。回用水量不含设施循环水部分。</td></tr>
</table>

检测人员：　　　　　校对：　　　　　审核：　　　　　检测日期：　　　年　　月　　日

附录 3-3　××××（单位名称）内部样品交接单

（检）字【　　　　】第　　　　号　　　　　　　　　　　　　　　　　第　　页，共　　页

送样人		送样时间		接样人		接样时间	

样品名称及编号	样品类型	样品表观	样品数量	监测项目	质保措施	分析人员签字
备注	平行样品分析项目及编号： 加标样品分析项目及编号：					

填写人员：　　　　　　校对：　　　　　　审核：　　　　　　日期：　　　　年　　月　　日

附录 3-4　重量法分析原始记录表

×环（监）【　　　　　】第　　　　号　　　　　　　　　　　　第　　页，共　　页

<table>
<tr><td rowspan="2">分析项目</td><td colspan="2" rowspan="2"></td><td colspan="2">仪器名称型号</td><td></td><td>方法名称</td><td colspan="2"></td><td>送样日期</td><td></td><td rowspan="2">环境条件</td><td>室温/℃</td><td></td></tr>
<tr><td colspan="2">仪器编号</td><td></td><td>方法依据</td><td colspan="2"></td><td>分析日期</td><td></td><td>湿度/%</td><td></td></tr>
<tr><td>烘干/灼烧温度/℃</td><td colspan="4"></td><td>烘干/灼烧时间/h</td><td colspan="3"></td><td>恒重温度/℃</td><td></td><td>恒重时间/h</td><td colspan="2"></td></tr>
<tr><td rowspan="2">样品名称及编号</td><td rowspan="2">器皿编号</td><td rowspan="2">取样量（ ）</td><td colspan="3">初重/g</td><td colspan="3">终重/g</td><td>样重/g</td><td rowspan="2">计算结果（ ）</td><td rowspan="2">报出结果（ ）</td><td rowspan="2" colspan="2">备注</td></tr>
<tr><td>W_1</td><td>W_2</td><td>$W_均$</td><td>W_1</td><td>W_2</td><td>$W_均$</td><td>ΔW</td></tr>
<tr><td></td><td></td><td></td><td></td><td></td><td></td><td></td><td></td><td></td><td></td><td></td><td></td><td rowspan="8" colspan="2"></td></tr>
<tr><td></td><td></td><td></td><td></td><td></td><td></td><td></td><td></td><td></td><td></td><td></td><td></td></tr>
<tr><td></td><td></td><td></td><td></td><td></td><td></td><td></td><td></td><td></td><td></td><td></td><td></td></tr>
<tr><td></td><td></td><td></td><td></td><td></td><td></td><td></td><td></td><td></td><td></td><td></td><td></td></tr>
<tr><td></td><td></td><td></td><td></td><td></td><td></td><td></td><td></td><td></td><td></td><td></td><td></td></tr>
<tr><td></td><td></td><td></td><td></td><td></td><td></td><td></td><td></td><td></td><td></td><td></td><td></td></tr>
<tr><td></td><td></td><td></td><td></td><td></td><td></td><td></td><td></td><td></td><td></td><td></td><td></td></tr>
<tr><td></td><td></td><td></td><td></td><td></td><td></td><td></td><td></td><td></td><td></td><td></td><td></td></tr>
</table>

分析：　　　　　　校对：　　　　　　审核：　　　　　　报告日期：　　　　年　　月　　日

附录 3-5　原子吸收分光光度法原始记录表

×环（检）字【　　　】第　　　号　　　　　　　　　　第　　页，共　　页

<table>
<tr><td>测定项目</td><td></td><td>方法名称</td><td colspan="2"></td><td>送样日期</td><td></td><td rowspan="2">环境条件</td><td>温度/℃</td><td></td></tr>
<tr><td>仪器名称、型号</td><td></td><td>方法依据</td><td colspan="2"></td><td>分析日期</td><td></td><td>湿度/%</td><td></td></tr>
<tr><td>仪器编号</td><td></td><td>波长/nm</td><td></td><td>狭缝/nm</td><td></td><td>灯电流/mA</td><td></td><td>火焰条件</td><td></td></tr>
<tr><td rowspan="4">标准曲线</td><td>浓度系列/（mg/L）</td><td></td><td></td><td></td><td></td><td></td><td></td><td></td><td></td></tr>
<tr><td>吸光度（A_i）</td><td></td><td></td><td></td><td></td><td></td><td></td><td></td><td></td></tr>
<tr><td>$A_i - A_{0均值}$</td><td colspan="2">$A_{0均值}=$</td><td></td><td></td><td></td><td></td><td></td><td></td></tr>
<tr><td>回归方程</td><td colspan="8">$r =$　　　$a =$　　　$b =$　　　$y = bx+a$</td></tr>
<tr><td>样品前处理</td><td colspan="9"></td></tr>
</table>

样品名称及编号	稀释方法	取样体积/mL	查曲线值/（mg/L）	计算结果/（mg/L）	报出结果/（mg/L）	备注

分析：　　　　校对：　　　　审核：　　　　报告日期：　　年　　月　　日

附录 3-6　容量法原始记录表

（检）字【　　　　】第　　　　号　　　　　　　　　　　　第　　页，共　　页

分析项目			接样时间		分析时间	
分析方法				方法依据		
标液名称		标液浓度		滴定管规格及编号		

样品前处理情况：

样品名称及编号	稀释方法	取样量/mL	消耗标准溶液体积/mL	计算结果/（mg/L）	报出结果/（mg/L）	备注

分析：　　　　　　校对：　　　　　审核：　　　　　　报告日期：　　　年　　月　　日

附录 3-7　pH 分析原始记录表

（检）字【　　　】第　　　号　　　　　　　　　　　　第　　页，共　　页

采样日期				分析日期			
分析方法				仪器名称型号			
方法依据				仪器编号			
标准缓冲溶液温度/℃		标准缓冲溶液定位值Ⅰ		标准缓冲溶液定位值Ⅱ		标准缓冲溶液定位值Ⅲ	

样品名称及编号	水温/℃	pH	备注

分析：　　　　校对：　　　　审核：　　　　报告日期：　　年　　月　　日

附录 3-8 标准溶液配制及标定记录表

环（检）字【　　　】第　　　号　　　　　　　　第　页，共　页

<table>
<tr><td rowspan="7">基准试剂恒重</td><td colspan="2">基准试剂</td><td colspan="3"></td><td colspan="2">恒重日期</td><td colspan="4">年　月　日</td></tr>
<tr><td colspan="2">烘箱名称型号</td><td colspan="3"></td><td colspan="2">烘箱编号</td><td colspan="4"></td></tr>
<tr><td colspan="2">天平名称型号</td><td colspan="3"></td><td colspan="2">天平编号</td><td colspan="4"></td></tr>
<tr><td colspan="3">干燥次数</td><td colspan="2">第一次</td><td colspan="2">第二次</td><td colspan="2">第三次</td><td colspan="2">第四次</td></tr>
<tr><td colspan="3">干燥温度/℃</td><td colspan="2"></td><td colspan="2"></td><td colspan="2"></td><td colspan="2"></td></tr>
<tr><td colspan="3">干燥时间/h</td><td colspan="2"></td><td colspan="2"></td><td colspan="2"></td><td colspan="2"></td></tr>
<tr><td colspan="3">总量/g</td><td colspan="2"></td><td colspan="2"></td><td colspan="2"></td><td colspan="2"></td></tr>
<tr><td rowspan="7">基准溶液配制</td><td colspan="2">基准试剂</td><td colspan="3"></td><td colspan="2">配制日期</td><td colspan="4">年　月　日</td></tr>
<tr><td colspan="3">样品编号</td><td colspan="2">1#</td><td colspan="2">2#</td><td colspan="2">3#</td><td colspan="2">4#</td></tr>
<tr><td colspan="3">$W_{始}$/g</td><td colspan="2"></td><td colspan="2"></td><td colspan="2"></td><td colspan="2"></td></tr>
<tr><td colspan="3">$W_{末}$/g</td><td colspan="2"></td><td colspan="2"></td><td colspan="2"></td><td colspan="2"></td></tr>
<tr><td colspan="3">$W_{净}$/g</td><td colspan="2"></td><td colspan="2"></td><td colspan="2"></td><td colspan="2"></td></tr>
<tr><td colspan="3">定容体积 $V_{定}$/mL</td><td colspan="2"></td><td colspan="2"></td><td colspan="2"></td><td colspan="2"></td></tr>
<tr><td colspan="3">配制浓度 $C_{基}$/（mol/L）</td><td colspan="2"></td><td colspan="2"></td><td colspan="2"></td><td colspan="2"></td></tr>
<tr><td rowspan="7">标准溶液标定</td><td>待标溶液</td><td colspan="2"></td><td colspan="2">滴定管规格及编号</td><td colspan="2"></td><td colspan="2">标定日期</td><td colspan="2"></td></tr>
<tr><td colspan="3">标定编号</td><td>空白 1</td><td colspan="2">空白 2</td><td>1#</td><td>2#</td><td colspan="2">3#</td><td>4#</td></tr>
<tr><td colspan="3">基准溶液体积 $V_{基}$/mL</td><td></td><td colspan="2"></td><td></td><td></td><td colspan="2"></td><td></td></tr>
<tr><td colspan="3">标准溶液消耗体积 $V_{标}$/mL</td><td></td><td colspan="2"></td><td></td><td></td><td colspan="2"></td><td></td></tr>
<tr><td colspan="3">计算浓度 $C_{标}$/（mol/L）</td><td></td><td colspan="2"></td><td></td><td></td><td colspan="2"></td><td></td></tr>
<tr><td colspan="3">平均浓度 $C_{均}$/（mol/L）</td><td colspan="8"></td></tr>
<tr><td colspan="3">相对偏差/%</td><td colspan="8"></td></tr>
<tr><td colspan="6">基准溶液浓度计算：
$C_{基}$（mol/L）= 1 000×$W_{净}/M/V_{定}$
注：M——基准试剂摩尔质量</td><td colspan="6">标准溶液浓度计算：
$C_{标}$（mol/L）= $C_{基}×V_{基}/V_{标}$
或　$C_{标}$（mol/L）= 1 000×$W_{净}/M/V_{定}$</td></tr>
<tr><td>备注</td><td colspan="11"></td></tr>
</table>

分析：　　　　校对：　　　　审核：　　　　报告日期：　　年　月　日

附录 3-9 作业指导书样例
（氮氧化物化学发光测试仪作业指导书）

1 概述

1.1 适用范围

本作业指导书适用于化学发光法测试仪测定固定源排气中氮氧化物。

1.2 方法依据

本方法依据《固定污染源排气中颗粒物测定与气态污染物采样方法》（GB/T 16157—1996）、《固定源废气监测技术规范》（HJ/T 397—2007）以及 USEPA Method 7E。

1.3 方法原理及操作概要

试样气体中的一氧化氮（NO）与臭氧（O_3）反应，变成二氧化氮（NO_2）。NO_2变为激发态（NO_2^*）后在进入基态时会放射光，这一现象就是化学发光。

$$NO+O_3 \longrightarrow NO_2^*+O_2$$

$$NO_2^* \longrightarrow NO_2+h\nu$$

这一反应非常快且只有 NO 参与，几乎不受其他共存气体的影响。NO 为低浓度时，发光光量与浓度成正比。

2 测试仪器

便携式氮氧化物化学发光法测试仪。

3 测试步骤

3.1 接通电源开关，让测试仪预热。

3.2 设置当次测试的日期及时间。

3.3 预热结束后，将量程设置为实际使用的量程，并进行校正。

从菜单中选择“校正”。进入校正画面后，自动切换成NO管路（不通过NO_x转换器的管路）。

3.3.1 量程气体浓度设置

（1）按下后，设置量程气体浓度。

（2）根据所使用的量程气体，变更浓度设置。

（3）设置量程气体钢瓶的浓度，按下“Enter”。

（4）按下“Back”键，决定变更内容后，返回到校正画面。

3.3.2 零点校正（校正时请先执行零点校正）

（1）选择校正管路。进行零点校正的组分在校正类别中选择“Zero”。

（2）流入N_2气体后，等待稳定。

（3）指示值稳定后按下。

（4）按下“是”进行校正。完成零点校正。

3.3.3 量程校正

（1）为了进行NO的量程校正，NO以外选择“—”，只有NO选择“span”。

（2）校正类别中选择“span”的组分会显示窗口，用于确认校正量程和量程气体浓度。确认内容后，按下“OK”返回到校正画面。

（3）流入CO气体后，等待稳定。

（4）指示值稳定后按下。

（5）按下“是”进行校正。

3.4 完成所有的校正后，返回到菜单画面、测量画面。

3.5 从测量画面按下每个组分的量程按钮，按组分设置测量浓度的量程。每个组分的测量值/换算值/滑动平均值/累计值量程及校正量程是通用的。变更任何一个值的量程，其他值的量程也会跟着变更。模拟输出的满刻度值也会同时变更。

3.5.1 选择想要变更的组分的量程。

3.5.2 选择想要变更的量程，按下“OK”决定。

3.6 测试过程数据记录保存。

3.6.1 将有足够剩余空间且未 LOCK 的 SD 卡插入分析仪正面的 SD 卡插槽中。

3.6.2 从菜单 2/5 中选择“数据记录”。

3.6.3 选择“记录间隔”。

3.6.4 按下前进、后退键选择记录间隔，再按下“OK”决定。

3.6.5 选择保存文件夹。

3.6.6 选择保存文件夹后，按下。

3.6.7 确认开始记录时，按下“是”开始。如果开始记录，记录状态就会从“记录停止中”变为“记录中”，同时 MEM LED 会亮黄灯。

3.6.8 停止记录时，请再次按下。确认停止记录时，按下“是”停止记录。

3.6.9 记录状态会再次从“记录中”变为“记录停止中”，同时 MEM LED 会熄灭。

4 测试结束

4.1 通过采样探头等吸入大气至读数降回到零点附近。

4.2 从菜单中选择“测量结束”。

4.3 按下“是”结束处理。

4.4 完成测量结束处理，显示关闭电源的信息后，请关闭电源开关。

附录 4

自行监测相关标准规范

附录 4-1　污染物排放标准及环境质量标准

标准类型	行业	序号	排放标准名称及标准号
废水	橡胶制品行业	1	《橡胶制品工业污染物排放标准》（GB 27632—2011）
		2	《污水综合排放标准》（GB 8978—1996）
	塑料制品行业	1	《合成革与人造革工业污染物排放标准》（GB 21902—2008）
		2	《合成树脂工业污染物排放标准》（GB 31572—2015）
		3	《污水综合排放标准》（GB 8978—1996）
废气	橡胶制品行业	1	《橡胶制品工业污染物排放标准》（GB 27632—2011）
		2	《挥发性有机物无组织排放控制标准》（GB 37822—2019）
		3	《恶臭污染物排放标准》（GB 14554—93）
		4	《大气污染物综合排放标准》（GB 16297—1996）
		5	《锅炉大气污染物排放标准》（GB 13271—2014）
		6	《火电厂大气污染物排放标准》（GB 13223—2011）
	塑料制品行业	1	《合成革与人造革工业污染物排放标准》（GB 21902—2008）
		2	《合成树脂工业污染物排放标准》（GB 31572—2015）
		3	《挥发性有机物无组织排放控制标准》（GB 37822—2019）
		4	《恶臭污染物排放标准》（GB 14554—93）
		5	《大气污染物综合排放标准》（GB 16297—1996）
		6	《锅炉大气污染物排放标准》（GB 13271—2014）
		7	《火电厂大气污染物排放标准》（GB 13223—2011）
其他	橡胶和塑料制品行业	1	《工业企业厂界环境噪声排放标准》（GB 12348—2008）
		2	《地表水环境质量标准》（GB 3838—2002）
		3	《海水水质标准》（GB 3097—1997）
		4	《地下水质量标准》（GB/T 14848—93）
		5	《声环境质量标准》（GB 3096—2008）
		6	《环境空气质量标准》（GB 3095—2012）
		7	《土壤环境质量　农用地土壤污染风险管控标准（试行）》（GB 15618—2018）
		8	《土壤环境质量　建设用地土壤污染风险管控标准（试行）》（GB 36600—2018）

注：标准统计截至 2022 年 12 月。

附录 4-2 相关监测技术规范

分类	标准号	标准名称
废气监测技术规范类	GB/T 16157—1996	《固定污染源排气中颗粒物测定与气态污染物采样方法》
	HJ/T 55—2000	《大气污染物无组织排放监测技术导则》
	HJ 75—2017	《固定污染源烟气（SO_2、NO_x、颗粒物）排放连续监测技术规范》
	HJ 76—2017	《固定污染源烟气（SO_2、NO_x、颗粒物）排放连续监测系统技术要求及检测方法》
	HJ/T 397—2007	《固定源废气监测技术规范》
	HJ 905—2017	《恶臭污染环境监测技术规范》
废水监测技术规范类	HJ 91.1—2019	《污水监测技术规范》
	HJ/T 92—2002	《水污染物排放总量监测技术规范》
	HJ 353—2019	《水污染源在线监测系统（COD_{Cr}、NH_3-N 等）安装技术规范》
	HJ 354—2019	《水污染源在线监测系统（COD_{Cr}、NH_3-N 等）验收技术规范》
	HJ 355—2019	《水污染源在线监测系统（COD_{Cr}、NH_3-N 等）运行技术规范》
	HJ 356—2019	《水污染源在线监测系统（COD_{Cr}、NH_3-N 等）数据有效性判别技术规范》
	HJ 493—2009	《水质 样品的保存和管理技术规定》
	HJ 494—2009	《水质 采样技术指导》
	HJ 495—2009	《水质 采样方案设计技术规定》
	HJ 377—2019	《化学需氧量（COD_{Cr}）水质在线自动监测仪技术要求及检测方法》
	HJ 101—2019	《氨氮水质在线自动监测仪技术要求及检测方法》
	HJ/T 102—2003	《总氮水质自动分析仪技术要求》
	HJ/T 103—2003	《总磷水质自动分析仪技术要求》
	HJ 212—2017	《污染物在线监控（监测）系统数据传输标准》
	HJ 477—2009	《污染源在线自动监控（监测）数据采集传输仪技术要求》
	HJ 15—2019	《超声波明渠污水流量计技术要求及检测方法》
噪声监测技术规范类	HJ 706—2014	《环境噪声监测技术规范 噪声测量值修正》
	HJ 707—2014	《环境噪声监测技术规范 结构传播固定设备噪声》

分类	标准号	标准名称
其他技术规范类	HJ/T 166—2004	《土壤环境监测技术规范》
	HJ 91.2—2022	《地表水环境质量监测技术规范》
	HJ 164—2020	《地下水环境监测技术规范》
	HJ 194—2017	《环境空气质量手工监测技术规范》
	HJ 442.8—2020	《近岸海域环境监测技术规范 第八部分 直排海污染源及对近岸海域水环境影响监测》
	HJ 664—2013	《环境空气质量监测点位布设技术规范（试行）》
	HJ 2.1—2016	《建设项目环境影响评价技术导则 总纲》
	HJ 2.2—2018	《环境影响评价技术导则 大气环境》
	HJ 2.3—2018	《环境影响评价技术导则 地表水环境》
	HJ 610—2016	《环境影响评价技术导则 地下水环境》
	HJ 819—2017	《排污单位自行监测技术指南 总则》
	HJ 820—2017	《排污单位自行监测技术指南 火力发电及锅炉》
	HJ 1122—2020	《排污许可证申请与核发技术规范 橡胶和塑料制品工业》
	HJ 1207—2021	《排污单位自行监测技术指南 橡胶和塑料制品》
	HJ/T 373—2007	《固定污染源监测质量保证与质量控制技术规范（试行）》

注：标准统计截至 2022 年 12 月。

附录 4-3 废水污染物相关监测方法标准

序号	监测项目	分析方法名称及编号
1	pH	《水质 pH 值的测定 电极法》（HJ 1147—2020）
2	pH	《便携式 pH 计法〈水和废水监测分析方法〉（第四版）》国家环境保护总局（2002）
3	水温	《水质 水温的测定 温度计或颠倒温度计测定法》（GB 13195—1991）
4	色度	《水质 色度的测定》（GB 11903—89）
5	色度	《水质 色度的测定 稀释倍数法》（HJ 1182—2021）
6	悬浮物	《水质 悬浮物的测定 重量法》（GB 11901—89）
7	化学需氧量	《水质 化学需氧量的测定 重铬酸盐法》（HJ 828—2017）
8	化学需氧量	《水质 化学需氧量的测定 快速消解分光光度法》（HJ/T 399—2007）
9	化学需氧量	《高氯废水 化学需氧量的测定 碘化钾碱性高锰酸钾法》（HJ/T 132—2003）

序号	监测项目	分析方法名称及编号
10	化学需氧量	《高氯废水 化学需氧量的测定 氯气校正法》（HJ/T 70—2001）
11	五日生化需氧量（BOD_5）	《水质 五日生化需氧量（BOD_5）的测定 稀释与接种法》（HJ 505—2009）
12	氨氮	《水质 氨氮的测定 连续流动-水杨酸分光光度法》（HJ 665—2013）
13	氨氮	《水质 氨氮的测定 流动注射-水杨酸分光光度法》（HJ 666—2013）
14	氨氮	《水质 氨氮的测定 蒸馏-中和滴定法》（HJ 537—2009）
15	氨氮	《水质 氨氮的测定 纳氏试剂分光光度法》（HJ 535—2009）
16	氨氮	《水质 氨氮的测定 水杨酸分光光度法》（HJ 536—2009）
17	氨氮	《水质 氨氮的测定 气相分子吸收光谱法》（HJ/T 195—2005）
18	总氮	《水质 总氮的测定 连续流动-盐酸萘乙二胺分光光度法》（HJ 667—2013）
19	总氮	《水质 总氮的测定 流动注射-盐酸萘乙二胺分光光度法》（HJ 668—2013）
20	总氮	《水质 总氮的测定 碱性过硫酸钾消解紫外分光光度法》（HJ 636—2012）
21	总氮	《水质 总氮的测定 气相分子吸收光谱法》（HJ/T 199—2005）
22	总磷	《水质 磷酸盐和总磷的测定 连续流动-钼酸铵分光光度法》（HJ 670—2013）
23	总磷	《水质 总磷的测定 流动注射-钼酸铵分光光度法》（HJ 671—2013）
24	总磷	《水质 总磷的测定 钼酸铵分光光度法》（GB 11893—89）
25	动植物油类	《水质 石油类和动植物油类的测定 红外分光光度法》（HJ 637—2018）
26	石油类	《水质 石油类和动植物油类的测定 红外分光光度法》（HJ 637—2018）
27	总锌	《水质 锌的测定 双硫腙分光光度法》（GB/T 7472—87）
28	总锌	《水质 铜、锌、铅、镉的测定 原子吸收分光光度法》（GB/T 7475—87）
29	甲苯	《水质 苯系物的测定 气相色谱法》（GB/T 11890—89）
30	二甲基甲酰胺	《工作场所空气有毒物质测定 酰胺类化合物》（GBZ/T 160.62—2004）
31	总有机碳	《水质 总有机碳的测定 燃烧氧化-非分散红外吸收法》（HJ 501—2009）
32	可吸附有机卤化物	《水质 可吸附有机卤素（AOX）的测定 微库仑法》（GB/T 15959—1995）
33	可吸附有机卤化物	《水质 可吸附有机卤素（AOX）的测定 离子色谱法》（HJ/T 83—2001）

注：标准统计截至 2022 年 12 月。

附录 4-4 废气污染物相关监测方法标准

序号	监测项目	分析方法名称及编号
1	二氧化硫	《固定污染源废气 二氧化硫的测定 便携式紫外吸收法》（HJ 1131—2020）
2	二氧化硫	《环境空气 二氧化硫的自动测定 紫外荧光法》（HJ 1044—2019）
3	二氧化硫	《固定污染源废气 二氧化硫的测定 定电位电解法》（HJ 57—2017）
4	二氧化硫	《固定污染源废气 二氧化硫的测定 非分散红外吸收法》（HJ 629—2011）
5	二氧化硫	《环境空气 二氧化硫的测定 甲醛吸收-副玫瑰苯胺分光光度法》（HJ 482—2009）
6	二氧化硫	《环境空气 二氧化硫的测定 四氯汞盐吸收-副玫瑰苯胺分光光度法》（HJ 483—2009）
7	二氧化硫	《固定污染源排气中二氧化硫的测定 碘量法》（HJ/T 56—2000）
8	氮氧化物	《固定污染源废气 氮氧化物的测定 便携式紫外吸收法》（HJ 1132—2020）
9	氮氧化物	《环境空气 氮氧化物的自动测定 化学发光法》（HJ 1043—2019）
10	氮氧化物	《固定污染源废气 氮氧化物的测定 非分散红外吸收法》（HJ 692—2014）
11	氮氧化物	《固定污染源废气 氮氧化物的测定 定电位电解法》（HJ 693—2014）
12	氮氧化物	《固定源排气 氮氧化物的测定 酸碱滴定法》（HJ 675—2013）
13	氮氧化物	《环境空气 氮氧化物（一氧化氮和二氧化氮）的测定 盐酸萘乙二胺分光光度法》（HJ 479—2009）
14	氮氧化物	《固定污染源排气中氮氧化物的测定 紫外分光光度法》（HJ/T 42—1999）
15	氮氧化物	《固定污染源排气中氮氧化物的测定 盐酸萘乙二胺分光光度法》（HJ/T 43—1999）
16	颗粒物	《固定污染源废气 低浓度颗粒物的测定 重量法》（HJ 836—2017）
17	颗粒物	《固定污染源排气中颗粒物测定与气态污染物采样方法》（GB/T 16157—1996）
18	颗粒物	《环境空气 总悬浮颗粒物的测定 重量法》（HJ 1263—2022）
19	颗粒物	《锅炉烟尘测试方法》（GB 5468—1991）
20	苯	《固定污染源废气 挥发性有机物的测定 固相吸附-热脱附/气相色谱-质谱法》（HJ 734—2014）
21	苯	《环境空气 挥发性有机物的测定 吸附管采样-热脱附/气相色谱-质谱法》（HJ 644—2013）
22	苯	《环境空气 苯系物的测定 固体吸附/热脱附-气相色谱法》（HJ 583—2010）
23	苯	《环境空气 苯系物的测定 活性炭吸附/二硫化碳解吸-气相色谱法》（HJ 584—2010）
24	苯	《工作场所空气有毒物质测定 芳香烃类化合物》（GBZ/T 160.42—2007）
25	甲苯	《固定污染源废气挥发性有机物的测定 固相吸附-热脱附/气相色谱-质谱法》（HJ 734—2014）

序号	监测项目	分析方法名称及编号
26	甲苯	《环境空气　挥发性有机物的测定　吸附管采样-热脱附/气相色谱-质谱法》（HJ 644—2013）
27	甲苯	《环境空气　苯系物的测定　固体吸附/热脱附-气相色谱法》（HJ 583—2010）
28	甲苯	《环境空气　苯系物的测定　活性炭吸附/二硫化碳解吸-气相色谱法》（HJ 584—2010）
29	甲苯	《工作场所空气有毒物质测定　芳香烃类化合物》（GBZ/T 160.42—2007）
30	二甲苯	《固定污染源废气　挥发性有机物的测定　固相吸附-热脱附/气相色谱-质谱法》（HJ 734—2014）
31	二甲苯	《环境空气　挥发性有机物的测定　吸附管采样-热脱附/气相色谱-质谱法》（HJ 644—2013）
32	二甲苯	《环境空气　苯系物的测定　固体吸附/热脱附-气相色谱法》（HJ 583—2010）
33	二甲苯	《环境空气　苯系物的测定　活性炭吸附/二硫化碳解吸-气相色谱法》（HJ 584—2010）
34	二甲苯	《工作场所空气有毒物质测定　芳香烃类化合物》（GBZ/T 160.42—2007）
35	非甲烷总烃	《固定污染源废气　总烃、甲烷和非甲烷总烃的测定　气相色谱法》（HJ 38—2017）
36	非甲烷总烃	《环境空气　总烃、甲烷和非甲烷总烃的测定　直接进样-气相色谱法》（HJ 604—2017）
37	氨	《空气　氨、甲胺、二甲胺和三甲胺的测定　离子色谱法》（HJ 1076—2019）
38	氨	《环境空气　氨的测定　次氯酸钠-水杨酸分光光度法》（HJ 534—2009）
39	氨	《环境空气和废气　氨的测定　纳氏试剂分光光度法》（HJ 533—2009）
40	氨	《空气质量　氨的测定　离子选择电极法》（GB/T 14669—1993）
41	硫化氢	《固定污染源排气中颗粒物测定与气态污染物采样方法》（GB/T 16157—1996）
42	硫化氢	《空气质量　硫化氢、甲硫醇、甲硫醚和二甲二硫的测定　气相色谱法》（GB/T 14678—93）
43	臭气浓度	《空气质量　恶臭的测定　三点比较式臭袋法》（GB/T 14675—93）
44	二甲基甲酰胺	《工作场所空气有毒物质测定　酰胺类化合物》（GBZ/T 160.72—2004）
45	二甲基甲酰胺	《环境空气和废气　酰胺类化合物的测定　液相色谱法》（HJ 801—2016）
46	氯乙烯	《固定污染源排气中氯乙烯的测定　气相色谱法》（HJ/T 34—1999）
47	氯化氢	《固定污染源排气中氯化氢的测定　硫氰酸汞分光光度法》（HJ/T 27—1999）
48	氯化氢	《固定污染源废气　氯化氢的测定　硝酸银容量法》（HJ 548—2016）
49	氯化氢	《环境空气和废气　氯化氢的测定　离子色谱法》（HJ 549—2016）
50	VOCs	《合成革与人造革工业污染物排放标准》（GB 21902—2008）附录 C
51	其他	《大气污染物综合排放标准》（GB 16297—1996）

注：标准统计截至 2022 年 12 月。

附录 4-5 危险废物相关监测方法标准

序号	分析方法名称及编号
1	《固体废物鉴别标准 通则》（GB 34330—2017）
2	《危险废物鉴别技术规范》（HJ/T 298—2019）
3	《危险废物鉴别标准 腐蚀性鉴别》（GB 5085.1—2007）
4	《危险废物鉴别标准 急性毒性初筛》（GB 5085.2—2007）
5	《危险废物鉴别标准 浸出毒性鉴别》（GB 5085.3—2007）
6	《危险废物鉴别标准 易燃性鉴别》（GB 5085.4—2007）
7	《危险废物鉴别标准 反应性鉴别》（GB 5085.5—2007）
8	《危险废物鉴别标准 毒性物质含量鉴别》（GB 5085.6—2007）

注：标准统计截至 2022 年 12 月。

附录 4-6 固体废物相关监测方法标准

序号	分析方法名称及编号
1	《固体废物鉴别标准 通则》（GB 34330—2017）
2	《固体废物 有机物的提取 加压流体萃取法》（HJ 782—2016）
3	《固体废物 挥发性有机物的测定 顶空-气相色谱法》（HJ 760—2015）
4	《固体废物 总铬的测定 石墨炉原子吸收分光光度法》（HJ 750—2015）
5	《固体废物 总铬的测定 火焰原子吸收分光光度法》（HJ 749—2015）
6	《固体废物 六价铬的测定 碱消解/火焰原子吸收分光光度法》（HJ 687—2014）
7	《固体废物 挥发性有机物的测定 顶空/气相色谱-质谱法》（HJ 643—2013）
8	《固体废物 总铬的测定 硫酸亚铁铵滴定法》（GB/T 15555.8—1995）
9	《固体废物 六价铬的测定 硫酸亚铁铵滴定法》（GB/T 15555.7—1995）
10	《固体废物 总铬的测定 直接吸入火焰原子吸收分光光度法》（GB/T 15555.6—1995）
11	《固体废物 六价铬的测定 二苯碳酰二肼分光光度法》（GB/T 15555.4—1995）
12	《固体废物 总铬的测定 二苯碳酰二肼分光光度法》（GB/T 15555.5—1995）

注：标准统计截至 2022 年 12 月。

附录 5

自行监测方案参考模板

××××有限公司
自行监测方案

企业名称：××××有限公司

编制时间：××××年××月

一、企业概况

（一）基本情况

主要介绍排污单位的地理位置、生产规模、产品生产情况、人员等基本信息。

例如，××××有限公司位于××市××路××号××工业园区，成立于××××年××月。公司占地面积为××m^2，现有员工××余名。公司目前主要产品有××、××、××……年产量分别为××万 m、××万 m、××万 m……

根据《排污单位自行监测技术指南　总则》（HJ 819—2017）及《排污单位自行监测指南　橡胶和塑料制品》（HJ 1207—2021）要求，公司根据实际生产情况，查清本单位的污染源、污染物指标及潜在的环境影响，制定了本公司环境自行监测方案。

（二）排污及治理情况

主要介绍排污单位生产的工艺流程，并分析产排污节点及污染治理的情况。

例如，××××有限公司合成革生产工艺过程由三步组成，第一步是将聚氨酯浆料采用湿法生产工艺制成贝斯（底坯）；第二步为干法转移贴面，即采用离型纸法，将制成的皮膜面料和底坯二者贴合制成聚氨酯合成革；第三步再经压花、揉纹、印刷等后处理制成最终的合成革产品。

1. 工厂产生的废水包括生产废水及生活污水。湿法凝固槽、含浸槽、水洗槽的前几格、喷淋塔的废水需通过 DMF 回收系统处理，处理后的废水（精馏塔尾水）排至厂区污水集中池。生产废水包括湿法线设备清洗水，DMF 精馏塔、精馏釜真空泵等清洗废水、洗桶水、DMF 储罐喷淋废水、精馏塔尾水及揉纹废水。这些废水排至厂区污水集中池。生活污水经化粪池处理后也排至厂区污水集中池。这些污水汇集到一起后再通过市政污水管网排入××园区污水处理厂处理后排放。

2. 废气污染物产生的主要环节是浸灰脱毛、自备锅炉、涂饰等过程，还有污水处理系统的生化处理阶段。主要污染物有颗粒物、臭气浓度、氨、硫化氢、苯、甲苯、二甲苯、挥发性有机物。在异味治理方面，公司采用国内最先进的生物滴滤异味治理技术、碱洗化学吸收等工艺，建成配套完善的异味治理设施。

工厂产生的废气包括生产线有机废气、后道加工有机废气和脱氨塔尾气，主要污染物为苯、甲苯、二甲苯、非甲烷总烃、*N,N*-二甲基甲酰胺等。配料车间、湿法生产线、干法生产线设置集气设施，废气收集后引至喷淋塔处理后排放，喷淋塔均为三段填料喷淋塔，采用高效三循环吸收工艺；后处理生产线产生的有机废气采用“喷淋+光催化氧化”工艺进行治理。工厂建有一套三效六塔DMF精馏塔，其采用工艺为一级预热、二级浓缩、常压蒸馏的三效六塔工艺，其中脱胺塔排放的含二甲胺废气以及不凝气经“水喷淋+二甲胺处理设施+水喷淋”处理后排放。

3. 工厂的主要噪声源为各种电动机、喷淋塔风机、冷却塔、真空泵、空压机、污水泵等，选用低噪声设备，如低噪的风机、泵类等，从而从声源上降低设备本身的噪声，并采用减振、消声、隔声等降噪措施：循环水泵加装减振装置进行降噪，风机和管道采用软管连接。

4. 工厂产生的固体废物包括一般工业固体废物和危险废物。一般工业固体废物主要包括废离型纸、皮革边角料、废包装材料和磨皮粉尘。废离型纸、皮革边角料、废包装材料外售综合利用；磨皮粉尘回用于湿法线配料工段。危险废物主要包括废弃沾染物、擦刀布、中间废水过滤渣、洗桶残渣危险废物、化学品废包装容器、精馏塔/釜残渣。

危险废物委托有资质的××××有限公司进行处理，按照危险废物管理程序进行申报、记录、处置。

二、企业自行监测开展情况说明

主要介绍排污单位废水、废气、噪声等开展的监测项目、采取的监测方式等。如公司自行监测手段采用手动监测和自动监测相结合的方式，监测分析采取自主监测和委托第三方检测机构相结合的方式。

通过梳理公司相关项目的环评及批复、排污许可证及废水、废气、噪声执行的相关标准，对照单位生产及产排污情况，确定自行监测应开展的监测点位、监测指标、采用的监测分析方法及监测过程中应采取的质量控制和保证措施。

各工序废水经预处理后进入厂区污水集中池，这些污水汇到一起后再通过市政污水管网进入××园区污水处理厂处理后排放，属于间接排放，监测点位主要为废水总排放口和雨水排放口。涉及的主要监测指标有流量、pH、化学需氧量、氨氮、色度、悬浮物、总氮、总磷、二甲基甲酰胺。其中流量、pH、化学需氧量和氨氮采取自动监测，委托××××环境科技工程有限公司运维，其他项目采取手工监测方式。

废气监测主要污染物有挥发性有机物（VOCs）、二甲基甲酰胺、臭气浓度、非甲烷总烃，采取手工监测方式。

通过对现场生产设备进行梳理，根据设备在厂区的布置情况，在厂区的东、西、南、北 4 个边界布置噪声监测点位，每季度 1 次，昼夜各 1 次。

三、监测方案

本部分是排污单位自行监测方案的核心部分，是自行监测内容的具体化、细化。按照废气、废水、噪声等不同污染类型，以不同监测点位分别列出各监测指标的监测频次、监测方法、执行标准及限值等。

（一）有组织废气监测方案

1. 有组织废气监测点位、监测项目及监测频次见表 1。

表 1　有组织废气监测内容一览表

类型	排放源	监测项目	监测点位	监测频次	监测方式	自动监测是否联网
废气有组织排放	干法配料车间	非甲烷总烃[a]	排气筒	季度	手工监测	—
		二甲基甲酰胺	排气筒	季度	手工监测	—
	湿法配料车间	非甲烷总烃[a]	排气筒	季度	手工监测	—
		二甲基甲酰胺	排气筒	季度	手工监测	—
	干法生产 1 线	非甲烷总烃[a]	排气筒	季度	手工监测	—
		二甲基甲酰胺	排气筒	季度	手工监测	—
	干法生产 2 线	非甲烷总烃[a]	排气筒	季度	手工监测	—
		二甲基甲酰胺	排气筒	季度	手工监测	—
	干法生产 3 线	非甲烷总烃[a]	排气筒	季度	手工监测	—
		二甲基甲酰胺	排气筒	季度	手工监测	—
	湿法生产 1 线	二甲基甲酰胺	排气筒	季度	手工监测	—
	湿法生产 2 线	二甲基甲酰胺	排气筒	季度	手工监测	—
	湿法生产 3 线	二甲基甲酰胺	排气筒	季度	手工监测	—
	后处理生产线	非甲烷总烃[a]	排气筒	季度	手工监测	—
	精馏回收塔	臭气浓度	排气筒	季度	手工监测	—
		二甲基甲酰胺	排气筒	季度	手工监测	—

注：同步监测烟气参数（动压、静压、烟温、氧含量及湿度）。

[a] 该企业废气排放执行地方标准《工业企业挥发性有机物排放标准》（DB 35/1782—2018），DB 35/1782 中的管控指标为“非甲烷总烃”。

2．有组织废气排放监测方法及依据见表 2。

表 2　有组织废气排放监测方法及依据一览表

序号	监测项目	监测方法及依据	分析仪器
1	非甲烷总烃	《固定污染源废气　总烃、甲烷和非甲烷总烃的测定　气相色谱法》（HJ 38—2017）	气相色谱仪
2	二甲基甲酰胺	《环境空气和废气　酰胺类化合物的测定　液相色谱法》（HJ 801—2016）	气相色谱仪
3	臭气浓度	《恶臭污染源环境监测技术规范》（HJ 905—2017）、《空气质量　恶臭的测定　三点比较式臭袋法》（GB/T 14675—93）	真空瓶或气袋

3．有组织废气排放监测结果执行标准及限值见表 3。

表 3　有组织废气排放监测结果执行标准及限值

序号	监测点位	监测项目	排放浓度限值/（mg/m^3）	排放速率限值/（kg/h）	执行标准
1	干法配料车间、湿法配料车间	非甲烷总烃	100	3.6	《工业企业挥发性有机物排放标准》（DB 35/1782—2018）
2		二甲基甲酰胺	30	—	《工业企业挥发性有机物排放标准》（DB 35/1782—2018）
3	干法生产 1、2、3 线	非甲烷总烃	100	3.6	《工业企业挥发性有机物排放标准》（DB 35/1782—2018）
4		二甲基甲酰胺	30	—	《工业企业挥发性有机物排放标准》（DB 35/1782—2018）
5	湿法生产 1、2、3 线	二甲基甲酰胺	30	—	《工业企业挥发性有机物排放标准》（DB 35/1782—2018）
6	后处理生产线	非甲烷总烃	100	3.6	《工业企业挥发性有机物排放标准》（DB 35/1782—2018）
7	精馏回收塔	臭气浓度	—	4 000（无量纲）	《恶臭污染物排放标准》（GB 14554—93）
8		二甲基甲酰胺	30	—	《工业企业挥发性有机物排放标准》（DB 35/1782—2018）

注：排气筒高度均为 20 m。

（二）无组织废气监测方案

1．无组织废气监测项目及监测频次见表 4，监测项目是在梳理有组织废气排放污染物的基础上确定的。

表 4 无组织废气污染源监测内容一览表

类型	监测点位	监测项目	监测频次	监测方式	自主/委托
无组织废气排放	厂界	二甲基甲酰胺	1 次/半年	手工监测	委托
		臭气浓度		手工监测	委托
		挥发性有机物		手工监测	委托

2．无组织废气排放监测方法及依据见表 5。

表 5 无组织废气排放监测方法及依据一览表

序号	监测项目	监测方法及依据	分析仪器
1	二甲基甲酰胺	《环境空气和废气 酰胺类化合物的测定 液相色谱法》（HJ 801—2016）	气相色谱仪
2	臭气浓度	《恶臭污染源环境监测技术规范》（HJ 905—2017）、《空气质量 恶臭的测定 三点比较式臭袋法》（GB/T 14675—93）	真空瓶或气袋
3	挥发性有机物	《固定污染源废气 总烃、甲烷和非甲烷总烃的测定 直接进样-气相色谱法》（HJ 604—2017）	气相色谱仪

3．无组织废气排放监测结果执行标准及限值见表 6。

表 6 无组织废气排放监测结果执行标准及限值

序号	监测项目	执行标准名称	标准限值
1	二甲基甲酰胺	《工业企业挥发性有机物排放标准》（DB 35/1782—2018）	0.4 mg/m^3
2	臭气浓度	《恶臭污染物排放标准》（GB 14554—93）	20（无量纲）
3	挥发性有机物	《工业企业挥发性有机物排放标准》（DB 35/1782—2018）	2.0 mg/m^3

（三）废水监测方案

1．废水监测项目及监测频次见表 7。

表 7　废水污染源监测内容一览表

序号	监测点位	监测项目	监测频次	监测方式	自主/委托
1	废水总排放口	流量、pH、化学需氧量[a]、氨氮[a]	连续	自动监测	委托
2		色度、悬浮物、总氮、总磷、二甲基甲酰胺	1 次/季度	手工监测	委托
3	雨水排放口	化学需氧量、石油类	1 次/月（1 次/季度[b]）	手工监测	委托

注：[a] 化学需氧量和氨氮为自动监测，每 2 小时测量一次，当自动监测设备发生故障时改为手工监测，监测频率为每天不少于 4 次，间隔不超过 6 h。

[b] 雨水排放口有流动水排放时按月监测。若监测一年无异常情况，可放宽至每季度开展一次监测。

2．废水污染物监测方法及依据情况见表 8。

表 8　废水污染物监测方法及依据一览表

序号	监测项目	监测方法及依据	分析仪器
1	pH	《水质　pH 的测定　玻璃电极法》（GB/T 6920—1986）	pH 计
2	化学需氧量（COD_{Cr}）	《水质　化学需氧量的测定　快速消解分光光度法》（HJ/T 399—2007）	消解器、分光光度计 哈希 CODMax II
3	氨氮（NH_3-N）	《水质　氨氮的测定　纳氏试剂分光光度法》（HJ 535—2009）、《水质　氨氮的测定　水杨酸分光光度法》（HJ 536—2009）、《水质　氨氮的测定　连续流动-水杨酸分光光度法》（HJ 665—2013）	分光光度计 哈希 AmtaxCompact II
4	色度	《水质　色度的测定　稀释倍数法》（HJ 1182—2021）	具塞比色管
5	悬浮物	《水质　悬浮物的测定　重量法》（GB 11901—89）	电子天平
6	总氮（以 N 计）	《水质　总氮的测定　流动注射-盐酸萘乙二胺分光光度法》（HJ 668—2013）	分光光度计
7	总磷（以 P 计）	《水质　总磷的测定　流动注射-钼酸铵分光光度法》（HJ 671—2013）、《水质　磷酸盐和总磷的测定　连续流动-钼酸铵分光光度法》（HJ 670—2013）、《水质　总磷的测定　钼酸铵分光光度法》（GB 11893—1989）	分光光度计
8	二甲基甲酰胺	《工作场所空气有毒物质测定　酰胺类化合物》（GBZ/T 160.62—2004）	气相色谱仪
9	石油类	《水质　石油类和动植物油类的测定　红外分光光度法》（HJ 637—2018）	分光光度计

3．废水污染物监测结果评价标准见表 9。

表 9　废水污染物排放执行标准及限值

序号	监测点位	污染物种类	执行标准	标准限值
1	废水总排放口	pH	《合成革与人造革工业污染物排放标准》（GB 21902—2008）	6～9
2		二甲基甲酰胺		2 mg/L
3		色度		50
4		氨氮		8 mg/L
5		总磷		1.0 mg/L
6		悬浮物		40 mg/L
7		总氮		15 mg/L
8		化学需氧量		80 mg/L
9	雨水排放口	化学需氧量	—	—
10		悬浮物		—

（四）厂界环境噪声监测方案

1．厂界环境噪声监测内容见表 10。

表 10　厂界环境噪声（L_{eq}）监测内容　　单位：dB（A）

监测点位	监测频次	执行标准	标准限值
东侧厂界（Z1）	1 次/季	《工业企业厂界环境噪声排放标准》（GB 12348—2008）3 类	昼间：65，夜间：55
南侧厂界（Z2）	1 次/季		
西侧厂界（Z3）	1 次/季		
北侧厂界（Z4）	1 次/季		

2．厂界环境噪声监测方法见表 11。

表 11　厂界环境噪声监测方法

监测项目	监测方法	分析仪器	备注
厂界环境噪声（L_{eq}）	《工业企业厂界环境噪声排放标准》（GB 12348—2008）	AWA6270+噪声统计分析仪	昼间：6：00—22：00，夜间：22：00—6：00，昼夜各测一次

四、监测点位示意图（图 1）

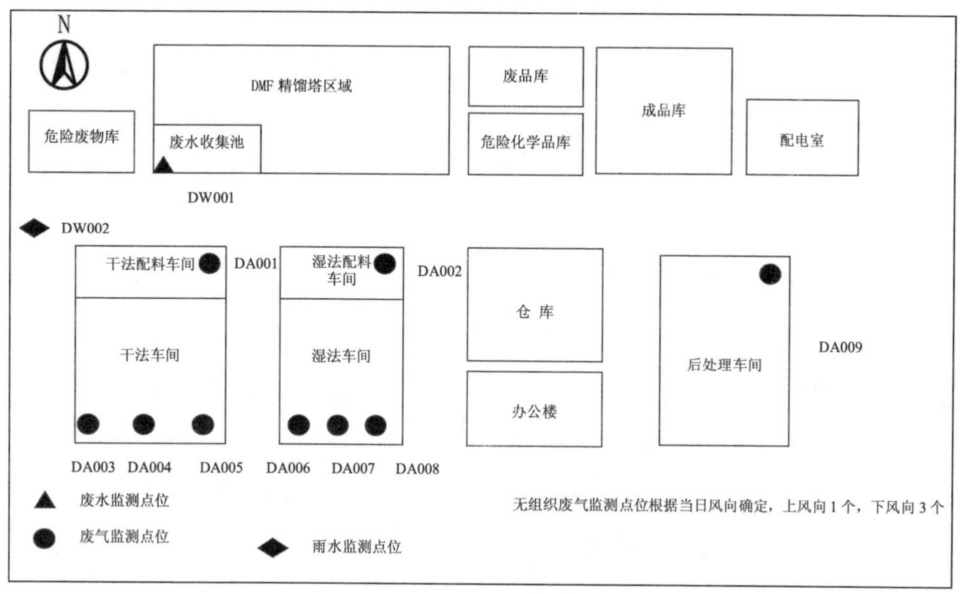

图 1　××××有限公司废气、废水、噪声监测点位示意图

五、质量控制措施

主要从内部、外部对监测人员、实验室能力、监测技术规范、仪器设备、记录等质控管理提出适合本单位的质控管理措施。例如：

××××有限公司配有环境监测中心，中心实验室依据 CNAS-CL01—2006《检测和校准实验室能力认可准则》及化学检测领域应用说明建立质量管理体系，与所从事的环境监测活动类型、范围和工作量相适应，规范环境监测人、机、物、料、环、法的管理，满足认可体系共计 25 类质量和技术要素，实现了监测数据的“五性”目标。

监测中心制定《质量手册》《质量保证工作制度》《质量监督（员）管理制度》

《监测结果质量控制程序》《监测数据控制与管理程序》《监测报告管理程序》，并依据管理制度每年制订“年度实验室质量控制计划”，得到有效实施。

质控分内部和外部两种形式，外部是每年组织参加由CNAS及CNAS承认的能力验证提供者（如原环境保护部标准物质研究所）组织的能力验证、测量审核，并对结果分析和有效性评价，得出仪器设备的性能状况和人员水平的结论。

内部质控使用有证标样、加标回收、平行双样和空白值测试等方式，定期对结果进行统计分析，形成质量分析报告。

1．人员持证上岗

工厂现有监测岗位人员共计人员8名，其中管理人员1名、监测技术人员6名、其他辅助人员1名。中心建立执行《人员培训管理程序》，对内部监测人员上岗资质执行上岗前的技术能力确认和上岗后技术能力持续评价。实行上岗证（中心发公司认可的上岗证）和国家环境保护监察员技能等级证（发证单位是人力资源和社会保障部）双证管理模式。

运维单位负责污染源在线监控系统运行和维护的人员均取得了“污染源在线监测设备运行维护”资格证书，并按照相关法规要求，定期安排运维人员进行运维知识和技能培训。每年与运维单位签订污染源在线监控系统运维委托协议，明确运行维护工作内容、职责及考核细则。

2．实验室能力认定

××××有限公司监测分自行监测和委托第三方检测机构检测两种模式。

公司主要对废水中的pH、化学需氧量、氨氮开展日常监测。所有手工监测指标均按自行监测方案进行委外监测。

中心实验室按照国家实验室认可准则开展监测，对资质认定许可范围内的监测项目进行监测。

委外监测的××××工业技术服务有限公司也是通过国家计量认定的实验室，取得CMA检测资质证书，编号为××。对所委托监测项目，该公司均具备监测能力，如有方法出现变更等监测能力发生变化时，该公司应及时提供最新监测能力表。

3．监测技术规范性

×××××××环境监测中心建立执行《监测方法及方法确认程序》。自行监测遵守国家环境监测技术规范和方法，每年开展标准查新工作和编制“标准方法现行有效性核查报告”。监测项目依据的标准均为现行有效的国家标准和行业标准，不使用非标准。

4．仪器要求

监测中心建立执行《仪器设备管理程序》《量值溯源程序》《期间核查程序》等制度用于仪器、环境监控设备的配置、使用、维护、标识、档案管理等。

监测中心配备了满足监测工作所需的重要仪器设备：pH 计 2 台、哈希便携式 COD 快速测定仪 2 台，以及其他若干实验室辅助设备等，性能状况良好，能够满足现有监测任务的要求。

所有主要仪器均单建设备档案并信息完整，均能按照量值溯源要求制订仪器设备计量检定/校准计划并实施，并在有效期内使用。中心对主要监测设备开展检定/校准结果技术确认工作，并定期实施关键参数性能期间核查，以确保仪器的技术性能处于稳定状态。

委外监测中，××××工业技术服务有限公司测量仪器有智能烟尘平行采样仪、电子分析天平、气相色谱/质谱联用仪，所有仪器设备也均应经过计量检定。

5．记录要求

监测中心建立执行《记录控制程序》《检测物品管理程序》《监测数据控制与管理程序》《监测报告管理程序》。对监测记录进行全过程控制，确保所有记录客观、及时、真实、准确、清晰、完整、可溯源，为监测活动提供客观证据。

中心记录分管理和技术两大类，其中主要技术类包括原始记录、采样单、样品接收单、分析记录、仪器检定/校准、期间核查、数据审核、质量统计分析、监测报告等。

对原始记录的填写、修改方式、保存、用笔规定、记录人员（采样、检测分析、复核、审核）标识做出明确规定。

自动监测设备应保存仪器校验记录。校验记录根据××××市生态环境局在线监测科要求，按照规范进行，记录内容需完整准确，各类原始记录内容应完整，不得随意涂改，并由相关人员签字。

手动监测记录必须提供原始采样记录，采样记录的内容须准确完整，至少 2 人共同采样和签字，规范修改；采样必须按照《地表水和污水监测技术规范》（HJ/T 91—2002）和《固定污染源监测质量保证与质量控制技术规范》（HJ/T 373—2007）中的要求进行，样品交接记录内容需完整、规范。

6．环境管理体系

公司建立了完善的环境管理体系，2018 年 1 月，通过了 ISO 14001 环境管理体系认证，每年对环境管理体系进行监督审核。

公司制定了《环保设施运行管理办法》《环境监测管理办法》等一系列的环保管理制度，明确了各部门环保管理职责和管理要求。多年来，公司按照体系化要求开展环保管理及环境监测工作，日常工作贯彻“体系工作日常化，日常工作体系化”的原则。

公司设立环境监测中心，全面负责污染治理设施、污染物排放监测。年初，公司制订、下发环境监测计划，其中包括对废水、废气等污染源的监测要求，监测中心按照计划确定监测点位和监测时间，并组织环境监测采样、分析，对监测结果进行审核，为环保管理提供依据。

监测中心以 CNAS-CL01—2006《检测和校准实验室能力认可准则》为依据，建立和运行实验室质量管理体系，建立了质量手册和程序文件等体系文件，规范环境监测人、机、物、料、环、法等一系列质量和技术要素的日常管理，强化了环境监测的质量管理。

根据 CNAS 质量管理体系要求，围绕人员、设施和环境条件、检测和校准方法及方法的确认、设备、测量溯源性、抽样、检测和校准物品的处置、检测和校准结果质量的保证、结果报告等技术要素编制程序文件；制定了监测流程、质量保证管理制度，规范了环境监测从采样、分析到报告的流程，编制了质量控制计划及控制指标，通过平行测定、加标回收、标准物质验证、仪器期间核查等手段使用质控图对质量数据进行把关，确保监测过程可控，监测结果及时、准确。采样和样品保存方法按照每个项目相应标准方法进行。

自动监控系统的运行过程中，对日常巡检、维护保养以及设备的校准和校验都作出了明确的规定，对于系统运行中出现的故障，做到了及时现场检查、处理，并按要求快速修复设备，确保了系统持续正常运行。

六、信息记录和报告

（一）信息记录

1．监测和运维记录

手工监测和自动监测的记录均按照《排污单位自行监测技术指南　橡胶和塑料制品》（HJ 1207—2021）要求执行。

（1）现场采样时，记录采样点位、采样日期、监测指标、采样方法、采样人姓名、保存方式等采样信息，并记录废水水温、流量、色嗅等感官指标。

（2）实验室分析时，记录分析日期、样品点位、监测指标、样品处理方式、分析方法、测定结果、质控措施、分析人员等。

（3）自动设备运行台账应记录自动监控设备名称、运维单位、巡检、校验日期、校验结果、标准样品浓度、有效期、运维人员等信息。

2．生产和污染治理设施运行状况记录

（1）生产运行状况记录：

按照生产单元和生产线分类，记录以下相关信息：原辅用料名称和用量，产品产量，新鲜水取水量、能源消耗量（电、天然气等），主要生产设备、设施的操作使用记录等。

（2）污染治理设施运行状况：

废水治理设施运行状况：按班次记录废水产生量、废水处理量、废水回用量及回用去向、废水排放量及排放去向、污泥产生量、废水处理使用的药剂名称及用量、用电量等；记录废水处理设施运行、故障及维护情况等。

废气治理设施运行状况：记录废气处理设施运行、故障及维护情况等。

3. 固体废物信息记录

建立管理台账，记录一般工业固体废物和危险废物产生、贮存、转移、利用和处置情况；记录危险废物的具体去向，并通过全国固体废物管理信息系统进行填报。危险废物按照《国家危险废物名录》或国家规定的危险废物鉴别标准和鉴别方法认定。

所有记录均保存完整，以备检查。台账保存期限五年以上。

（二）信息报告

每年年底编写自行监测年度报告。年度报告包含以下内容：

1. 监测方案的调整变化情况及变更原因。

2. 企业及各主要生产设施（至少涵盖废气主要污染源相关生产设施）全年运行天数，各监测点、各监测指标全年监测次数、超标情况、浓度分布情况。

3. 周边环境质量影响状况监测结果。

4. 自行监测开展的其他情况说明。

5. 实现达标排放所采取的主要措施。

（三）应急报告

1. 当监测结果超标时，公司对超标的项目增加监测频次，并检查超标原因。

2. 若短期内无法实现稳定达标排放的，公司应向生态环境局提交事故分析报告，说明事故发生的原因，采取减轻或防止污染的措施，以及今后的预防及改进措施。

七、自行监测信息公布

（一）公布方式

手工监测数据通过“全国污染源监测信息管理与共享平台”、××××等平台公开，自动监测数据通过××××等平台进行公开。

（二）公布内容

1．基础信息，包括单位名称、组织机构代码、法定代表人、生产地址、联系方式，以及生产经营和管理服务的主要内容、产品及规模。

2．排污信息，包括主要污染物及特征污染物的名称、排放方式、排放口数量和分布情况、排放浓度和总量、超标情况，以及执行的污染物排放标准、核定的排放总量。

3．防治污染设施的建设和运行情况。

4．自行监测年度报告。

5．自行监测方案。

6．未开展自行监测的原因。

（三）公布时限

1．手工监测数据于监测完成后 5 个工作日内公布，自动监测数据实时公布。

2．每年 1 月底前公布上年度自行监测年度报告。

3．企业基础信息随监测数据一并公布。

参考文献

[1] EPA Office of Wastewater Management-Water Permitting. Water permitting 101[EB/OL]. [2015-06-10]. http://www. epa. gov/npdes/pubs/101pape.pdf.

[2] Office of Enforcement and Compliance Assurance. NPDES compliance inspection manual[R]. Washington D. C.：U. S. Environmental Protection Agency，2004.

[3] U. S. EPA. Interim guidance for performance-based reductions of NPDES permit monitoring frequencies[EB/OL]. [2015-07-05]. http://www. epa. gov/npdes/pubs/perf-red. pdf.

[4] U. S. EPA. U. S. EPA NPDES permit writers' manual[S]. Washington D. C.：U. S. EPA，2010.

[5] UK. EPA. Monitoring discharges to water and sewer：M18 guidance note[EB/OL]. [2017-06-05]. https://www.gov.uk/government/publications/m18-monitoring-of-discharges-to- water-and-sewer.

[6] 常杪，冯雁，郭培坤，等. 环境大数据概念、特征及在环境管理中的应用[J]. 中国环境管理，2015，7（6）：26-30.

[7] 冯晓飞，卢瑛莹，陈佳. 政府的污染源环境监督制度设计[J]. 环境与可持续发展，2017，42（4）：33-35.

[8] 环境保护部大气污染防治欧洲考察团. 借鉴欧洲经验加快我国大气污染防治工作步伐——环境保护部大气污染防治欧洲考察报告之一[J]. 环境与可持续发展，2013（5）：5-7.

[9] 姜文锦，秦昌波，王倩，等. 精细化管理为什么要总量质量联动？——环境质量管理的国际经验借鉴[J]. 环境经济，2015（3）：16-17.

[10] 罗毅. 环境监测能力建设与仪器支撑[J]. 中国环境监测，2012，28（2）：1-4.

[11] 罗毅. 推进企业自行监测　加强监测信息公开[J]. 环境保护，2013，41（17）：13-15.

[12] 钱文涛. 中国大气固定源排污许可证制度设计研究[D]. 北京：中国人民大学，2014.

[13] 曲格平. 中国环境保护四十年回顾及思考（回顾篇）[J]. 环境保护，2013，41（10）：10-17.

[14] 宋国君，赵英煚. 美国空气固定源排污许可证中关于监测的规定及启示[J]. 中国环境监测，2015，31（6）：15-21.

[15] 孙强，王越，于爱敏，等. 国控企业开展环境自行监测存在的问题与建议[J]. 环境与发展，2016，28（5）：68-71.

[16] 谭斌，王丛霞. 多元共治的环境治理体系探析[J]. 宁夏社会科学，2017（6）：101-103.

[17] 唐桂刚，景立新，万婷婷，等. 堰槽式明渠废水流量监测数据有效性判别技术研究[J]. 中国环境监测，2013，29（6）：175-178.

[18] 王军霞，陈敏敏，穆合塔尔·古丽娜孜，等. 美国废水污染源自行监测制度及对我国的借鉴[J]. 环境监测管理与技术，2016，28（2）：1-5.

[19] 王军霞，陈敏敏，唐桂刚，等. 我国污染源监测制度改革探讨[J]. 环境保护，2014，42（21）：24-27.

[20] 王军霞，陈敏敏，唐桂刚，等. 污染源，监测与监管如何衔接？——国际排污许可证制度及污染源监测管理八大经验[J]. 环境经济，2015（Z7）：24.

[21] 王军霞，唐桂刚，景立新，等. 水污染源五级监测管理体制机制研究[J]. 生态经济，2014，30（1）：162-164，167.

[22] 王军霞，唐桂刚. 解决自行监测“测”“查”“用”三大核心问题[J]. 环境经济，2017（8）：32-33.

[23] 薛澜，张慧勇. 第四次工业革命对环境治理体系建设的影响与挑战[J]. 中国人口·资源与环境，2017，27（9）：1-5.

[24] 张紧跟，庄文嘉. 从行政性治理到多元共治：当代中国环境治理的转型思考[J]. 中共宁波市委党校学报，2008，30（6）：93-99.

[25] 张伟，袁张燊，赵东宇. 石家庄市企业自行监测能力现状调查及对策建议[J]. 价值工程，

2017，36（28）：36-37.

[26] 张秀荣. 企业的环境责任研究[D]. 北京：中国地质大学，2006.

[27] 赵吉睿，刘佳泓，张莹，等. 污染源 COD 水质自动监测仪干扰因素研究[J]. 环境科学与技术，2016，39（S1）：299-301，314.

[28] 左航，杨勇，贺鹏，等. 颗粒物对污染源 COD 水质在线监测仪比对监测的影响[J]. 中国环境监测，2014，30（5）：141-144.

[29] 尹卫萍. 浅谈加强环境现场监测规范化建设[J]. 环境监测管理与技术，2013，25（2）：1-3.

[30] 成钢. 重点工业行业建设项目环境监理技术指南[M]. 北京：化学工业出版社，2016.

[31] 杨驰宇，滕洪辉，于凯，等. 浅论企业自行监测方案中执行排放标准的审核[J]. 环境监测管理与技术，2017，29（4）：5-8.

[32] 王亘，耿静，冯本利，等. 天津市恶臭投诉现状与对策建议[J]. 环境科学与管理，2008，33（9）：49-52.

[33] 邬坚平，钱华. 上海市恶臭污染投诉的调查分析[J]. 上海环境科学，2003（增刊）：85-189.

[34] 张旭东. 工业有机废气污染治理技术及其进展探讨[J]. 环境研究与监测，2005，18（1）：24-26.

[35] 王宝庆，马广大，陈剑宁. 挥发性有机废气净化技术研究进展[J]. 环境污染治理技术与设备，2003，4（5）：47-51.

[36] 陈平，陈俊. 挥发性有机化合物的污染控制[J]. 石油化工环境保护，2006，29（3）：20-23.

[37] 吕唤春，潘洪明，陈英旭. 低浓度挥发性有机废气的处理进展[J]. 化工环保，2001，21（6）：324-327.

[38] 杨啸，王军霞. 排污许可制度实施情况监督评估体系研究[J]. 环境保护科学，2021，47（1）：10-14.

[39] 王军霞，刘通浩，敬红，等. 支撑排污许可制度的固定源监测技术体系完善研究[J]. 中国环境监测，2021，37（2）：76-82.

[40] 中国塑料加工工业协会. 人造革合成革产业“十三五”规划实施情况[C]. 中国塑料加工工业发展成就，南京，2020：2-11.

[41] 吕泽瑜，陈晨，吕竹明，等. 人工革生产废水处理及回收利用现状[J]. 皮革科学与工程，2021，31（5）：39-43.

[42] 吕竹明，蒋彬，孙慧，等. 人造革合成革行业废气污染分析及防治对策[J]. 中国皮革，2022，51（2）：111-115.

[43] 王斌，汤昌挺. 合成革企业环境监管对策的研究[J]. 广州化工，2020，48（11）：132-134.

[44] 董黎明，张彩丽，祁光霞，等. 塑料制品行业产污特征及治理概况[J]. 环境影响评价，2020，42（5）：47-50.

[45] 臧晓梅. 橡胶制品生产过程中异味物质分析及相关处理工艺[J]. 橡塑技术与装备，2020，46（23）：37-40.

[46] 中国橡胶工业协会. 中国橡胶工业年鉴 2021[M].《中国橡胶》杂志社，2021.

[47] 中国塑料加工工业协会. 中国塑料工业年鉴[M]. 北京：中国轻工业出版社，2021.

[48] 邹利林，张洲，欧钟湘渝，等. 橡胶制品企业挥发性有机物排放组成[J]. 广州化工，2021，49（23）：102-106.

[49] 王海林，辛国兴，朱立敏，等. 典型橡胶制品业 VOCs 排放特征及对周边环境影响[J]. 环境科学，2021，42（11）：5193-5200.

[50] 田羽，方刚，周长波，等. 我国橡胶制品行业 VOCs 末端减排技术评估[J]. 环境工程技术学报，2021，11（4）：797-806.

[51] 董文敏，朱红，裴雨飞，等. 浅析橡胶制品业挥发性有机物的产排污现状[J]. 中国橡胶，2020，36（12）：14-18.

[52] 冯见艳，罗晓民，王学川. 浅析聚氨酯人造革、合成革清洁生产的现状与未来[J]. 中国皮革，2013，42（9）：36-39.

[53] 李志，蒋国龙，陈苏文，等. 塑料人造革与合成革制造业排污许可管理问题分析与建议[J]. 环境影响评价，2022，44（5）：50-53.

[54] 赵博. 较高浓度橡胶制品工业废水处理的应用研究[J]. 绿色科技，2020（4）：62-63.

[55] 张楠，祁洪刚. 橡胶制品环境影响评价要点综述[J]. 资源节约与环保，2019（8）：137-138.

[56] 张刚刚，梁宽，史金炜，等. 橡胶制品生产过程低 VOCs 技术进展：从材料到工艺[J]. 高

分子通报，2019（2）：81-89.

[57] 华林香．厦门市塑料制品行业 VOCs 污染治理现状及展望[J]．皮革制作与环保科技，2022，3（17）：89-91.